U0168853

袁越 著

生命八卦

聪明而又愚蠢的人体

生活·讀書·新知 三联书店

图书在版编目（CIP）数据

生命八卦：聪明而又愚蠢的人体／袁越著．—北京：
生活·读书·新知三联书店，2021.1（2024.1重印）
（三联生活周刊中读文丛）
ISBN 978 - 7 - 108 - 06927 - 6

Ⅰ．①生… Ⅱ．①袁… Ⅲ．①生命科学－普及读物
Ⅳ．① Q1-0

中国版本图书馆 CIP 数据核字（2020）第 143968 号

责任编辑　王振峰
装帧设计　康　健
责任校对　陈　明
责任印制　卢　岳
出版发行　生活·讀書·新知 三联书店
　　　　　（北京市东城区美术馆东街 22 号 100010）
网　　址　www.sdxjpc.com
经　　销　新华书店
印　　刷　三河市天润建兴印务有限公司
版　　次　2021 年 1 月北京第 1 版
　　　　　2024 年 1 月北京第 2 次印刷
开　　本　880 毫米×1092 毫米　1/32　印张 15.5
字　　数　295 千字
印　　数　7,001 - 9,000 册
定　　价　49.00 元
（印装查询：01064002715；邮购查询：01084010542）

授人以鱼，不如授人以渔

这本书是我在《三联生活周刊》上开的"生命八卦"专栏的合集。开这个专栏的主要目的是向读者介绍国内外最新的科学进展。这个专栏已经开了十五年，前面十年的专栏文章已经出过三本合集，这是第四本，收录了从 2015 年年中到 2020 年春节前的一系列文章。

我是 2005 年 9 月正式来《三联生活周刊》工作的。当时的副主编苗炜建议我开个科普专栏，利用我在生命科学领域的知识背景，向读者介绍科学新知。新知来自哪里呢？我的信息来源只有一个，那就是发表在经过同行评议的正规科学期刊上的论文。该期刊的级别越高，被写入专栏的机会也就越大。除此之外的科学新闻，无论听上去多么有道理，或者其意义有多么重大，都不会被写入专栏。正因如此，专栏中的每篇文章都会给出论文的详细信息，供感兴趣的读者继续查询。

在科普方面，我相信"授人以鱼，不如授人以渔"。我觉得一篇好的科普文章不仅要传播科学知识，更应该传播科学的思维方式。在写作的时候，我会有意识地在科学思维方式和研究思路上多下笔墨，为的就是向读者介绍科学家的思维过程，启发读者在日常生活中借鉴科学家的思路，依靠自己的力量解决生活中遇到的问题，也更好地辨别那些流传甚广的伪科学谣言。

话虽如此，我还相信另一句俗语，那就是"巧妇难为无米之炊"。一个人要想过上一种智性的生活，不再被谣言所蛊惑，光有逻辑思维能力是远远不够的，还需要掌握丰富的科学知识。没有这些知识作为基础，不管逻辑多么缜密的思考都是空中楼阁，不会有任何意义。

希望这本书能够帮助大家积累更多的基础科学知识，为理智的思考打下良好的基础。

谢谢大家。

袁越

2020 年 3 月 2 日于北京

目 录

辑二　人体与疾病

辑三　健康生活

4

I

辑 一

聪明而又愚蠢的人体

长寿的协同效应

衰老是一个非常复杂的生理过程，很可能需要双管齐下甚至多管齐下才能延缓这一过程。

秀丽隐杆线虫（*C. elegans*）是当代生物学家们很喜欢使用的一种实验动物，因为它们个头较小，饲养容易，繁殖力强，平均寿命却只有 3—4 周，非常适合用来研究长寿的调控机理。

迄今为止科学家们已经筛选出了上百个与寿命有关的基因突变，最多可以将线虫的寿命提高到原来的 10 倍。但那些具有超长寿命的突变个体大都处于半死不活的冬眠状态，很难应用到人类身上，所以科学家们更看重另外一些增寿效果没那么显著却对线虫的生活状态影响很小的基因突变，希望能将其发展成为人类长寿药的靶点。

胰岛素信号通路（IIS）和雷帕霉素信号通路（TOR）就是两个符合上述标准的靶点。所谓"信号通路"，指的是一系列相互联系得非常紧密的生化反应，通常用于接收某种外来信号，然后指挥身体做出相应的反应。上述这两个信号通路都与营养物质的代谢有关。线虫会根据周围环境里营养物质的多少来决定自己的应对方式，要么立即开始繁殖，要么暂时按兵不动，韬光养晦等待时机，这个策略和人类是很相似的。

更重要的是，上述这两个信号通路在进化上都是保守的。也就是说，绝大多数动物体内都有这两个信号通路，而且无论是基因构成还是蛋白质的功能也都非常相似，所以科学界一直对这两个信号通路很感兴趣，相关研究非常多，很有希望将其做成长寿药的靶点。

著名的衰老研究机构巴克研究所（Buck Institute）的研究显示，IIS 信号通路上发生的基因突变最多能够将线虫的寿命提高一倍，TOR 信号通路上的基因突变则能将线虫的寿命提高 30%，也很不错了。可惜的是，科学家们并不知道这两个信号通路之间究竟有着怎样的关系。

来自美国沙漠山岛生物实验室（MDI Biological Laboratory）和中国南京大学的几位博士生突发奇想，决定把这两个基因突变同时导入到线虫身体里去，看看会出现怎样的结果。如果这两个基因突变的效果是叠加的，那么新生成的线虫将会比对照组增寿 130%，但研究结果显示，同时具备两种基因突变的线虫的寿命是对照组的 5 倍！换算成人类的话，这就相当于一个人可以活 400—500 岁，效果相当显著了。

科学家们将研究结果写成论文，发表在 2019 年 7 月 23 日出版的《细胞》（Cell）杂志的子刊《细胞通讯》（Cell Reports）上。论文指出，IIS 和 TOR 这两个信号通路之间很可能具有协同效应，也就是说两者互相增加了各自的增寿效果，1+1大于2。打个比方，这就好比一支烂球队买进了一名优秀的前锋，但球队依然负多胜少，因为防守依然一塌糊涂。同理，如果球队改为买进一名优秀的后卫，成绩还是不会提升太多，因为进攻不行。但假如球队总经理终于下定决心，花大价钱同时买进了一名优秀的前锋和一名优秀的后卫，那球队的成绩立刻就上去了，因为能够影响球队成绩的两个关键因素同时被补齐了，这就是协同效应。

研究人员甚至认为，此前之所以一直没能在人类身上找到一个具备明显功效的长寿基因，就是因为衰老是一个非常复杂的生理过程，很可能需要好几个因素同时在线才能取得增寿的效果，单个基因不起作用。

这篇论文为制药厂提供了一条重要的信息，那就是对付一些机理复杂的疾病时，需要把视野放宽一点，找出多个靶点同时给药，兴许能取得意想不到的疗效。

睡神是位清洁工

....

新的研究揭示了大脑是如何清理垃圾的。

不久前，渤健公司（Biogen）和日本卫材（Eisai）宣布将在 2020 年初向美国食品药品监督管理局（FDA）提交阿尔茨海默病的治疗药物 Aducanumab 的生物制品许可上市申请。这件事把 β–淀粉样蛋白（β–Amyloid，以下简称 Aβ）重新拉回了聚光灯下，因为此前专门针对它的新药研发全军覆没，似乎这种蛋白和阿尔茨海默病无关了。

实际上，自阿尔茨海默病于 20 世纪初被发现以来，Aβ 一直是该病最重要的病理指标，甚至一度被认为是该病唯一的病因。此次两家公司证明专门针对 Aβ 的新药 Aducanumab 确实有一定的疗效，说明这种蛋白的确和阿尔茨海默病有着非常重要的关联。

从来源上看，Aβ 可以看作是大脑的一种代谢废物。正常情况下，大脑每天都会产生各种代谢废物，但随后就会被清除出去。2013 年，在小鼠身上进行的一项实验表明，脑部代谢废物的清除工作是在睡眠期间发生的，但谁也不知道睡神这位清洁工到底是如何工作的。

美国波士顿大学的劳拉·路易斯（Laura Lewis）博士怀疑清洁工作是由脑脊髓液（cerebrospinal fluid）负责完成的。这是一种像水一样清亮的液体，可以在脑组织之间流动。但这种流动究竟是如何与睡眠联系在一起的呢？这就需要做实验了。不过，大脑是个脆弱的组织，侵入式实验不太好做，于是路易斯博士设计了一个非侵入式实验，让志愿者头戴脑电波测量帽（EEG Cap）躺在核磁共振仪（MRI）里睡觉，前者可以测出睡眠处于哪个阶段，后者可以测出脑部各组织的血氧消耗情况以及脑脊髓液的流动过程。

研究结果清楚地表明，脑脊髓液的流动和脑神经的兴奋程度密切相关。每当志愿者进入深度睡眠时，脑脊髓液就会大量涌入脑组织，开始打扫卫生。

众所周知，人类的睡眠分为快速眼动睡眠（REM）和非快速眼动睡眠这两种，前者的标志就是眼球快速转动，通常伴随着梦境的出现，后者则可以简单地理解为深度睡眠，此时脑电波的频率变慢，因为脑神经的活动频率趋向一致，要么一起放电，要么集体休眠。

为什么只有在深度睡眠时脑脊髓液才会流进脑组织中去呢？路易斯博士认为这是有道理的。原来，脑神经放电时需要消耗大量的氧气，这些氧气是靠血液带进来的，人在清醒时（以及 REM 睡眠时）脑神经一直在持续放电，耗氧量居高不下，所以血液必须保持高速流动。但在深度睡眠阶段，当脑神经集体休眠时，耗氧量快速下降，不需要那么多血液了，此时脑部的血液流速会降低25%，空出的部分则由脑脊髓液来填补。

换句话说，人类大脑可以通过睡眠过程来控制脑神经放电的节律，从而开启脑脊髓液的流动过程。只有当脑脊髓液流动起来时，脑组织的代谢废物才会被带走，睡神就是这样打扫卫生的。

路易斯博士将研究结果写成论文，发表在2019年11月1日出版的《科学》（Science）杂志上。她认为这个结果将有助于科学家找到治疗阿尔茨海默病的方法，因为此前的药物都只针对某一种脑代谢废物（比如Aβ）的异常堆积，但也许其他一些废物也是有害的，必须全部清理出去才有效果。如果未来的科学家们能够掌握控制脑脊髓液流动的方法，就能动员人体自身的清洁工，把脑部产生的废物全部清理出去，从而根治阿尔茨海默病。

在这一天到来之前，我们可以自救，方法就是好好睡觉，别老熬夜了。

自酿酒精

有一种人，可以自己生产酒精。

你听说过自己可以生产酒精的人吗？一位名叫约翰（化名）的美国建筑工人就是这样的人。2011 年初，他在工作中伤到了拇指，医院给他开了头孢氨苄（Cephalexin，又名先锋霉素）。3 周的疗程结束后，原本身体健康的他就像变了一个人，经常头晕，走路不稳，记忆力下降，甚至连性格也发生了改变，变成了一个醉汉。他去医院看了很多次，医生们做了各种检查，却找不到病因，只好给他开了安定和百忧解等治疗心理疾病的常见药物，但服用后效果不佳。

2014 年，约翰在开车时被警察拦下，测验显示他血液中的酒精浓度超标。虽然他坚称自己并没有喝酒，但他的辩解没有被警察接受。不过约翰心里知道自己真的没有喝酒，他的家人也选择相信他，继续帮他寻找病因。

不久之后，他的姑姑看到一篇报道，提到了另一个与他相似的案例。一位住在俄亥俄州的男子被警察查出酒驾，但那人也坚称自己没有喝酒，要求医院进行检查。检查结果证明他没有撒谎，而是得了一种非常罕见的"自动酿酒综合征"（Auto-Brewery Syndrome，简称 ABS）。这种病是在 20 世纪 70 年代才被日本医生首次发现的，患者吃进去的碳水化合物会在肠道酵母菌的帮助下自动地转化成酒精。

几天后，姑姑陪着约翰去了那家位于俄亥俄州的克利夫兰医院，医生们果然在他的上消化道内发现了两种酿酒酵母，说明他确有可能患上了这种罕见的疾病。为了证实这一点，医生们当场看着他吃下了大量的碳水化合物，然后把他关在医院，确保他没法偷偷喝酒。8 个小时之后，他的血液酒精浓度达到了 0.05%，这在很多国家已是酒驾的判罚线了。

虽然得以确诊，但这个病至今仍然没有公认的治疗标准，克利夫兰医院的医生缺乏经验，只给他开了氟康唑（Fluconazole）和制霉菌素（Nystatin）这两种普通抗生素，2周后就让他出院了。结果他出院不久就复发了，情况甚至比过去更加严重。

走投无路的约翰最终慕名来到位于纽约州的里奇蒙德大学医学中心，找到了富有经验的内科主治医生法哈德·马利克（Fahad Malik）大夫，后者为他做了全面的检查，找出了寄生在他体内的所有酿酒酵母菌种，并一一进行了抗生素敏感性测试。根据测试结果和以往的治疗经历，马利克给他开了大剂量的口服抗真菌药物伊曲康唑（Itraconazole），效果很好。谁知约翰竟然忍不住嘴馋，在治疗期间偷偷吃了块比萨，还喝了罐碳酸饮料，导致病情复发，于是马利克医生只好换用最强效的米卡芬净（Micafungin），并采取了静脉注射的方式给药，连续治疗了六个星期，终于彻底将其根治。如今一年半过去了，约翰再也没有复发，体内也检测不到酿酒酵母的踪迹了。

马利克医生将这个病例写成论文，发表在2019年8月5日出版的《英国医学杂志》（*British Medical Journal*）上。他认为，约翰之所以会得这种病，一个原因是他所在的建筑公司经常参与飓风灾后重建项目，工作场所的真菌污染非常严重；另一个原因是治疗拇指伤口所用的抗生素破坏了约翰消化系统原本的菌群平衡，这才让外来的酵母菌得以在他体内生根发芽，由此可见维持肠道菌群的健康有多么重要。

在论文最后，马利克医生提醒有关人士注意这个病，别再冤枉好人了。同时，他还建议医学界尽快制定出相应的治疗指南，因为这个病绝不仅仅是"自来嗨"那么简单，而是会对病人的肝脏产生致命的危害。

对有的人也弹不了琴

音乐审美是一件非常私人的事情，不同
的人有不同的感受。

约什·麦克德莫特（Josh McDermott）是美国麻省理工
学院（MIT）的一名神经生物学家，专门研究人脑对音乐的
响应。四年前，他设计了一个精巧的实验，证明人脑已经进
化出了专门的音乐处理模块，这说明人类的乐感很可能是天
生的。

这个结果并不令人惊讶，因为人类学家早已发现，目前
已知的所有人类部落里都有音乐家，这说明欣赏音乐是人类
的共性之一，没有例外。

问题在于，不同部落的人对于音乐的鉴赏标准是一样的
吗？对于这个问题，人们曾经相信答案是肯定的，所以才会
有"民族的就是世界的"这个说法。但麦克德莫特决定做实
验验证一下，于是他和同事们钻进了亚马孙热带雨林，在玻
利维亚境内找到了一个名为茨玛内（Tsimane）的原始部落，
这个部落的成员们从来没有走出过森林，因此也就从来没有
听到过任何来自外部世界的音乐。换句话说，他们的音乐欣

赏口味没有受到过任何"污染"，是极为难得的研究对象。

　　麦克德莫特首先研究了部落成员对和弦的反应，结果发现他们和我们这些在西方音乐环境中长大的人完全不同。有些在我们听来非常刺耳的和弦在他们听来却完全没有任何不舒服的感觉，这说明人类对于和弦的反应是后天形成的。

　　接着，麦克德莫特又研究了部落成员对于节奏的反应，发现他们和我们一样也喜欢音乐里的节奏，只不过他们喜欢的节奏型和我们完全不同，而是和他们平时习惯听到的节奏型一致，这说明人类对于节奏型的好恶也是后天养成的。

　　上述两项研究结果也并不令人惊讶，因为和弦和节奏都是人为规定的音乐性质，不同的人有不同的反应是可以理解的。

　　最后，麦克德莫特决定研究一下部落成员对于音阶的反应，因为音阶是个物理特征，服从数学规律的支配，似乎应该和文化无关。

　　具体来说，西方音乐体系建立在八度音程之上，每个八度内都有 C–D–E–F–G–A–B 这 7 个主音（简谱记为 1—7），每个主音在各个八度内的声频都是按照严格的加倍关系排列的。比如 A 这个音在第一个八度内的频率是 27.5 赫兹，在第二个八度内的频率是 55 赫兹，在第三个八度内的频率是 110 赫兹，在第四个八度内的频率是 220 赫兹，以此类推。凡是听过西方音乐的人都很容易识别出各个八度内每个音的对应关系，稍微受过一点音乐训练的人甚至能随意地在各个八度之间相互转换。

麦克德莫特找来一组西方志愿者，先给他们弹一段只有三个音的示范旋律，比如 A–D–A，然后让受试者用嘴唱出来。但他故意把示范旋律的音域定得过高或者过低，超过了一般人唱歌的音域，所以受试者都会自动地升或者降 N 个八度，用自己最舒服的音域唱出这个 A–D–A。

但是，茨玛内部落的成员却完全没有这个能力。当他们改用自己舒服的音域重复那段旋律时，只能唱对音与音之间的高低关系，却完全不能准确地升或者降 N 个八度。换句话说，他们对于不同音阶的音频加倍关系完全无感。

麦克德莫特将研究结果写成论文，发表在 2019 年 9 月 19 日出版的《当代生物学》（*Current Biology*）杂志上。这个结果再次说明，音乐审美是一件非常私人的事情，不但对牛弹不了琴，对有的人也弹不了琴。

返老还童

科学家首次证明，人体的生物钟是可以往回拨的。

长寿药很难研究，因为研发者必须得等上好多年才能知道结果，没有一家制药厂等得起。于是，很多人退而求其次，开始寻找能让人体的某项指标返老还童的药物。只要让志愿者服药一段时间，然后测一下该指标，就能知道这种药是否有效了。

符合这个要求的指标并不多，大都集中在免疫领域。一来，免疫系统老化是一个人开始衰老的重要标志，这就是老人比年轻人更容易生病的原因；二来，免疫系统的健康状况很容易量化，这就为药物研发者创造了一个很好的条件。

美国免疫学家格里戈里·法希（Gregory Fahy）就是这样一位研发者，他看中的是胸腺，因为这是非常重要的免疫器官。骨髓生产的免疫细胞要先运到胸腺里发育成熟，然后才能扩散至全身，成为免疫 T 细胞。

哺乳动物的胸腺过了青春期之后便停止发育了，此后会一直走下坡路，逐渐被脂肪替代，所以法希相信胸腺就是年轻的标志。此前有人曾经给成年小鼠注射生长激素，发现小鼠的胸腺有再生的迹象。法希受此启发，招募了九名年龄在51—65岁的白人男性志愿者，试试人类生长激素能否起到类似的作用。

已知生长激素能够诱发中老年人得糖尿病，为了防止实验对象出现此类问题，法希决定在生长激素之外再加两种预防糖尿病的药物，分别为脱氢表雄酮（DHEA）和二甲双胍（Metformin）。用药一年之后，九名志愿者体内的免疫细胞数量均有显著增长，其中七人的胸腺也有增大的迹象，说明这三种药物联合使用确实有减缓衰老的功效。

但是，法希觉得这点效果还不足以说明问题，他希望能找到一个更有说服力的指标，于是他去加州大学洛杉矶分校（UCLA）拜访了该校的遗传学家史蒂夫·霍瓦茨（Steve Horvath），希望用后者发现的DNA甲基化生物钟测一下这些志愿者的生物年龄。

众所周知，基因和疾病之间有着很密切的关联。霍瓦茨本来研究的就是这个，但没有取得任何值得一提的成就。于是他改变了研究方向，开始研究基因和衰老之间的关系。不过他关注的不是基因的DNA序列，而是DNA的甲基化。这是DNA分子链上的一类标记物，可以决定哪段基因被激活，哪段基因被抑制。霍瓦茨相信一个细胞之所以会变老，是因为DNA的甲基化模式发生了变化。他选择了353个和衰老有关的基因的甲基化位点，对不同年龄的细胞进行了测试，发现他可以根据这 353 个位点的甲基化模式用一套算法算出一个细胞的生物年龄，准确率高达 99.7%。换句话说，霍瓦茨发现了一种非常准确的生物钟，可以测出一个细胞或者一个器官的真实年龄。

当法希找到霍瓦茨时，两人一拍即合，当即决定展开合作。霍瓦茨用他发现的生物钟对这九名志愿者留下的免疫细胞样本进行了测试，发现他们的免疫系统在服药一年之后平均年轻了 2.5 岁。

霍瓦茨将研究结果写成论文，发表在 2019 年 9 月 5 日出版的《衰老细胞》(Aging Cell) 杂志上。他承认自己事先也没有想到实验结果会如此显著，这三种药物不仅能延缓衰老的速度，甚至可以让服用者返老还童。

必须指出，这只是初步研究，样本量太小，而且缺乏对照组。不过法希已经决定展开大规模的人体实验了，让我们拭目以待吧。在结果出来之前，请大家不要盲目尝试，以免导致意想不到的后果，比如癌症。

我们为什么会过敏？

....

过敏反应很可能是为了对付环境中的
毒素。

秋天来了，过敏的季节又到了。

如今过敏的人越来越多，发达国家的过敏者比例已经超过 20% 了，但过敏（allergy）这个词直到 20 世纪初才被创造出来。针对过敏的研究也严重滞后，科学家们只知道过敏是免疫系统过分活跃导致的，但迄今为止仍然不知道什么样的东西会导致过敏，什么样的人更容易过敏。最关键的是，科学家们一直搞不懂我们为什么会过敏，我们的祖先进化出这个功能到底有何意义。

大约半个世纪之前，医生们发现了一种叫作蠕虫（helminth）的寄生虫，能够刺激人体生产大量的免疫球蛋白 E（IgE），后者正是过敏反应最重要的标志物，因此有人猜测过敏最初是为了对付蠕虫而被进化出来的，可惜这个防御机制太容易脱靶，于是导致了过敏。

但是，后人发现 IgE 并不能杀死蠕虫，真正起作用的是白细胞介素，和过敏反应无关。1991 年，加州大学伯克利分校的进化生物学家马季·普罗费（Margie Profet）提出了一个新解释，认为过敏反应的本意是为了帮助人体对付环境毒素。要知道，大部分过敏源本质上就是毒素，比如很多植物体内的大分子化合物其实就是抗虫剂。可惜的是，因为普罗费并不是研究免疫的，她提出的这个假说没有被主流科学界所接受。

几乎与此同时，一位名叫鲁斯兰·梅德斯托夫（Ruslan Medzhitov）的俄罗斯研究生来到美国耶鲁大学，师从该校著名的免疫学教授查尔斯·詹韦（Charles Janeway）。后者认为抗体虽然很有用，但生产抗体是需要时间的，所以人体应该另有一套防卫系统专门用来对付紧急情况。只要入侵之敌的外表和以前遇到过的敌人有某种相似之处，这套系统便会立即对它发起攻击。

正是在研究这套后来被称为"天然免疫"（innate immunity）的防御系统的时候，梅德斯托夫意识到普罗费当年提出的那个解释有可能是正确的。从此，梅德斯托夫便专心研究过敏，并在 2012 年出版的《自然》杂志上发表了一篇重要论文，解释了自己的观点。

梅德斯托夫举出了四个理由：第一，常见的过敏症状包括打喷嚏、流鼻涕、流眼泪、拉肚子和呕吐等，和排毒的过程很相似。第二，过敏反应的发生速度非常快，甚至在接触过敏源的几秒钟之后就有反应了，这一点也更符合排毒过程，不太像是为了对付寄生虫。第三，过敏者对过敏源的灵敏度非常高，只要环境中有痕量的过敏源就会中招。要知道，即使是对付病菌和病毒这样的传染病因子，人类的免疫系统都没有如此高的灵敏度，更不用说蠕虫了。第四，过敏源的成分极其多样，既可以是青霉素中的小分子化合物，又可以是动物毒液中的复杂蛋白质，这一点也是蠕虫理论无法解释的。

这篇论文发表后，陆续有多家实验室找到了更多的理由证明这个解释很有可能是正确的。比如，人体对于环境毒素的认知是在婴儿时期形成的，现代社会的过敏者之所以越来越多，很可能就是因为小时候生活的环境太干净了，没怎么接触过脏东西。再比如，现代人旅游的机会多了，去的地方也越来越远，更容易接触到小时候不太可能接触到的新东西，人体一时适应不了这种新的生活方式，于是导致了更多的过敏反应。

看手相靠谱吗?

食指和无名指的长度之比一直被当作一种算命的指标，但这个方法很可能不靠谱。

　　真心相信算命的现代人已经不多了，大家顶多把它当作饭桌上的谈资而已。但有一种算命法例外，那就是看手相，因为有很多科学家也在研究这个问题。据统计，仅在最近这二十年里就能检索到1400多篇关于手相的论文，它们都是在正规期刊上发表的。

　　这里所说的手相指的是食指和无名指的长度之比，以下简称2/4指比。最早发现这个比例有猫腻的是一位德国解剖学家，他在19世纪70年代首次撰文指出2/4指比存在性别差异，男性要比女性小一些。但那篇论文发表后没有引起任何反响，很快就石沉大海了。

　　最早让这件事变得家喻户晓的是英国斯旺西大学的约翰·曼宁（John Manning）教授，他曾经在20世纪90年代和利物浦的一家生殖诊所合作，研究胎儿的左右对称性与子宫内荷尔蒙含量的关系。他隐约记起曾经在哪里看到过2/4指比的说法，便利用职务之便测量了一批利物浦当地人的右手 2/4 指比，结果发现女性的平均值为 1，男性为 0.98，确实存在一个极其微小的差异。

曼宁教授又测量了男性顾客们体内的睾酮含量，发现 2/4 指比越低的人睾酮含量越高，这个结果似乎说明造成 2/4 指比差异的原因就是雄激素。他又去测了孩子们的 2/4 指比，发现两岁大的小孩的 2/4 指比就已经能看出性别差异了，说明睾酮的影响肯定从子宫里就开始了。

1998 年，曼宁教授将这个发现写成论文，发表后立刻引起了轰动。人类本来就热衷于算命，颅相和面相算命法曾经在欧洲红极一时，日本人则发明了血型算命法，也红过一阵子。这些都属于人体的生理特征，听上去似乎要比生辰八字之类的靠谱一些，可惜后续研究证明这些算命法都不靠谱，公众的兴趣也就渐渐消失了。

2/4 指比法测的同样是人的生理特征，而且此法方便易测，结果明确，背后的科学道理似乎也挺靠谱，于是此法迅速成为科学界的热门话题，从各种慢性病的发病率到不同的性格特征都有人研究过。体育圈还用它来筛选运动员，有好几篇论文证明 2/4 指比小的人更有体育天赋。甚至连考古界也来掺和了一下，有人专门去研究了史前人类留在洞壁上的手印，希望能依靠 2/4 指比计算出手印主人的性别。

那么，手相算命真的靠谱了？且慢！美国资深科普作家米奇·莱斯利（Mitch Leslie）在 2019 年 6 月 7 日出版的《科学》杂志上发表了一篇综述，指出了手相算命法的三大疑点。

第一，莱斯利收集到了多篇相关论文，发现 2/4 指比在不同的族群当中差别非常大，远比性别的差异要大得多，这说明被算命者的遗传背景极大地影响到了测量结果。相比之下，2/4 指比和性激素之间的关系很可能不如大家想象的那么大。

第二，因为抽取胎儿血的难度太大，迄今为止还没有任何一家实验室能够直接比较胎儿在子宫内接触的睾酮浓度和 2/4 指比之间的关系，只能通过动物实验来寻找间接证据。佛罗里达大学的一家实验室曾经拿小鼠做过实验，证明子宫内的睾酮浓度确实和小鼠的 2/4 指比有关联，但这个结论很快就被另一家实验室所做的类似实验给否定了。

第三，一些生物统计学家认为，凡是用某种比值来作为性状指标的研究方法都不太可靠，因为这个方法很容易忽略其他因素的影响。比如，美国生物统计学家道格拉斯·库兰－埃弗里特（Douglas Curran-Everett）就曾经指出，男性的 2/4 指比之所以比女性的小，很可能是因为男性的手掌比女性的大。当一个人的手越长越大时，无名指增加的长度很可能会比食指更多些，其结果就是两根手指的比例发生了微妙的变化。当库兰－埃弗里特运用数学方法把手掌大小的影响排除掉之后，男女之间的差异就消失了。

总之，那些想靠看手相来算命的人，还是先缓一缓吧。

人体的耐力极限在哪里？

> 顶尖长跑运动员和孕妇是一类人，两者
> 都是比拼耐力的高手。

"可持续"是个热门词语，不但经常被用于环境问题的讨论，也被用于人体耐力极限的研究，科学术语称之为"最大可持续代谢能力"（SusMS）。换个通俗的说法，如果一个人不停地奔跑（或者从事其他体力活动），最终他所能维持的最大能量输出率到底是多少？

显然，这个问题的答案和每个人的身高、体重、性别等因素有关，因为这些因素使得每个人的基础代谢率（BMR）各有不同。科学界通常用 BMR 的倍数来描述 SusMS。比如，一名运动员在进行短时间的剧烈运动后，他的 SusMS 有可能达到 BMR 的 10 倍之多。但即使是全球最顶尖的运动员也不可能长时间维持这样的高效输出，随着运动时间的推移，他的 SusMS 肯定会降下来。

那么，这个降幅有没有极限呢？这就是科学家们试图回答的问题。

这类研究的最大障碍就在于可供研究的志愿者不好找。

普通人缺乏毅力，很难知道他们跑不动的时候究竟是达到了耐力极限还是因为意志力太差。职业运动员倒是不用担心意志力，可是他们的耐力极限到来得特别晚，一场普通的马拉松比赛都不够，必须是那种100公里以上的超级马拉松才行。骑车就更难了，只有环法那种级别的超长距离自行车比赛才有研究的价值。

美国杜克大学的赫尔曼·庞泽（Herman Pontzer）教授一直在寻找这种级别的耐力比赛，2015年美国举办的一项赛事让他欣喜若狂。这是一次横穿美国的长跑比赛，运动员从西海岸的洛杉矶出发，一直跑到东海岸的华盛顿，全长5000公里，每周平均要跑六个马拉松，连续跑20周才能跑完，完全符合庞泽的要求。

庞泽说服了其中的六名运动员，让他们饮用一种特殊的水，其中的氢原子和氧原子都被替换成了相应的无害同位素。然后研究人员收集了运动员的所有排泄物，测量其中的同位素含量，就可以知道那天运动员的能量消耗到底是多少。

之后，研究人员把运动员每天的SusMS值和时间轴做在一张图里，发现这条曲线很像大写的英语字母L，即刚开始运动时的代谢率非常高，然后迅速下降，20天左右出现拐点，此后的SusMS值便不再大幅度减少了，而是趋于平缓，几乎变成了一条水平线。研究人员根据这条曲线推导出了一个数学模型，算出了人体的耐力极限值：约为人体基础代谢率的 2.5 倍。换句话说，如果一个人想要维持长时间高强度运动的话，那么他的每日最大能量消耗不能超过他的基础代谢率的 2.5 倍，否则就是不可持续的。

庞泽教授将研究结果写成论文，发表在 2019 年 6 月 5 日出版的《科学进展》(*Science Advances*) 杂志上。文章认为，这个结果说明人类消化系统的工作效率是有极限的，达到这个最高限之后，无论他强迫自己多吃多少食物都没用。此时他每天的消耗量只能和这个最高限持平，只有这样才能做到可持续，否则的话他就必须动用自身的能量储存（比如脂肪），而这显然是一种有限资源，不到万不得已是不能用的。

庞泽教授还顺带研究了孕妇的能量消耗，发现那条曲线和长跑运动员的非常相似，这说明孕妇怀孕期间的能量消耗非常大，堪比顶尖运动员。这个发现很有意义，因为它解释了为什么哺乳动物的怀胎时间是有限的。一旦达到了能量消耗的最高值，即使胎儿尚未发育成熟，也必须将其生下来，否则孕妇的消化系统就满足不了两个人的能量需求了。

众所周知，相对于体重来讲，人类孕妇的怀胎时间是哺乳动物里最长的，主要原因就在于人类的大脑发育太耗时间。人类的耐力也是哺乳动物中数一数二的，人类正是靠这个优势把猎物追死的。庞泽教授认为，这两个特征背后的生理机制是一样的，正是因为人类进化出了这一机制，才使得我们的大脑变得越来越大，捕猎能力也越来越强，最终称霸地球。

细胞的年龄

....

关于衰老，大自然还有很多未解之谜，
有待我们进一步探索。

　　我们很容易知道动物的年龄，但动物体内单个细胞的年
龄就不那么好猜了，因为动物体内有些细胞从来不分裂，它
们的寿命和动物的年龄一样长。另一些细胞则一直在分裂，
它们的年龄就要比动物的实际年龄年轻很多。

　　那么，究竟应该如何测量细胞的实际年龄呢？美国索
尔克生物研究所（Salk Institute）的马丁·赫泽尔（Martin
Hetzer）博士决定研究一下这个问题。他和同事们发明了
一套杂交成像法（MIMS-EM），配合以适当的同位素标记，
就可以测出动物体内任何一个细胞的年龄。

　　为了验证这套方法的准确性，研究人员先测了测小鼠的
脑细胞。已知哺乳动物的大部分脑细胞自生下来之后便不再
分裂了，所以脑神经元的年龄和该动物的实际年龄应该是一
样的。测验结果表明这套方法是可靠的，测出来的小鼠脑神
经元年龄与小鼠的实际年龄完全一样。

　　接下来，研究人员运用这套方法测量了小鼠的肝脏和

胰腺。这两个器官此前都被认为是一直不断地在更新的，它们的细胞理应都很年轻才对。但测量结果让科学家们大吃一惊，两个器官内都能发现很多年龄和小鼠一样大的细胞，说明这些细胞从小鼠生下来开始就不再更新了，而是一直活着。

赫泽尔博士将研究结果写成论文发表在 2019 年 6 月 6 日出版的《细胞 / 新陈代谢》（Cell Metabolism）分册上。这个结果说明哺乳动物的细胞的复杂性远比此前想象的要大很多，很多细胞看上去一模一样，功能也差不多，但年龄却相差极大，科学术语称之为"年龄镶嵌"（age mosaicism）。此前只在低等生物中发现过这一现象，如今在小鼠这样的高等生物中也发现了，说明这是生物界的常态。这种新老混杂的细胞结构对于哺乳动物的器官健康有何影响？抗衰老究竟应该是想办法减少老龄细胞的数量，还是延长这些老龄细胞的寿命？这些问题都需要进一步的研究才能给出答案。

从新陈代谢的角度来看，一个细胞的健康状况和它的年龄没有必然联系。壮年哺乳动物的脑神经元虽然年龄已经很大了，但其新陈代谢的状态和年轻时差不多，因为这些细胞内有很多抗衰老调控程序，负责维持细胞的健康水平、延缓衰老的速度。

已知哺乳动物体内有两套非常重要的抗衰老调控程序，一套叫作雷帕霉素靶蛋白系统（mTOR），另一套叫作线粒体活性氧蛋白系统（ROS），两套系统合起来可以解释三分之二的衰老指标变化。换句话说，我们的身体之所以能够保持年轻，一大半的原因要归功于这两套分子调控程序。

美国迈阿密大学医学院的克莱斯·瓦勒斯泰特（Claes Wahlestedt）博士决定研究一下这两套调控程序的运行模式，结果发现它们在50多岁之前一直非常活跃，一旦过了这个年龄段便会停止运行，不再保护我们了。

"人类的寿命在哺乳动物当中算是相当长的，原因就是我们的抗衰老分子调控程序非常复杂，这一点和人类相对复杂的基因组有关，说明我们的长寿是进化的结果。"瓦勒斯泰特博士解释说，"但是，这套程序在50多岁之后就会自动关闭，说明进化本不希望我们活过50岁。"

瓦勒斯泰特博士将实验结果写成论文，发表在2019年6月6日出版的《衰老细胞》杂志上。瓦勒斯泰特博士认为，如果后续实验证明这一现象是普遍存在的，那就意味着一个人60岁之后再去抗衰老是没有用的。

不过，这也许是大自然进化出来的一种防御机制，因为一旦过了某个年龄段，细胞衰老保护机制就不应该太活跃了，否则就会得癌症了。

老父亲的优势

父亲生孩子时的年纪越大，孩子的寿命
有可能就越长。

2015 年 3 月，美国宇航员斯考特·凯利（Scott Kelly）顺利地进入了国际空间站，按计划将在那里生活一年。出发前，斯考特灵机一动，建议美国航空航天局（NASA）开展一项研究，看看如此漫长的太空生活究竟会对宇航员的身体产生怎样的影响。

这类研究此前做过不少，可惜因为没有对照组，得出的结论并不可靠。但斯考特有位同卵双胞胎兄弟马克，两人生活轨迹相近，身体状况也差不多，正好可以作为对照。

NASA 同意了这项建议，并委托几家科研机构共同参与。2019 年 4 月 12 日出版的《科学》杂志刊登了部分研究结果，除了一些容易理解的微小生理差别外，最让人好奇的变化发生在斯考特的基因组里，他的血液白细胞的端粒在太空飞行的过程中居然变长了。

顾名思义，端粒（telomere）指的是染色体末端的一小段 DNA，它本身不携带任何有用的信息，唯一的功能就是为DNA合成酶提供一个"抓手"，保护染色体不受损伤。曾经有人把染色体比作鞋带，把端粒比作鞋带一端的那个塑料带扣，一旦带扣坏掉了，鞋带就会松开。同理，一旦端粒消失，染色体就无法复制，这个细胞也就没有办法再分裂了。

正因如此，普通真核细胞的分裂次数是有上限的。生殖细胞和干细胞之所以能够打破这个限制，是因为这些细胞里含有端粒酶（telomerase），能够把缺失的端粒补齐。

细胞分裂是有机体自我更新的重要手段，如果细胞停止分裂，生命就会无可挽回地走向衰老，所以在通常情况下，端粒应该越长越好。目前尚无法判断宇航员斯考特的端粒为什么会变长，有人猜是因为斯考特在太空期间一直坚持锻炼，饮食也更节制，所以端粒变长也许是他身体状况变好的一个标志。事实上，斯考特回到地球之后不久，他的端粒就开始迅速缩短，两个月后就和他的双胞胎兄弟一样了。

既然端粒越长越好，那么有没有办法让自己的孩子从一开始就拥有较长的端粒呢？答案是肯定的。已知细胞每分裂一次，端粒都会变短一点。女人的卵子早在她出生后不久就都准备好了，所以卵子的端粒长度基本上不会再有变化了。但男性的精母细胞一直在分裂，所以此前有人认为年纪越大的男人，精子的端粒应该越短。按照这个逻辑，一个母亲如果想让自己的孩子赢在起跑线上，就应该找个年轻的丈夫。

事实真相到底是怎样的呢？美国华盛顿大学的人类学家丹·艾森伯格（Dan Eisenberg）决定研究一下这个问题。他找到了将近 3000 个祖父母辈的志愿者，测量了他们以及他们的子孙的端粒长度。结果发现，生孩子时父亲的年纪越大，孩子的端粒反而越长。

艾森伯格应邀参加了 2019 年在美国俄亥俄州召开的美国体质人类学年会，并将这一结果汇报给了与会的同行们。按照他的解释，这个看似不合理的结果其实是符合进化论的。要知道，原始社会生存环境极为严酷，多数人年纪轻轻就死了。如果一个男人成功地活到了很大的岁数，甚至还能生小孩，那就说明他所处的环境非常好，或者他本人的生存能力极强，基因优秀，于是大自然把他的这个优势以端粒的形式遗传给了他的孩子，让他的孩子从小就获得了比其他孩子更长的端粒。这个逻辑和宇航员的逻辑是一样的，即端粒长度是身体健康状况的指标。

不过，与会者纷纷表示，这只是个初步的结果，其真实的含义还有待进一步的研究。事实上，此前已有多项研究表明父亲年纪越大，生出来的孩子患遗传病的可能性就越高，毕竟精母细胞一直在不停地分裂，来自父亲一方的 DNA 突变率明显高于母亲。虽说大部分这类基因突变都是无害突变，但总会有一小部分突变是有害的。

基因突变对于个人来说也许是个坏消息，但对于人类整体来说却是个好消息，因为基因突变是生物进化的源泉。如果没有基因突变，我们现在还是微生物呢。也许正是因为年纪大的父亲生的孩子比较多，大自然才允许他们冒几次险，人类就是这样一点一点地发生变化，最终进化成了今天这个样子。

大脑中的时间线

不同年龄的人对于时间的感知是不同的，
科学家们给出了自己的解释。

根据相对论，这个世界上除了光速之外没有什么东西是永恒不变的，就连时间也不例外。心理学家肯定会认同这个说法，因为不同年龄的人对于时间的感知真的很不一样。比如小孩子总是觉得时间过得太慢，每天都在抱怨为什么还不下课，为什么还不放学，隔壁班的那个女孩为什么还没经过我的窗前。老年人则正相反，经常感觉自己啥也没干一天就过去了，稍不留神一年就又过完了。

大脑中的时间线为什么会如此不同呢？答案和时间在大脑中的标记方式有关。几乎所有来自外界的信息，无论是色彩还是声音，在大脑中都有专门处理它们的神经元，但时间是个很特殊的信息，大脑中没有专门处理时间信息的受体，只能通过对一个个事件的依次标记来感受时间的流逝。换句话说，时间就是对事物逐渐变化的一种衡量方法，我们对于时间的感知和不同事件发生的密度有关。

在此基础上，美国杜克大学物理学教授阿德里安·贝让（Adrian Bejan）在 2019 年 3 月 18 日出版的《欧洲评论》（*European Review*）期刊上撰文指出，人类对于时间流逝的主观感觉取决于大脑对于图像信息的接收和处理速度。

人是视觉动物，人类大脑接收到的信息当中有 70% 都是视觉信息，我们对于时间的感知是由一帧帧图像的处理速度决定的。贝让教授发现，随着年龄的增长，大脑神经网络会变得越来越复杂，神经信号的传导路径会越拉越长。不但如此，大脑神经束也会随着年龄的增长而衰老，其特征就是神经传递过程中遇到的阻力也会越来越大。这几个因素加在一起，结果就是随着年龄的增长，图像信息的传递速度会变得越来越慢，处理速度也随之下降，大脑在单位时间里能够处理的图像数量越来越少。如果我们仔细观察婴儿的眼球，会发现它们的转动速度和频率都要比成年人快，道理就在这里。这个现象换算成主观感觉，那就是随着年龄的增长，我们会觉得时间过得越来越快，大脑还没处理几个信息一天就过去了。

人脑中的时间线是一个很奇妙的东西，人类的很多行为模式都会受到它的影响，比如大家都知道的"七年之痒"就是个好案例。统计数据表明，尽管结婚年龄各不相同，文化上也有很大差异，但全世界大部分国家的婚姻平均时长均为七年左右，这是为什么呢？

美国罗格斯大学（Rutgers University）的人类学家海伦·费舍尔（Helen Fisher）认为，这一现象和人类的繁殖模式有关系。费舍尔擅长从生物学角度研究人类的婚姻制度，曾经撰写过一本名为《爱的解剖学》（*Anatomy of Love*）的畅销书。她仔细研究过"七年之痒"，发现虽然婚姻的平均时长约为七年，但这个数值是被少数超长婚姻拉大的，其实大部分婚姻都在结婚四年后终止，所以正确的说法应该是"四年之痒"。

她还发现，离婚的高峰期往往和夫妻双方的生育高峰期重叠，即男性在 25—29 岁，女性在 20—24 岁。如果是已经生过一个小孩的女性，则离婚高峰期出现在 25—29 岁，这说明离婚高峰很可能和孩子有关。

已知哺乳动物当中仅有 3% 是一夫一妻制的，但鸟类当中这个比例高达 90% 以上，原因在于鸟类是蛋生的，孵蛋时需要雌鸟和雄鸟相互配合，否则孵蛋的一方就要饿死。这个事实说明，一夫一妻制的主要目的就是为了更好地抚育下一代。即便如此，当幼崽或者雏鸟长大后，那些实行一夫一妻制的哺乳动物或者鸟类父母通常也都会各奔东西，各自出去寻找下一位伴侣，因为经常更换伴侣有助于增加后代的遗传多样性，从进化上讲是有利的，这一点对于人类同样适用。研究表明，世界上现存的原始狩猎采集部落里的妇女平均每四年养育一个孩子，之后她们往往也会更换伴侣，再和另一个男人生孩子，这就是"四年之痒"的根本原因。

费舍尔特别指出，她之所以要研究这个问题，并不是为现代社会的花心男女们找借口，而是要帮助现代人认清自己大脑中的时间线，更好地应对与生俱来的生理冲动。

死亡的定义

脑组织缺氧之后到底需要多长时间才会发生不可逆的损伤？新的研究给出了不一样的答案。

在纯科学领域，死亡的终极定义应该是"不可逆"。如果一个生命处于这样一种状态，即无论采用何种办法都不可能让它重新活过来，那它就是真的死了。

人类的死亡定义有些不同，因为我们对于思想的重视程度远大于肉体，所以在大多数国家里，脑死亡都代替了肉体死亡，成为死亡的终极定义。问题在于，要想判定脑死亡，必须进行脑部扫描，直到检测不到任何脑神经活动之后才敢下判断。但脑部扫描实验需要用到昂贵的仪器设备，很多情况下是做不到的，于是不少国家又采纳了一个折中的定义，以血液循环系统停止工作来代替脑死亡，理由是脑组织对于氧气的需求量非常大，一旦血液循环停止，脑组织得不到充足的氧气，就会发生不可逆的损伤。

这两种定义的差别在过去并不那么重要，无非就是家属愿不愿意多等一些时间而已。但是随着器官移植技术的突飞猛进，两种死亡的定义之争就显得愈发重要了。据统计，仅在美国，每17分钟就有一人被列入器官移植接收者的候补名单，因为可供捐赠的器官远远不够，其结果就是每天都会有18人因为得不到捐赠器官而死亡。

于是，双方的博弈就开始了。支持捐赠的一方认为应该在合理的范围内降低死亡判定的标准，这样可以让医院获得更多高质量的器官，挽救更多的生命。反方则认为死亡的标准应该尽可能地定得高一些，因为这事没有后悔药，一旦弄错了就无法挽回了。

美国耶鲁大学医学院的内纳德·赛斯坦（Nenad Sestan）及其同事们在2019年4月18日出版的《自然》杂志上刊登了一篇论文，为双方的这场博弈添加了分量很重的一枚筹码。研究人员利用美国人不吃猪脑的习惯从屠宰场拿到了刚刚被切下的猪头，从中取出完整的猪脑，连上他们自己发明的一种名为BrainEx的灌注系统，看看能不能恢复脑组织的活性。

我们可以把BrainEx看成是一个体外人工心脏，只不过它泵的不是天然的血液，而是含有各种营养剂以及一些专门用于恢复细胞功能的特殊化学物质的人造血液。

研究人员使用了32只死了4个小时的猪脑，用BrainEx系统持续灌注了6个小时，发现这种人造血液像真血一样帮助猪脑维持了大部分的新陈代谢活动，比如氧气和二氧化碳的交换等，这说明在被切下4个小时之后起码有一部分猪脑组织仍然是活的。

这篇论文发表后，有些新闻媒体用了耸人听闻的标题宣称科学家复活了死亡的大脑，可惜这是不正确的，因为研究人员并没有检测到任何有意义的脑神经活动，这些猪脑在脑电图上显示的是一条直线，毫无波澜。全脑范围内的放电活动也没有检测到，说明这些猪脑不但没有恢复意识，也没有感知冷热痛痒这些外部刺激的能力，距离"复活"还差很远。

研究人员也在评论中反复强调，他们之所以要做这项实验，只是想了解一下高级哺乳动物的大脑究竟可以忍受多长时间的缺氧，希望为那些和器官移植有关的死亡鉴定标准提供一些数据，以及为那些试图获取高质量脑组织用于科学研究的科学家提供一种新的保鲜方法。

但是，这个结果很难不让人联想到永生这个话题。众所周知，人的寿命是有限的，迄今为止全世界仅有一人活过了120岁，这个限制在可预见的将来是很难被改变的。既然如此，有没有可能通过这个办法让大脑脱离衰老的肉体，独自生存下去呢？如果我们把脑洞再扩大一点，将来有没有可能把人脑连上机器，去探索宇宙呢？要知道，星系之间的距离非常遥远，以现有的技术，宇宙飞船需要很长的时间才能飞到另一个星系，人类是活不到那一天的。

从目前的情况来看，要想实现这一目标，伦理是最大的限制。比如这个猪脑实验，研究人员已经按照伦理规定做好了应急准备，一旦出现脑神经活动的迹象就必须立即停止灌注，生怕用于实验的猪脑感觉到了痛苦。如果连这个障碍都不能克服的话，下一步实验是没法进行下去的。

脑子到底还长不长了？

成年人的脑神经细胞到底会不会再更新
了？这个看似简单的问题至今都没有
答案。

　　骂人"笨蛋"是一个相当严厉的指控，于是我们发明了
很多委婉的说法，"长点脑子"就是其中之一。这个说法在
二十年前还是不成立的，因为那时的神经科学界相信人类自
成年后大脑就不再发育了，脑神经元的数量只会变得越来越
少。换句话说，一旦某个神经元因为某种原因死掉了，我们
的大脑是没有办法生成新的神经元来填补空白的，而意外死
亡这种事情很难避免，所以我们的大脑注定无法永生。

　　这个结论令人沮丧，所以一直有人不愿相信，认为这是
人们不方便研究人脑所导致的结果。由于显而易见的原因，
活人的脑组织是很难被提取到的，所以科学家们通常只能研
究逝者的大脑，甚至逝者大脑的样本也非常稀有，因为大部
分人都很迷信，不愿意把自己的大脑贡献给科学研究。

　　随着研究手段的进步和民众思想的解放，这个领域出现
了转机。1998 年发表的一篇论文首次提出成年人的脑神经
元很可能还在更新，随后该领域又出现了一大批论文支持

这个判断。就在大家摩拳擦掌准备大干一番的时候，美国加州大学旧金山分校的阿图罗·阿尔瓦雷兹－布亚（Arturo Alvarez-Buylla）教授在 2018 年 3 月 15 日出版的《自然》杂志上发表了一篇重磅论文，浇灭了大家的热情。

阿尔瓦雷兹－布亚教授的关注重点是人脑海马区的齿状回（dentate gyrus），这个组织与学习、记忆、抗逆性和情绪控制等很多高级神经功能有关，其重要性不言而喻。研究人员收集了 59 个年龄在 0—77 岁的人脑样本，将其中的齿状回制成切片，再用能够识别新神经元的特殊抗体对切片进行染色，结果发现神经元的更新速度自婴儿出生后不久便急速下降，到了青春期之后便完全停止，不再更新了。

这个结果得到了一部分专家的支持，他们认为新神经元的出现会打乱原有的神经网络，对于复杂的灵长类大脑而言是没有好处的，这就是为什么低等动物的大脑神经元数量一直在增加，高等动物反而不更新了，因为后者是靠神经网络的复杂性取胜的。

这个解释听上去很有道理，但仅仅过了一年之后，新的证据就又出现了。2019 年 3 月 25 日出版的《自然/医学》（Nature Medicine）分册刊登了一篇来自西班牙马德里自治大学（CSIC-UAM）的马丽亚·洛伦斯－马丁（María Llorens-Martín）教授的论文，得出了完全相反的结论。这家实验室采用的方法和美国实验室很相似，区别在于洛伦斯－马丁教授发现脑组织切片不能在多聚甲醛固定液中浸泡太久，否则其中含有的新神经元信号就会丢失。所以西班牙实验室选择的全都是只在固定液里浸泡了很短时间的脑组织样本，结果发现人类的脑神经元一直在更新，这一现象甚至在一个 97 岁的样本中仍然可以观察到。

这篇论文一经发表立刻引发了轰动，《自然》杂志甚至专门刊发了一篇社论，认为这个结果对于阿尔茨海默病的治疗来说意义重大。众所周知，这个病的主因就是神经元数量的减少导致记忆力丧失，如果人类大脑中的神经元本身是具备再生能力的，那就说明这个病从原理上讲是可以被治疗的。

事实上，洛伦斯－马丁教授专门研究了阿尔茨海默病患者的新增神经元数量，发现比同年龄的健康人少了 25%—50%，说明这个病很可能就是人脑齿状回部位的神经元更新速度下降所导致的。

看到这篇新论文后，阿尔瓦雷兹－布亚教授立刻做出了回应，指出了其中的几个疑点，并对自己的研究结果重新做了解释。两方到底谁对谁错？我们这些普通读者当然无从判断，只能等待进一步的研究结果。

任何一种疾病，如果总也治不好，肯定是因为我们对于这个病背后的生物学机理尚未了解透彻。阿尔茨海默病是医学界著名的疑难杂症，根本原因就在于我们对于人脑的生理机制了解得太过肤浅了，甚至连脑神经元到底分不分裂这样的基本问题都还不甚明了。由此可见基础科学研究是多么重要，科学家们任重道远。

胚胎发育之谜

《科学》杂志 2018 年度突破奖授予了一项全新的技术，将有助于揭开胚胎发育之谜。

生物学发展到现在，凡是能够被大规模复制的东西都已经研究得差不多了，比如新陈代谢、遗传信息传递和蛋白质合成等都是如此。这些事件虽然发生在细胞里，但科学家们可以复制出一大批相同的细胞，让它们做同样的事情，这就相当于把细胞尺度的事件放大到了肉眼可见的水平，研究起来就容易多了。

这套方法在研究胚胎发育时遇到了困难。众所周知，所有动物都是由一个小小的受精卵发育而成的，当这个受精卵通过细胞分裂一分为二时，生成的两个子细胞内部发生了极其微小的差异，导致它们分别走上了不同的道路。这样的事情一而再再而三地发生，这才分化出不同的组织和器官，最终组合成一个全新的生命。换句话说，动物胚胎中的每一个细胞都是不同的，很难通过大规模复制的办法来研究发育的过程，所以这个领域至今进展缓慢，被公认为是自然界最难解的谜题之一。

一提到细胞的不同功能，很多人都会首先想到 DNA。

如果把细胞看成是一个车间的话，那么 DNA 就相当于一本很厚的工作手册，指导细胞做不同的事情。问题在于，同一个胚胎里的所有细胞都来自同一个受精卵，其 DNA 顺序都是一样的，这些细胞之所以走上不同的道路，不是因为 DNA 本身有所不同，而是 DNA 的解读方式出现了差异。控制 DNA 解读方式的是一种名叫转录因子的蛋白质，它们就像是一个个书签，插在 DNA 这本厚书的不同位置上。胚胎细胞之所以各不相同，是因为每个细胞里的 DNA 书签位置不同。这就好比不同的生产车间完全可以使用同一本工作手册，只要每个车间翻到的页码不同就可以了。

转录因子本身不太好研究，但它起作用的时候会产生出相应的核糖核酸（RNA）指导细胞合成出不同的蛋白质，从而行使不同的功能。RNA 的研究手段要比蛋白质丰富得多，因此一直有人试图通过研究不同细胞里的 RNA 来解开胚胎发育之谜。

这个思路吸引了很多科学家的关注，大家合力攻关，终于在 2018 年有了突破性进展。先是有人开发出了一种技术，能够把胚胎中的每一个细胞都原封不动地分离出来。之后又有人发明了单细胞 RNA 测序技术（Single-cell RNA-seq），可以大规模地对单个细胞内的 RNA 进行测序分析。有家研究所运用这两项技术，一次性地得到了 8000 个果蝇胚胎细胞的 RNA 序列，另一家研究所则同时测量了 5 万个线虫胚胎细胞的 RNA 序列！

光有 RNA 序列还不够，因为这项技术需要把胚胎中的细胞分离出来，这就没法研究细胞之间的三维关系了。这种关系非常重要，它决定了每一个胚胎细胞的未来命运，因此又有人开发出了一项新技术，把基因编辑（CRISPR）和荧光标记结合起来，能够准确地追踪每一个胚胎细胞的来龙去脉。如果把上述这三项技术结合起来，就可以分别对动物胚胎中的每一个细胞进行精确的定量分析了。要想弄清楚胚胎发育的细节，这是唯一的办法。

这套技术不但可以用于研究胚胎发育，还可以用于研究任何复杂的细胞分化过程，有很大的扩展空间。比如，已经有人运用这套方法研究那些具备很强再生能力的动物，比如蝾螈的肢体再生过程。不用说，这类研究对于人体器官再生领域具有重要的指导意义。

还有人野心更大，试图用这项技术研究人体内所有的细胞类型。成年人的体细胞数量巨大，不太可能追踪每一个细胞的来龙去脉。但成年人的体细胞已经停止分化了，因此可以将其分成有限的类别，只要把每一类细胞研究透了就可以了。事实上，一项名为"人类细胞图谱"（Human Cell Atlas）的研究项目已经运行了两年，其中一个研究小组已经把肾脏内的所有细胞类型都鉴别了出来，其中就包括一些最容易发生癌变的细胞类型。一批欧洲科学家正在运用上述技术追踪癌细胞的生成过程，希望能揭示出癌变的全部机理。

正是因为这项技术具有如此大的潜力，著名的《科学》杂志将 2018 年度的"科学突破奖"（Breakthrough of the Year）颁给了它。

优生学 3.0

> 优生学一直是个禁区，但优生的愿望是
> 人之常情，这方面的研究不能停。

提起优生学（eugenics），很多人都嗤之以鼻。这个词被纳粹玩坏了，在西方已然成为禁区。其实这个概念最早是由达尔文的表弟弗朗西斯·高尔顿（Francis Galton）提出来的，时间是 1883 年。他的本意是想借助遗传学来提高人口素质，初衷应该说是好的，但当年遗传学研究水平还很低，人们误以为有问题的父母一定会生出有问题的孩子，这显然是不对的。

"二战"的结束宣告了优生学 1.0 时代的终结，但无论大家如何批判它，来自民间的需求始终都在，很多有条件的父母都会想尽一切办法避免生出有问题的孩子，只是苦于没有办法而已。

人类遗传学的飞速发展使得产前基因诊断成为可能，优生学进入了 2.0 时代。早期的基因检测大都局限于单基因遗传病以及像唐氏综合征这样的染色体异常，具有因果关系明确、结果可信度高等特点，很少有异议。一些国家甚至把这类检测纳入医保，由国家出面帮助育龄夫妇提高新生儿质量。

但是，一个人的绝大部分后天特征都是由很多基因共同控制的，像身高、体重、相貌、运动能力和慢性病发病率等都是如此，单基因产前检测就不灵了。不过这难不倒科学家们，随着DNA测序技术的飞速进步，以及大数据分析能力的提高，多基因检测技术（Polygenic Techniques）被开发了出来。顾名思义，这项技术可以一次性检测成百上千个基因位点，再结合大数据研究，推算出某项特征可能出现的概率。

根据2018年11月17日出版的《新科学家》（*New Scientist*）杂志报道，一家总部位于美国新泽西州的"基因组预测"（Genomic Prediction）公司不久前推出了一项基于多基因检测技术的产前诊断服务，据称一些从事试管婴儿服务的公司已经购买了这项技术，以便帮助客户更好地选择胚胎。

具体来说，试管婴儿公司每次都会生成不止一个胚胎，当胚胎还处在发育早期时，技术人员可以从中提取出少量细胞，通过这项技术测出孩子长大后带有某种性状的可能性，父母可以根据这些数据做出取舍。

如果这项可以称之为优生学3.0的技术仅被用于筛查遗传病的话，倒也无可指摘，但这家公司暗示该技术有可能用于预测婴儿的智商，媒体立刻就炸了锅。反对者指责这种检测违反了人类道德，有纳粹嫌疑，还有人从哲学的角度攻击这项技术，认为它降低了人类的多样性，要求政府下令禁止这类研究。

如果我们了解了优生学的历史，不难发现这类批评是站不住脚的。生出健康婴儿一直是人类的共同愿望，如果我们禁止科学家做相关研究，那就等于剥夺了普通人的一项权利，因为富人们早就在做类似的事情了。

但是，这并不等于说目前的智商筛查就是合理的，因为人类的智力发育是一个非常复杂的过程，以现有的技术水平尚不足以得出肯定的结论。比如一项研究发现有超过 1000 个基因位点和智力发育有关，但两者的整体相关性仅有 13%，显然太低了，大概没人愿意根据这种概率选择胚胎。

不过，具体到某几个特殊的基因，概率又不一样了。该项研究发现了若干个"聪明基因"，可以很好地预测携带者上大学的概率，那些根据这几个基因测算排在前 20% 的人最终上大学的概率是 60%，而那些基因测算排在后 20% 的人上大学的概率仅有 10%，这个差异还是相当显著的。假如未来的研究能够把预测准确率提高到 95% 以上，请问你是否愿意根据预测结果采取行动呢？

说到底，这件事的本质就在于我们应该如何看待人类的智商。如果我们相信智商本质上和其他生理性状一样，都是可以被调控的，那么就应该继续支持这方面的研究。这一点并不影响我们尊重那些身体和智力有缺陷的人，但谁也不愿意看到自己家的孩子有某种先天缺陷，这个愿望也应得到尊重。

智商和其他生理性状一样，在人群中都呈钟形正态分布。区别在于，高智商的孩子不一定保证将来一定能成功，更不能保证长大后一定会幸福，选择高智商的胚胎意义不大。但是，过低的智商肯定是有问题的，所以我们也许应该换个角度，把研究重点放到筛查智力缺陷上来，而不是将其用于培养神童。

人造生命

科学家们相信，不出十年人类就将掌握
人造生命的能力。

　　有句俗语说得好，要想真正了解一样东西，最好的办法
就是自己造一个出来。所以，如果我们想要搞清楚生命到底
是如何在地球上诞生的，活着和死亡之间的区别到底在哪
里，最好的办法就是从无到有地造一个生命出来。

　　生命的基本单元是细胞，如果有谁能从碳氢氧等基本元
素出发，不借助任何其他生命的帮助，在实验室里制造出一
个活的细胞，那绝对会是科学史上的一个里程碑事件。2018
年11月7日出版的《自然》杂志用一组封面文章介绍了人
造生命领域的新进展，不少科学家乐观地估计，人类将在十
年内实现这一目标。

　　事实上，类似的尝试从二十多年前就开始了。最先开始
尝试的是人工模拟新陈代谢，这是生命的基本特征之一，也
是我们判断一个细胞到底是活着还是死了的常用标准。新陈
代谢的核心就是各种酶，而酶是可以人工合成的，只要我们
搞清楚了新陈代谢的每一个步骤，就能在试管里把新陈代谢

的基本过程还原出来，只不过这种在体外进行的新陈代谢只能自主地维持很短的时间而已。

下一个尝试的是信息传递，也就是用人造 DNA 来代替细胞内原有的 DNA。美国"科学狂人"克里格·温特（Creig Venter）博士是第一个成功实现这一壮举的人。他领导的一个实验小组用一条人工合成的 DNA 长链把一个活细菌原有的基因组全部替换掉了，这个细菌也顺利地摇身一变，成为一个全新的细菌物种。

这项实验是在 2010 年完成的，当年在全世界引起了很大的轰动。虽然温特坚称这就是人造生命，但多数人并不同意，因为他必须使用另一个活细胞作为 DNA 的受体，并不是从头开始的人造生命。

不管怎样，这项成果意义重大，起码从理论上证明了生命的图纸是完全可以在实验室里事先画好的。温特实验室的科学家们此后不断地删减基因，试图找出能够让一个细胞活下去所需的最小基因组。最终这个数字降到了 473，也就是说这个细胞最少需要 473 个基因才能正常地活着。只要少一个基因，要么它很快就死了，要么它永远无法繁殖，那就不能称之为生命了。

这 473 个基因的具体功能大部分都已弄清，但还有大约100 个基因的作用仍然是个谜，原因就在于科学家们并不十分清楚受体细胞里面到底含有哪些东西，变量太多了。如果真的是从头开始合成生命的话，那么细胞里的每一种成分都是已知的，每一种基因的功能自然也就会真相大白了。

既然已经到了这一步，为什么细胞本身无法人工合成呢？答案就在于细胞内部并不是一个中空的试管，而是被脂质膜分成了很多间隔，每一种蛋白质应该待在什么地方都是固定好了的，一旦混起来就不能正常工作了。但是以目前的科学水平，这一点极难做到，这就是为什么人造生命迟迟无法成功的关键所在。

本期《自然》杂志的报道重点就是这一领域的新进展。科学家们正在利用新开发的微流体技术，尝试把蛋白质和脂质膜混合起来，构建成具有特殊形状的细胞器。如果这个难关被攻克了，距离真正的人造生命就不远了。

接下来还有一个微妙的问题需要回答，那就是到底应不应该赋予人造细胞进化的能力。照理说，一个不会自我进化的生命不能算是一个真正的生命。如果科学家的目的是为了研究生命的原理，那就必须允许人造细胞在离开实验室后继续进化。但是，如果科学家的目的是让人造细胞完成某种特殊的工作，比如输血或者清理石油污染，那么就不应该让它们继续进化。

至于说生物安全问题，科学家们普遍相信起码目前还不用担心，因为现有的人造细胞是极其脆弱的，不可能在野外生存。即使将来技术成熟了，科学家也很容易在其中安装一个自杀开关，一旦出事就打开开关将其消灭。

剖宫产的后遗症

剖宫产有可能对孩子未来的健康造成不利的影响，好在解决这个问题的办法很简单。

近日，北京大学第一医院发生了一起因医生拒绝为不符合条件的孕妇实行剖宫产而引发的暴力事件，受到社会各界的广泛关注。巧的是，2018 年 10 月 13 日出版的《柳叶刀》（*Lancet*）杂志刚好刊登了一篇综述，认为有超过一半的国家存在剖宫产比例过高的问题，中国就是其中之一。

这篇综述统计了全球 169 个国家的医疗数据，发现剖宫产总数从 2000 年的 1600 万例增加到了 2015 年的 2970 万例，剖宫产比例也从 2000 年的 12% 增加到了 2015 年的 21%，两个数字都增加了近一倍。其中多米尼加共和国、巴西、埃及和土耳其的剖宫产比例全都超过了 50%，中美两个超级大国的剖宫产比例则位于 30%—40% 区间内，同样属于较高的水平。

根据世界卫生组织（WHO）的建议，一个国家的剖宫产比例应该维持在 10%—15% 的范围内，太低的话孕妇和婴儿的健康得不到应有的保障，太高则说明该国的医疗资源有浪费的嫌疑，同样不是一件好事情。前者的原因主要是贫穷导致的医疗水平过低，比如撒哈拉以南的非洲（南非除外）的剖宫产比例只有4%，显然太低了。后者的原因则比较复杂，包括缺乏合格的助产士、妇产科病床太少周转不过来、医院为了增加收入，以及部分孕妇怕疼等。北大医院那起事件的原因很可能是后者，但其实剖宫产毕竟是动手术，孕妇的恢复期远比正常生产要长，那名孕妇显然是觉得短痛不如长痛，和大部分人的认知正相反。

说到长痛，剖宫产对于母亲的影响是显而易见的。大量证据显示，剖宫产对于子宫的伤害较大，对母亲的下一次妊娠有很大影响。剖宫产的次数越多，影响就越大。不过，很多决定剖宫产的母亲本来就不打算再要孩子了，所以这个结果对于她们的选择没有影响。

因此，关键问题就在于剖宫产对于孩子的未来有何影响。随着剖宫产越来越普遍，这个问题吸引了很多研究者的注意，部分论文指出剖宫产婴儿的免疫系统会受影响，导致哮喘、过敏和I型糖尿病等与免疫系统有关的疾病的发病率增加。但因为剖宫产大规模普及的历史还不够长，数据不够多，这类研究大都没有给出肯定的结论。

纽约大学医学院的研究人员决定另辟蹊径，研究一下剖宫产对于小鼠的影响。结果表明，剖宫产会导致小鼠的体重增加33%。其中雄性小鼠影响较小，体重只增加了14%，雌性剖宫产小鼠的体重竟然增加了70%之多，效果相当惊人。

为什么会有如此大的差别呢？研究人员采用遗传分析的方法研究了剖宫产小鼠的肠道菌群，发现和对照组有显著差异。好几种能够帮助宿主减肥的有益菌群消失了，代之以能使宿主变胖的菌群。除此之外，对照组小鼠的肠道菌群在出生6周后会发生结构性的变化，变得和成年鼠一样，但剖宫产小鼠的肠道菌群却迟迟没有发生这个变化，始终维持在幼年期，这一差别同样可以导致小鼠体重增加。

研究人员将结果写成论文，发表在2017年10月11日出版的《科学进展》杂志上。科学家们指出，这个惊人的结果并不能直接应用于人类，因为人类的情况远比小鼠复杂，比如婴儿出生后是否母乳喂养，喂养多久，以及是否使用抗生素等都会对婴儿的肠道菌群产生影响。但是，这个结果加强了此前一直存在于医学界的一个观点，那就是剖宫产很可能导致婴儿得不到母亲的肠道菌群，这一点肯定会对婴儿未来的生长发育产生不利影响。

既然如此，为何不通过人为的方式"接种"母亲的肠道菌群呢？2016年发表在《自然/医学》上的一篇论文证明这是可行的。研究人员在新生儿的身上涂抹母亲的产道液体，发现这么做确实能够部分地恢复婴儿的肠道菌群。论文作者建议实施剖宫产的母亲照此办理，兴许能够减少剖宫产对孩子的健康带来的负面影响。

生命的道德与法制

多细胞生命和人类社会一样，需要两套
相辅相成的管理系统。

2018 年诺贝尔生理学或医学奖授予了美国科学家詹姆斯·阿里森（James Allison）和日本科学家本庶佑（Tasuku Honjo），以表彰他们在癌症的免疫疗法领域所做的开创性贡献。

顾名思义，癌症的免疫疗法就是利用人体自身的免疫系统来对付癌细胞。阿里森教授是这一疗法的首创者，而本庶佑教授则与中国患者的关系更大，因为他首先发现的 PD-1 蛋白已经被开发成了两种新的抗癌药物，这就是不久前刚刚被批准进入中国的欧狄沃（Opdivo，简称 O 药）和可瑞达（Keytruda，简称 K 药）。这两种药本质上都是 PD-1 抑制剂，能够抑制 PD-1 蛋白的活性。

这里所说的 PD-1 全称叫作"细胞程序性死亡蛋白 1"（programmed cell death protein 1），是全世界发现的第一个和"细胞程序性死亡"（以下简称 PCD）有关的蛋白质。科学家起名字讲究准确，但有时难免不够通俗。我们可以把

PCD 简单地理解成"细胞管理",我们的身体正是通过这套机制把不健康的、多余的和有危险的细胞清理出去的。

细胞是生命的基本单位。对于单个细胞来说,它最大的愿望就是活下去,这种强烈的求生欲望是写在每一个细胞的基因组里的,否则生命是不可能延续到今天的。但是,当多细胞生命被进化出来之后,单个细胞的求生欲望就必须得到控制,这就是 PCD 的意义所在。

PCD 这个概念是在 20 世纪 60 年代进入大众视野的,它被细分为两类,一类就是细胞主动自杀,科学术语称之为"细胞凋亡"(apoptosis),另一类就是免疫系统的被动清理,PD-1 就是后者需要用到的蛋白质之一。我们可以拿人类社会做个类比。几乎所有的人类社会都依靠两个机制来保障集体的稳定性,一个是道德,一个是法制。前者是个体的自我约束,缺乏道德者最多只能依靠羞辱来惩罚。后者是集体的强制管理,违法者必须接受执法机构的严厉制裁。

人类社会应该是先有道德后有法制的,生命体似乎也不例外。细胞凋亡是一个非常普遍的生命现象,一个成年人体内每天都会有大约 500 亿个细胞自杀身亡,只有这样我们才能保持健康。研究显示,细胞凋亡是由线粒体负责管理的,这是细胞的能量发生器,一旦线粒体出了问题,导致氧化还原反应效率降低,就会有大量带负电的自由基泄漏到细胞质当中,于是这个细胞便羞愧地自杀了。

提到自由基大家肯定不会陌生,因为以前有研究显示自由基能够破坏 DNA 和蛋白质，是细胞衰老的罪魁祸首。于是不少商家打出"抗氧化"的招牌，希望把一些具有抗自由基功能的食品当作保健品卖给消费者。但是后续研究证明，自由基其实是细胞凋亡的信号分子，如果人为地关闭这个功能，也许可以让一些原本应该自杀的细胞活下来，但最终反而对身体有害。这就好比一个社会的成员们不再有道德感了，其结果肯定好不了。

但是，道德的约束力毕竟有限，有些时候还得依靠法制。生命体也是一样，于是免疫系统被进化了出来。很多人误以为免疫系统是用来对付外敌的军队，其实这个系统更像是监视自身的警察，其主要功能是清除异己。

警察和军队不一样的地方在于，警察既可以用于锄奸，也可能被滥用，误伤好人，所以人类社会需要律师。免疫系统也是如此，活性太弱自然不好，活性太强也会导致自体免疫性疾病，比如类风湿性关节炎和红斑狼疮等。所以生命又进化出了两套机制用于调节免疫系统的活性，我们可以将其理解成油门和刹车。CD-1 就是一套刹车系统，原本用于防止免疫系统活性过强，伤害自身。但这套刹车系统却被部分癌细胞劫持，以此来躲避免疫系统的攻击。O 药和 K 药之所以能抗癌，就是因为这两种药帮助免疫系统松开了刹车，重新投入战斗。

总之，本次诺贝尔奖来得非常及时，它标志着人类对多细胞生命的理解上升到了一个新的台阶，科学家们可以在更高的层次上研究抗癌药了。

用程序对抗情感

如何帮助理智战胜情感？科学家给出了
一个小建议。

人类自诩为理性动物，但很多时候情感却占了上风。比如眼前的这块奶油蛋糕，理智明明告诉你它没啥营养但热量很高，吃了对身体没好处，可你却总是控制不住自己。

负责解释一切的心理学家把这种现象称为自控力缺失。准确地说，就是当知道某种行为能够带来长远而又持久的好处时，你却屈服于某个只能带来即时快感的行为。

为什么会这样呢？神经生物学家认为这是人脑的高级部位和低级部位相互博弈的结果。所谓低级部位，指的是负责控制食欲、性欲等基本生理需求的那部分脑组织。这个部分进化得早，功能强大，几乎不需要人类意识的参与就能把事儿办了。所谓高级部位，指的是人脑中负责接收外部信息，经过处理后再输出相应指令的那个部分。人脑中负责这部分功能的组织位于前额叶，我们的记忆力、洞察力、决断力和逻辑分析能力等这些"高级"的能力都是由前额叶皮质负责的，这是我们的理性中枢。

虽然这部分脑组织进化得晚，但通常情况下我们大部分的行为都是由这个理性中枢来控制的。不过，每当我们遇到危险，或者某个基础需求急需得到满足的时候，大脑的低级部位就会分泌出大量激素，比如肾上腺素或者多巴胺等，试图夺回控制权。如果我们的前额叶皮质实力不够强大的话，其结果就是大家耳熟能详的"情感战胜了理智"。

这个道理不难理解，但我们能否使用某种手段来帮助前额叶皮质重新夺回控制权呢？哈佛大学人类行为学家弗朗西斯卡·吉诺（Francesca Gino）博士相信这是可能的。她的研究专长是 ritual，这个词不太好翻译，奥运冠军升国旗奏国歌的颁奖仪式可以称为 ritual，纳达尔发球前的那一连串固定的小动作也可称之为 ritual，甚至你每次跑完步立刻把路线和成绩截图发朋友圈的行为也可以被称为 ritual。科学地说，ritual 指的是一套带有某种仪式感的程序性行为。它们看上去似乎没有任何用处，有些甚至显得很傻，但吉诺博士的研究表明，这种程序性行为用处很多，比如可以帮助我们消除紧张感，增加自信心，不信的话你可以去问问纳达尔。

为了研究 ritual 对增强自控力的作用，吉诺博士招募了一群正准备减肥的女大学生，将她们随机分成两组，一组只是告诫她们要控制饮食，另一组则要求她们每次吃饭前都要做如下三件事：一、把食物切成小块；二、把盘子里的食物分成左右相等的两部分；三、手握刀叉在食物上按三下。

这项研究一共进行了五天，研究人员统计了女大学生们每天吃下去的食物，惊讶地发现吃饭前先做三件事的那组大学生平均每天要比对照组少摄入200多大卡的热量。换句话说，这个看似无聊的简单ritual以某种神秘的方式增强了志愿者的自控力。

吉诺博士又设计了另一项实验，结果证明一套简单的ritual能够让志愿者更多地选择健康的胡萝卜而不是高热量的巧克力糖。

吉诺博士将研究结果写成论文，发表在2018年6月出版的《人格与社会心理学》（*Journal of Personality and Social Psychology*）杂志上。吉诺博士认为，我们每个人内心里都会对自己有个评价，这个"人设"往往是通过个人行为来强化的。给灾区捐款或者给老人让座之所以会让自己感觉好，就是因为这个行为强化了我们的"人设"，让我们更加相信自己是个好人。ritual的作用就是强迫我们做一组毫无意义的程序性动作，让我们相信自己是一个自控能力很强的人。事实证明这个暗示对我们很有帮助，能够促使我们选择最理智的行为。

有意思的是，五天的实验结束后，志愿者们都觉得这个ritual没啥用，研究结束后自己是不会继续做下去的。吉诺博士认为这个现象说明ritual必须是需要一定程度的努力才能完成的一组动作，只有这样才有效。如果某个ritual简单到成为一种无意识的小习惯，结果很可能适得其反。

永不消失的脑电波

人在睡眠时脑细胞仍然非常活跃，这导致了一系列有趣的后果。

人在睡觉的时候是没有主观意识的，但大家千万别以为这时候脑细胞也都休息了，它们忙着呢！尤其是在"快速眼动"（REM）阶段，脑细胞更是异常活跃。如果处在这一阶段的人突然被叫醒，一定会报告说自己正在做梦，所有情节都记忆犹新。

有意思的是，处在 REM 阶段的人虽然眼球会乱动，但全身大部分骨骼肌都处于瘫痪状态，完全不听大脑的指挥。人类之所以进化出这种机制，主要是为了保护自己。想想看，如果此时骨骼肌仍然可以动，万一哪根神经搭错了，命令双腿胡踢乱蹬，那就很容易伤到自己。

通常情况下，当一个人从 REM 阶段苏醒过来时，骨骼肌的瘫痪状态就会立即被解除。但是，如果两者没有配合好，比如突然被某个特别可怕的噩梦惊醒，骨骼肌还来不及恢复，这个人就会进入"睡眠瘫痪"（sleep paralysis）状态。此时他的意识是清醒的，但全身肌肉却不听使唤，仿佛身体被某个巨大的妖怪压住了，动弹不得，这就是传说中的"鬼压床"。

研究显示，大约有40%的人一生中至少会经历一次"鬼压床"，说明这是个相当普遍的现象。超过一半的"鬼压床"是被噩梦惊醒的，好在这种感觉非常短暂，肌肉的瘫痪状态往往只维持几秒钟就会被解除，问题不大。但是，如果我们的祖先在野外睡觉时遇到危险，肌肉却不听使唤，那可就麻烦了。所以人类进化出了一种特殊的睡眠机制，每隔大约5分钟就会醒一次，每次最多几秒钟就会再次入睡。这样算下来，我们每天晚上都会醒100多次，不过这不是真的醒来，只能算是"微觉醒"（arousals），第二天早上肯定都忘了，也不会对睡眠质量造成任何负面影响。

问题在于，到底是什么机制导致了"微觉醒"呢？以色列巴尔–伊兰大学（Bar-Ilan University）的物理学家罗尼·巴彻（Ronny Bartsch）博士提出了一个假说，认为这是由神经元放电的同步性导致的。

原来，大脑中有一组神经元专门负责维持睡眠状态，科学家们称之为"促眠神经元"（sleep-promoting neurons）。与之对应的是另一组"促醒神经元"（wake-promoting neurons），负责将大脑从睡眠中唤醒。人在睡眠过程中肯定是前者占上风，但后者也没有彻底休息，而是仍然在缓慢地无规则放电，这就是脑电波图上显示的"白噪音"，类似于收音机没调准台时的状态。但是，这些神经元的放电频率偶尔也会同步一次，这就是脑电波图上有规律地出现的波峰。此时"促醒神经元"的强度暂时超越了"促眠神经元"，大脑就醒来了，但因为"促眠神经元"的整体力量要强大得多，所以很快就又入睡了。

已知"白噪音"的强度和神经元的温度有关，温度越高强度越低，神经元同步放电的出现频率也就越低。巴彻博士设计了一个巧妙的实验，证明随着温度的升高，"微觉醒"的频率会相应地下降，这就间接证实了他提出的上述假说。

巴彻博士将研究结果写成论文，发表在 2018 年 4 月 25 日出版的《科学进展》杂志上。巴彻认为这个结果有助于减少"婴儿猝死综合征"（sudden infant death syndrome）的发病率。这种病在不满一岁的婴儿当中相当常见，巴彻认为原因就是此时的婴儿尚不具备调节体温的能力，如果环境温度太高，或者因为某种原因导致散热效率太低（比如包裹得太严实或者卧睡），就有可能导致婴儿脑部温度上升，从而降低"微觉醒"的频率。

对于婴儿来说，"微觉醒"是非常重要的自我保护机制，可以让婴儿经常性地主动调整睡姿，减少窒息的可能性。当然了，导致婴儿猝死的原因很复杂，上述理论很可能只是其中之一。

基因扩散的新武器

科学家找到了一种促进基因扩散的新武
器，可以迅速地把一个新基因引入到野
生种群的基因组之中。

假如有个心怀鬼胎的外星人来到地球，打算把人类变成
自己的奴隶，他会怎么办呢？一个办法就是先制造一个"奴
隶基因"，将其植入到某人的基因组中，然后把他/她放到
社会上去，任其结婚生子，慢慢把这个"奴隶基因"扩散到
整个人类种群当中去。

这个办法听上去似乎不错，但真的可行吗？让我们来做
个简单的计算。已知一个孩子的基因组一半来自父亲，一半
来自母亲，所以这个"奴隶基因"只有50%的可能性会传
给某个孩子。为了便于计算，让我们假设这个被外星人改造
过的人只生了两个孩子，那么最大的可能是只有一个孩子携
带"奴隶基因"，携带率为50%。

再假设这两个孩子长大后分别找一个健康人结婚生子，
又分别生下了两个孩子，那么按照上述方式计算，第二代这
四个孩子当中，只有一个孩子携带有"奴隶基因"，另外三
个孩子都是健康的，携带率降到了25%。以此类推，第三

代八个孩子当中仍然只会有一个孩子携带"奴隶基因"，携带率进一步降到了 12.5%。

换句话说，这个外星人的计划是不太可能成功的，因为遗传规律决定了一个新基因很难在种群中扩散开来，除非这个基因能让携带者具备某种生存优势。比如，如果携带"奴隶基因"的人会变得非常有魅力，因此而生下了更多的孩子，那么下一代当中这个基因的携带率就会比正常值多那么一点点。这样慢慢积累下来，最终该基因就会取代原来的等位基因，成为新常态，这就是生物进化的机制。

但是，这个机制却给人类操控自然种群带来了很多困难。比如，为了对付疟疾，有人曾经设想把一个自杀基因导入传播疟疾的蚊子种群当中，让其自行灭绝。但这样的基因显然不具备生存优势，按照上文的逻辑，这个基因是很难在野生蚊子种群中自主地扩散开来的，必须设法将其"驱动"起来。

为了解决这个"基因驱动"（gene drive）的难题，科学家们想过很多办法，但要么操作难度太大，要么效果不太理想，一直很难付诸实践。2012 年，有人发明了一种名为 CRISPR-Cas9 的基因编辑技术，可以在活细胞内对特定的基因片段进行编辑。这项技术很快就被应用于生物学研究的各个方面，基因扩散自然也包括在内。

2014 年，美国加州大学圣地亚哥分校（UCSD）的两位遗传学家在《科学》杂志上发表论文，报告了一种基于

CRISPR-Cas9 的新方法，在果蝇身上实现了基因的定向驱动，而且效率相当高。

这个方法解释起来有点复杂，简单来说，就是通过基因编辑技术，把受精卵当中来自健康一方的那条染色体也变成这个特殊基因的携带者。这样一来，只要雌雄双方有一方携带了这个外源基因，那么它们生下的后代就全都携带这个基因了，而不是遗传学规则预言的只有 50%。

这篇论文发表后引起了轰动，但果蝇毕竟是低等生物，高等哺乳动物不一定可行，于是两位科学家决定在小鼠身上进行类似的实验。2018 年 7 月 4 日，一家专门刊登论文预印本的网站 bioRxiv 刊登了他俩撰写的新论文，证明这套基因驱动系统在小鼠身上也可以运行，只是效率要比昆虫低一些。

消息一经披露，立刻引发了一场关于科学伦理的大讨论。有人认为这项研究将为恐怖分子提供一种新式基因武器，帮助他们在人群中扩散某种有害基因，就像前文所说的外星人奴隶养成计划一样。不过这篇论文的作者指出，起码从目前来看，这项技术不太可能做到这一点，因为这套系统还不够稳定，小鼠繁殖几代之后就很有可能失去活性。

虽然有可能被坏人滥用，但这项技术在抑制有害生物物种方面还是很有潜力的，尤其是擅长传播各种传染病的蚊子，非常适合运用这项技术加以定点清除。所以，这项技术虽然有些争议，但研究的步伐并没有因此而放缓。

让我们拭目以待吧。

体温与免疫钟

最新研究揭示了免疫系统到底是如何受体温控制的。

人体可以被看成一个巨大的生化反应器，我们的身体内部每时每刻都在发生着无数个生化反应，无论是新陈代谢还是免疫系统，甚至包括大脑的思维过程，都是一系列生化反应的结果。

学过化学的人都知道，温度是控制生化反应速度的关键因素之一。无论环境温度如何变化，恒温动物体内的生化反应速率都能维持在一个相对恒定的水平上，这就是为什么恒温动物要比变温动物更容易适应环境的原因。

话虽如此，恒温动物的体温也会有微小的波动。比如，我们每个人的体温都有个24小时的周期，白天要比夜晚高1—1.5℃。再比如，育龄妇女每次排卵时体温都会上升0.5℃左右，不少人就是用这个办法来预测排卵期的。更重要的是，每当我们的身体遭到外敌入侵，比如细菌或者病毒感染时，体温都会相应地上升，这就是俗称的"发烧"。

以前人们认为，发烧导致的体温升高加速了生化反应的速度，提高了人体免疫系统的工作效率，这就是发烧能够抗感染的原因所在。但新的研究表明，人体免疫系统是由一座生物钟来控制的，体温升高只不过是把这座生物钟拨快了那么一点点而已。

具体来说，这座免疫钟的主要组成部分是一个名叫NF-κB的蛋白质，这是一系列名为"核因子"（nuclear factor）的基因调控蛋白中的一个，它能够精准地打开或者关闭超过 500 个和免疫反应有关的基因。研究发现，NF-κB 像个钟摆一样在细胞核和细胞质之间来回穿梭，正常体温状态下（37℃）该蛋白每秒钟进出细胞核的次数约为 100次。随着体温的上升，NF-κB 蛋白的摇摆速度就会增加，免疫系统的活性因此而提升，其表现就是炎症反应。

换句话说，人体免疫反应的强度受到 NF-κB 免疫钟的控制，而这个免疫钟则受到体温的控制，这就是体温升高有助于加强免疫系统活性的原因。

这套理论可以解释为什么冬天最容易患感冒，因为冬天时我们的体温通常会降低，抵抗力便会因此而下降。这套理论还可以用来解释为什么倒时差时最容易生病，因为我们的体温有个正常的 24 小时周期，白天接触病菌的机会多，体温相应也最高。如果倒过来，白天体温低，那就不好了。

免疫反应不但可以用来抵抗病菌或者病毒的入侵，还能杀死癌细胞，所以免疫钟还和身体的抗癌机制有关系。曾经有人通过人工诱导发烧来对付肿瘤，取得了一定的疗效，原因就在这里。

不过，免疫系统是把双刃剑，有时也会误伤友军。因此免疫系统也不能永远保持活跃状态，否则就容易患上自体免疫性疾病，比如风湿性关节炎和牛皮癣等。研究证明，如果体温调控出了问题，自体免疫性疾病的患病率就会上升，原因也在这里。

如果上述理论是正确的，那就说明医生可以通过调节体温来控制免疫系统的活性，并用这个方法来治病。问题在于，体温不但能够影响免疫系统，还和很多其他系统的正常功能有关联，没法随心所欲地加以调节。如果能确切地知道免疫钟的运行机理，就能绕过体温调节这个环节，直接精准地控制免疫系统的活性了。

英国华威大学和曼彻斯特大学的科学家们研究了这个问题，发现一个名叫 A20 的蛋白质和体温调节有关。如果人为去除这个蛋白质，免疫钟就不受体温控制了。研究人员将这个结果写成论文，发表在 2018 年 5 月 29 日出版的《美国国家科学院院报》（PNAS）上。有评论认为，这项研究有助于科学家开发出一种新药，帮助医生在不影响体温的情况下精准地控制免疫系统的活性。

记忆的新机制

如果关于记忆新机制的研究最终被证明是正确的，那么我们就有可能移植记忆了。

2018 年 5 月 14 日上线的美国神经科学学会附属电子刊物 *eNeuro* 刊登了一篇论文，得出结论说记忆是可以移植的。消息传开后引起了很多人的兴趣，因为此前只有科幻小说里才会有类似的情节，比如《黑客帝国》里的主人公曾经通过记忆移植软件让自己迅速掌握了开飞机的技能。

这篇论文的作者是美国加州大学洛杉矶分校的大卫·格兰兹曼（David Glanzman）教授，他和同事们训练一批海兔（一种海洋软体动物）学会了躲避电击，然后从训练过的海兔脑袋里提取出 RNA，将其注射进另一批未经训练的海兔大脑之中，后者竟然立刻就学会了这项技能，似乎前者对于电击的恐怖记忆被移植给了后者。

这篇论文及其结论遭到了很多人的质疑，一部分反对者认为，海兔的神经系统太过简单，这个实验很难用在人类身上，没有价值；另一部分反对者认为，对电击的恐惧不能算是真正的神经记忆，很有可能只是一种简单的生理反应。支持者则相信，这篇论文颠覆了现有的理论，将会给脑神经科学领域带来天翻地覆的变化。

众所周知，大脑是最难研究的人体器官，人脑各种高级功能当中最棘手的难题就是记忆的储存方式。如果这个问题被解决了，不但可以攻克阿尔茨海默病等和记忆力丧失有关的不治之症，而且还有助于解答一个困扰了人类很多年的哲学问题，那就是人类的自我意识到底是怎么形成的。

早年间人们相信记忆可以分成一个个基本单元，分别储存在某个被称为"印痕"（engram）的脑组织之内。可惜科学家们找了几十年都没有找到这个"印痕"，于是有人开始怀疑这个理论的正确性。

随着大脑扫描技术的出现，尤其是高精度的功能性核磁共振扫描技术（fMRI）出现后，科学家们逐渐意识到记忆并不是储存在某个微小的特定区域内，而是储存在若干神经元组成的神经微网络内。比如，当实验小鼠经过训练获得某种记忆后，小鼠大脑内的一大片区域都被激活了。

再后来，科学家们掌握了激活（或者抑制）单个神经元的方法，并利用这项技术把负责储存简单记忆的神经微网络精确地画了出来。有几家实验室甚至可以通过不同频段的光照来激活（或者抑制）特定的神经微网络，增强（或者消除）小鼠对某件事的记忆力。

这里所说的神经微网络指的是神经元之间的连接方式。一部分科学家认为，记忆的形成就是现有连接方式的加强，另一部分科学家则相信，记忆的形成源于新的连接方式的建立。虽然细节有争议，但大家都相信记忆是储存在神经元连接方式之中的。如果这个说法是正确的，那么记忆的移植和恢复就会变得格外困难，因为每个人大脑内的神经元都是不同的，连接方式自然也是不同的，不但无法通用，而且一旦丢失就再也恢复不了了。

格兰兹曼这篇论文的革命性就在这里。他证明记忆并不是储存于神经元之间的连接方式上，而是储存于遗传物质之中。他相信 RNA 通过某种特定方式改变了神经元细胞核之中的 DNA，记忆其实是储存在 DNA 之中的。只有这样，记忆才可以在不同个体之间相互传递。

格兰兹曼属于少数派，他的这套理论并没有被主流科学家认可。但确实有越来越多的证据证明他的理论也许有一定的道理。比如，耶路撒冷大学的几名科学家通过分析小鼠大脑内的基因表达，发现不同的记忆类型对应着不同的表达模式，他们甚至可以通过分析基因表达模式倒推出小鼠究竟记住了什么，是兴奋的感觉还是恐惧的回忆。如果这一理论最终被证明是正确的，那么人类就真的有可能通过基因疗法来治疗失忆症，甚至定向消除某种不愉快的记忆。

用神经网络研究神经网络

或许，只有借助人工神经网络才能彻底
搞清生物神经网络的秘密。

俄罗斯亿万富豪德米特里·伊茨科夫（Dmitry Itskov）
是一个喜欢幻想的人，他于 2011 年发起了"2045 行动"
（2045 Initiative），希望在 2045 年他 65 岁之前把自己的意识
上传到一台电脑中去，这样他的灵魂就可以永生了。

要实现这个目标，首先必须搞清楚意识的物质基础。神
经科学家普遍认为，人类的意识存在于大脑神经元的连接
方式之中。美国国立卫生研究院（NIH）于 2010 年启动了
"人类神经连接组学计划"（Human Connectome Project），希
望能把人类大脑中的所有神经元的连接方式全都画出来，就
像当年的人类基因组计划一样。伊茨科夫也为这项计划投资
了一大笔钱，希望能借助这项计划实现自己的理想。

一家法国电视台拍摄了一部名叫《大脑工厂》（*Brain Factory*）的纪录片，为观众梳理了这项计划的来龙去脉和
伊茨科夫的野心。据该片介绍，神经科学家们在伊茨科夫的
资助下，动用了世界上最先进的核磁共振成像仪，已经初步

画出了部分人类大脑神经元的连接模式。问题在于，仅仅这一部分神经元就已经复杂到难以解读的程度了。要知道，人脑中一共有大约1000亿个神经元，每个神经元都和另外几十甚至上百个神经元有联系，光是把这些连接画出来就已经是一项几乎不可能完成的任务了，更不用说还要去分析其中的规律。于是，在这部片子的结尾，几乎所有被采访到的科学家都承认，这个目标的实现难度太大了，目前还看不到任何希望。

但是，阿尔法围棋（AlphaGo）的出现改变了一切。这套基于"深度学习"算法的人工智能电脑程序战胜了世界最顶尖的职业围棋高手，让神经科学家看到了曙光，他们希望能够借助人工智能的力量，帮助他们解决这个看上去无比复杂的问题。

2018年2月20日出版的《自然》杂志就介绍了这样一个案例。旧金山一家私立神经科学研究所的史蒂夫·芬科伯纳（Steve Finkbeiner）博士领导的一个研究小组试图运用扫描仪研究大脑神经元的功能，但这套设备产生了海量的数据，远远超过了他们的分析能力。于是，芬科伯纳和谷歌的人工智能部门展开合作，利用谷歌提供的深度学习算法帮助自己分析这些数据，取得了意想不到的成功。

深度学习算法的核心是人工神经网络，也就是通过模仿生物神经网络的运行模式，使计算机具备像人类一样的思考和学习能力。基于人工神经网络的阿尔法围棋程序战胜了最强的人类大脑，这件事让不少人相信也许只有借助人工神经网络才能彻底搞清生物神经网络的秘密。

比如前文提到的"人类神经连接组"看上去就是一团乱麻，似乎毫无规律可言，但借助人工神经网络，科学家已经可以做一些简单的分析工作了，比如已经有人借助人工智能分析脑电波，猜出了受试者正在看什么样的图片。

这项研究再继续发展下去就是读心术了，于是不少人提出抗议，认为这项研究有悖伦理。2018年3月10日出版的《新科学家》杂志刊登了一篇文章，认为我们不必担心自己的那点小心思被机器看出来，因为目前的研究水平距离真正的读心术还差得很远。但是，这项研究有助于帮助那些残障人士提高生活质量，比如已经有人制造出了一种读心机器，能够帮助残疾人通过意念来控制机械臂，做出简单的动作。

虽然目前这套设备能做出的动作十分有限，但想当初阿尔法围棋从战胜欧洲冠军到战胜世界冠军只用了不到半年的时间。人工智能的发展速度往往超出人们的预期，让我们拭目以待吧。

脆弱的精子

....

精子大概是男人身上最脆弱的东西了，
很多因素都能影响精子质量。

春天到了，过敏的季节又来了。不知什么原因，最近几年过敏的人越来越多，很多生活在大城市里的人一到花粉季就会不停地打喷嚏、流眼泪，甚至浑身上下起疹子，严重影响了生活质量，于是很多人选择吃药。

最常见的抗过敏药是抗组胺药（antihistamines），因为组胺是过敏反应最重要的介质，而抗组胺药和组胺竞争目标细胞上的组胺受体，防止组胺和受体结合，用这个办法来抑制组胺的作用。

问题在于，组胺的目标细胞有很多种，这说明组胺除了介导过敏反应之外还有其他很多有用的功能，抗组胺药物把这些功能一并封杀了，副作用就是这么产生的。2018年3月出版的《生殖》（*Reproduction*）杂志发表了一篇论文，来自阿根廷一家研究机构的卡罗丽娜·蒙蒂略（Carolina Mondillo）博士及其研究小组分析了抗组胺药对哺乳动物精子质量的影响，发现这种药能够降低精子的浓度和活性，增加畸形精子的数量。虽说这个结论主要来自动物实验，抗组胺药对人类精子的影响还有待进一步研究，但这个结果却不能不引起大家的警惕，因为不孕不育同样是一种现代病，似乎和工业化进程有着密切的关系。

早在1992年，著名的《英国医学杂志》(*BMJ*)就发表过一篇重磅论文，证明发达国家男性的精子浓度在过去的五十年里降低了将近一半，一次射精的精液量也下降了20%。如此大幅度的下降肯定会影响男性的生殖力，事实也证明西方国家越来越高的不孕不育比例和男性精子质量的下降有着密不可分的关系。

像这样明显的生理现象很容易被发现，但现象背后的原因可就不那么容易鉴别了。有人提出一个假说，认为西方国家流行的紧身短裤很可能是导致精子质量下降的原因，因为高温早就被证明是影响精子生产的关键因素之一。还有人提出证据证明吸烟也是原因之一，最终这项研究为公共场所禁烟政策的推广提供了强大的理由。

然而，这一趋势不但没有减缓，反而愈演愈烈。几位生殖研究领域的顶尖专家在2017年发表了一份联合报告，称西方国家男性的生殖力在过去的半个世纪里下降了一半，此事已经演变成了一场公共卫生危机。

专家的警告促使很多人开始重视这件事，各国都加大了研究力度。随着研究的深入，越来越多的影响因素被发现了。比如，有人研究了手机对精子质量的影响，发现频繁使用手机虽然影响不了精子的浓度，却能降低精子的活性。再比如，有人发现中等程度的酗酒也能显著降低精子的质量。此前人们早就知道酗酒会影响精子，但这项研究的目标群体是每天只喝一杯啤酒的那些人。在一般人眼里，这样的人还算不上酗酒，但研究表明他们的精子质量已经受到了影响。

更糟糕的是，研究表明空气污染对精子质量也有影响，PM2.5 不但会要了你的命，还会让你断子绝孙。问题在于，一个人可以不抽烟不喝酒，甚至可以不用手机，但脏空气可就很难躲得开了。

也许有人会问，一个人身体的其他部位都还挺抗压的，为啥精子如此脆弱，条件稍微差一点就罢工？个中原因要从精子的功能中去寻找。精子存在的唯一目的就是繁殖，负责把基因传递给下一代。如果传过去的基因质量较差，后代就会遭殃，这就是精子对主人的身体状况和生活环境如此挑剔的原因。如果一个人身体很差，或者生活环境很糟糕，那么他的基因质量肯定会受影响，携带这种低质量基因的精子一定不能太活跃，这是符合进化论的。

自然选择造就了脆弱的精子，而大部分现代人也不再把生孩子当作人生的终极目标，生活得越来越随便，这就是这场精子危机的真正原因。

脑机接口时代即将来临

全世界首个由人工智能控制的电脑芯片
已被植入人类大脑，人工智能和人类智
能的结合即将实现。

　　一年一度的美国神经科学学会年会于 2017 年 11 月中旬
在美国首都华盛顿召开，来自美国的两个研究小组在会上向
全世界公布了一个惊人的消息：由美国军方资助的植入式人
工智能（AI）芯片将在美国开展人体实验，未来的精神类疾
病患者有望在没有外力介入的情况下自行获得救治。

　　据《自然》杂志官网报道，这种芯片同时具备向深部脑
组织发射高频电脉冲和从相应的脑组织接受神经脉冲信号的
能力。芯片中预装的 AI 处理器能够根据接收到的神经信号
判断出病人的精神状态，然后指挥芯片发射出相应的电脉
冲，以达到治疗效果。比如，抑郁症患者在情绪低落时脑组
织会放出特定的神经信号，一旦芯片检测到这种信号，便能
立即向脑组织发射相应的治疗性电脉冲，让病人振作起来。

　　也许有读者会问，这玩意儿不就相当于电子毒品吗？难
道赛博朋克们的预言这么快就要成真了？其实，只要对该领
域稍微有些了解的话就会知道，这类"黑科技"其实早就

在应用了，如今只不过加上了 AI 的成分，变得更加智能了而已。

早在 20 世纪 60 年代，科学家就发现帕金森病的部分症状可以通过向病人脑干深处发射高频电脉冲来缓解。此前医生们都是通过切除部分脑组织来治疗这种疾病的，电刺激疗法显然要经济得多，但其工作原理至今未明。

到了 20 世纪 80 年代，植入式长效电脉冲发射器已经开始普及了。医生们在病人体内植入一个如火柴盒般大小的发射器，电脉冲信号通过一根埋入皮下的电线引入大脑。问题在于，电脉冲的频率和强度都要根据病人的具体情况由医生事先调好，很难更改。

迄今为止已经有超过 10 万名病人接受过这类疗法，实践证明，该法虽然不能根治帕金森病，却能有效缓解病人的症状，减少肌肉的不自主抖动。

医生们还在其他类型的精神性疾病患者当中尝试了电脉冲疗法，发现虽然有效，但远不如帕金森病那么显著。一来，帕金森病的机理已经研究得比较清楚了，医生们容易做出判断。二来，像抑郁症和自闭症等比较"高级"的神经性疾病缺乏动物模型，只能在人类病人身上做实验，不但限制太多，而且其复杂性也远超帕金森病，医生迫切地需要从病人的大脑中得到即时反馈，以此来提高治疗效果。

为了满足医生们的需要，著名的医疗设备制造公司美敦力（Medtronic）于 2013 年开发出了一款全新的植入式电脉冲发射器，可以在发射电脉冲的同时记录下受试者大脑发出的神经脉冲，从此医生们就可以从病人那里得到即时反馈，以此来调整电脉冲的频率和强度，以期达到最佳治疗效果。

"这就相当于在病人的脑壳上开了一个天窗，医生们可以随时观察病人大脑的反应。"一位医生这样解释。

这个新装置虽然已经很好了，但仍然属于被动式的治疗设备，必须要由医生对其进行远程操控才能达到最佳工作状态。接下来一个很自然的想法就是把 AI 技术整合进来，开发出全自动的植入式电脉冲发射器，能够根据病人的情况自行做出判断，最大限度地实现个人化治疗的目标。

美国国防部下属的高级研究计划署（DARPA）于 2013 年宣布出资 7000 万美元，希望能在未来的五年内将该技术用于人体试验。从目前公布的消息来看，目标似乎已经按时完成了。表面上看，美军资助该项目是为了治疗士兵当中最常见的应激障碍综合征和焦虑症，但该项研究的长远目标肯定不止这些。谷歌研制的围棋程序"阿尔法围棋"已经向人类展示了 AI 的潜力，未来的人工智能如果能够和人类智能结合起来，开发出真正意义上的"电脑"，其前景将不可限量。

蓝色谎言

习惯性撒谎者特朗普为什么会当选美国
总统? 我们可以从心理学中找到答案。

在任何人的字典里，撒谎都是贬义词。但是，根据一家曾获普利策奖的新闻事实核查网站 PolitiFact 的统计，美国现任总统特朗普公开发表的声明当中有一半都是赤裸裸的谎言，剩下的一半也大都是有疑问的事实，只有 4% 是确凿无疑的真话。不过，美国选民显然并不在乎这件事，甚至他有好几次被媒体揭发撒谎之后，支持率都不降反升，这是为什么呢?

也许有人会说，政治家都是骗子，撒谎是家常便饭，大家肯定早已习惯了。这话有一定道理，但特朗普也太爱撒谎了! 《多伦多明星报》记者统计了特朗普的撒谎频率，发现他在竞选期间平均每天都要撒 20 个谎。而根据 PolitiFact 网站的统计，上一任美国总统奥巴马自 2007 年以来发表的讲话当中仅有 14% 是谎言，这个比例远比特朗普要低。事实上，数家与 PolitiFact 类似的网站所做的统计结果显示，特朗普绝对是美国历史上最爱撒谎的总统，其撒谎的数量和频率都远比第二名高出很多倍。

为什么这样一个撒谎惯犯竟然当选了美国总统？这件事应该如何解释呢？

美国著名的科普杂志《科学美国人》（*Scientific American*）撰文指出，要想理解这件事，必须从谎言的分类说起。心理学界通常把谎言分成三类，分别以白色、黑色和蓝色来代表。孩子一般在 3 岁时开始学会说"黑色"谎言，也就是专门利己毫不利人的谎言，比如"是小狗把杯子碰掉的"，或者"是他先打了我"。孩子之所以会这么做，是因为他们终于意识到父母是无法看出他们心里在想什么的，于是人类的自私本性开始起作用了。

大约长到 7 岁的时候，孩子开始学会说"白色"谎言，也就是毫不利己专门利人的谎言，比如"你的衣服好漂亮"，或者"我喜欢吃你做的饭"。如果一个小孩学会了撒这种善意的谎言，就说明他真的长大了，知道在某些情况下不妨撒个小谎，以此来维系某种人际关系。

孩子再长大一些，才能学会撒"蓝色"谎言。这种谎言的特点就是既利己又利人，只不过这一次利的只是少数人而已。比如为了让本班级在体育比赛中获胜，很多孩子都会不惜撒谎，隐瞒本班代表队在比赛中作弊的事实。

加拿大多伦多大学的心理学家李康（Kang Lee，音译）曾经调查过 7—11 岁年龄段的孩子，发现他们年纪越大，撒的蓝色谎言就越多。李康教授认为，这一结果说明蓝色谎言和一个人的社会阅历的增加有关。在他看来，人类是一种社会性很强的动物，我们天生就知道应该如何和别人打交道。但与此同时，人类还有很强的部落属性，我们从漫长的进化中学会了抱团，知道如何团结亲朋好友一起来争夺有限的自然资源。蓝色谎言就是部落或者集团之间相互争斗的最佳武器，撒这种谎的目的就是为了维护小团体的利益，即使得罪其他大部分人也在所不惜。

事实上，生活中类似的案例非常多。我们从小就听过很多战斗英雄的故事，这些故事告诉我们，一个人可以为了国家的利益而撒谎，比如从事间谍活动。不但如此，几乎所有国家的小说和电影都在不断地灌输给国民一个道理，那就是一个人为了国家利益可以做任何事，甚至包括对敌人使用暴力。

问题在于，对于像美国这样的国家来说，撒谎和暴力是中小学教育体系中最被鄙视的两种品德，通常情况下没有任何一所学校的老师敢于在课堂上公然鼓励学生撒谎，也没有任何一家主流媒体会公开为撒谎者叫好。美国人选出了特朗普这样一位习惯性撒谎者，只能说明美国已经变成了一个极端分裂的国家，左右阵营的选民已经把对方视为敌人了，而对敌人撒谎不但在任何国家里都被视为理所当然，甚至会被认为是一种英雄行为，就像罗斯福总统在"二战"期间所做的那样。

同性恋都是天生的吗？

不管同性恋是不是天生的，都不应该成
为歧视同性恋的理由。

同性恋平权运动的支持者们最喜欢说的一句话是：性取向是遗传的，后天无法改变。这句话后来被流行歌手嘎嘎小姐（Lady Gaga）唱了出来，歌名就叫作《生来如此》（*Born This Way*）。

为了证明同性恋者天生就和别人不一样，科学家们尝试了各种办法。早在1991年，一个名叫西蒙·拉维（Simon LaVey）的英国神经生物学家就宣称他发现男同性恋者的"下丘脑前区第三间质核"比异性恋要小一些，但他的研究并不能证明这个差异到底是先天就有的还是后天形成的。他甚至连两者的因果关系都说不清楚，因为他选择的研究对象大都是艾滋病患者，说不定这个差异是HIV病毒引起的。

两年之后，美国国立卫生研究院（NIH）的遗传学家迪恩·哈默（Dean Hamer）在《科学》杂志上发表了一篇论文，宣称他在X染色体上发现了一个特殊的区域，能够决定一个人到底是不是同性恋。这篇文章在全世界范围内引起了轰动，很多人学着他的样子试图寻找传说中的"gay 基因"，但都无功而返。

所有这类研究采取的都是"寻找相关性"的研究方法，研究者从同性恋人群当中采集 DNA 样本，再和普通人群进行对比，看看前者的基因组内有哪些独有的特征。这些年陆续有人在第 7、8 和 10 号染色体上找到了一些似乎和性取向有关的基因片段，但相关性都非常弱，远不足以成为"gay 基因"的候选目标，双方的因果关系也就更加无从谈起了。

但是，在平权运动支持者的努力下，越来越多的人相信同性恋是天生的，性取向是一种遗传特征。比如，1977 年进行的一项盖勒普民意调查显示，只有 10% 的美国人认为同性恋是天生的，如今这个数字增加到了将近 50%，相比之下，相信同性恋与后天环境有关系的美国人从 1977 年的 60% 下降到了 37%。

现在想来，所有这类研究都基于这样一个错误的前提，那就是同性恋是一种"不正常"的行为，属于某种基因突变。事实上，越来越多的证据表明动物界的性行为是非常复杂的，绝不仅仅只有同性和异性这两种模式。人作为哺乳动物中的一员，在这方面自然也不例外。历史学家普遍认为，性取向成为一种非此即彼的选择是在人类发展史的晚期才出现的，过去的人类社会是没有这样的分类标准的。

因为这个错误的前提，所有关于"gay 基因"的研究都天生带有一个无法克服的缺陷，那就是如何定义同性恋。要知道，如今仍然有很多人不愿公开"出柜"，这样的人应该如何统计？更普遍的情况是，同性恋和异性恋并不是泾渭分明的两个群体，两者之间是有很多交集的。英国一家咨询公司曾经用调查问卷的方式研究过新一代英国青少年的性取向，结果发现仅有48%的人认为自己是100%的异性恋。

美国精神病学协会（American Psychiatric Association）在综合了大量研究文献后指出，无论是遗传、荷尔蒙、神经发育、社会变化和文化因素等都不能完全解释同性恋的发生，这是多种因素共同作用的结果，这些因素的影响力因人而异，甚至和时代都有很大的关系。

比如，新一代西方青少年当中同性恋的比例之所以比过去高了，很可能是因为社会对待同性恋的态度比过去更加宽容导致的。而且，这种宽容不但可以让此前有同性恋倾向的人不再隐瞒自己的性取向，而且会让一些勇敢的人主动选择适合自己的爱情模式。比如美剧《欲望都市》里的女演员辛西娅·尼克松（Cynthia Nixon）就曾经公开表示自己之所以和一位女性结婚，完全是自己的选择，和天生的性取向无关。

人类的很多喜好看似是遗传的，其实都可以通过后天的培养发生改变。比如很多在基因检测中被检查出应该讨厌香菜的人最终都因为中国菜大量使用香菜而喜欢上了它。另外，遗传下来的东西不见得就应该被保护，比如讨厌甚至恐惧和自己长相迥异的人是多年进化留给人类的一项本能，但这绝不能成为种族歧视的借口。

一个成年人应该有选择自己恋爱模式的自由，这种自由和遗传什么的没有关系，无论同性恋、异性恋还是双性恋都应该得到社会的尊重。

爱情创造人类

一种新理论认为，创造人类的不是劳动，而是爱情。

人是如何进化来的？这个问题非常重要，有很多人都在研究。美国费城学院的骨科副教授菲利普·雷诺（Philip Reno）博士从小就对这个问题很感兴趣，一直致力于通过研究基因演化的方式来探寻真相，并得出了一个让人惊讶的结论。他把整个过程写成了一篇科普文，刊登在 2017 年 5 月出版的《科学美国人》杂志上。

在他之前，曾经有研究显示，从哺乳动物到现代智人的转变不是因为增加了某些基因，而是因为减少了某些 DNA 片段。换句话说，人之为人，源于我们的祖先做了减法。于是有人想到，只要事先比较一下哺乳动物的基因组，看看有哪些 DNA 段落是在各种哺乳动物里都有的，然后再搜一下人类基因组，看看上述这些段落当中有哪些在人类基因组中消失了，那么就可以知道真相了。

经过一番细致的搜索，科学家们找到了 500 多个这样的 DNA 片段。它们在小鼠、猕猴和黑猩猩的基因组中全都完好无损，但在人类基因组里却丢失了。

找到目标后，来自全世界的科学家们立即分头行动，挑选自己最感兴趣的部分开始研究。其中一家实验室对人类的骨骼发育感兴趣，研究了与此事有关的一个 DNA 片段，发现它主要负责脚趾骨的生长发育。缺失了这个片段的人类第2—5 号脚趾骨和黑猩猩相比变短了，这样的趾骨结构显然更有利于直立行走。

还有一家实验室对大脑的神经发育感兴趣，他们发现其中一个 DNA 片段专门负责清除多余的神经细胞，当这个片段缺失后，神经细胞就少了一个严厉的管家，开始疯长起来。科学家猜测，也许这就是人类大脑会比其他灵长类动物的大脑要大很多的原因。

雷诺博士感兴趣的是哺乳动物的阴茎骨。猩猩、老鼠、蝙蝠和猫等很多种哺乳动物的雄性都有阴茎骨，这玩意儿除了可以帮助雄性快速完成整套性交动作之外，还能顺便清除其他雄性留在雌性阴道中的精液，并在这一过程中对雌性的阴道施加强烈的刺激，使得该雌性在短时间内不再对其他雄性有"性趣"。可以想象，凡是有阴茎骨的哺乳动物，其雄性之间的生殖竞争都会非常激烈，其结果就是雄性之间经常会为了争夺交配权而大打出手，获胜者可以和很多雌性交配，失败者只能远走他乡。

虽然雌性在这场争斗中获得了最优质的精子，却也付出了惨重的代价，因为这种争斗导致了一夫多妻制，绝大部分雌性只能独自抚育幼崽，无法从雄性那里得到任何帮助。这就是为什么这些雌性必须等到幼崽彻底断奶后才会再次怀孕，这就降低了繁殖的效率，而她们的幼崽也必须加快发育速度，尽早具备独立生活的能力，否则有被遗弃的危险。

人类基因组中和阴茎骨有关的一段 DNA 彻底丢失了，其结果就是男人不再有阴茎骨，使得人类的性交时间远比其他灵长类动物要长得多。这一改变不但有助于男女之间建立更加亲密的关系，而且使得男性之间的生殖竞争也没那么激烈了。千万别小看这一点点改变，雷诺博士认为正是这一转变引发的连锁反应，最终导致了人类的出现。

在雷诺博士看来，爱情的出现使得人类改成了一夫一妻制，夫妻双方共同养育下一代。在典型的夫妻关系中，丈夫外出打猎或者采集，获取的食物带回来和妻儿分享。如果人类依然像猩猩那样四足爬行，是没办法带食物回家的，于是人类进化出了灵巧的双手，负责运送食物，并在这一过程中渐渐学会了直立行走。

正是因为有了男人帮忙照顾，人类的幼儿可以更加从容地慢慢长大，这就给人类的大脑发育赢得了宝贵的时间。要知道，人类大脑实在是太复杂了，在母亲子宫内是来不及完成整个发育过程的，只能在生下来后继续发育，甚至直到青春期才能定型。如果没有父亲的帮助，这个过程是很难顺利完成的。

直立行走和超级大脑是从猿到人的进化过程中最关键的两个节点，雷诺博士认为这两件事都和阴茎骨的缺失有关。换句话说，他认为爱情才是最终创造出人类的关键因素。

基因的"性别歧视"

有三分之一的人类基因表现出很强的
"性别歧视"特征。

男女有别，这个自然不用多说。但你想过没有，到底是什么因素导致了男女之间的差异呢？

多数人首先想到的肯定是基因，也就是染色体当中负责编码蛋白质的那部分DNA序列有差别。问题在于，人类基因组当中包含大约两万个基因，其中绝大多数基因都位于常染色体上，这些基因都是男女混用的。男性独有的Y染色体上只有少数几个基因，而且几乎全都是和男性生殖系统有关的基因。显然，男女之间绝不仅仅是生殖系统有差别，还有好多地方都不相同，这个怎么解释呢？

以色列著名的魏茨曼科学研究所（Weizmann Institute of Science）的两位遗传学家史穆尔·皮特可夫斯基（Shmuel Pietrokovski）和莫兰·格舒尼（Moran Gershoni）决定好好研究一下这个问题。两人借助一项大规模的国际合作研究项目"基因型组织表达"（GTEx）获得了人体所有2万个基因的活性数据（科学术语称之为"基因表达"），这些数据来自

550名不同性别、年龄和肤色的志愿者，涵盖了人体内所有的组织和器官。

之后，两人把注意力集中到性别差异上，一共找到了6500个具有"性别歧视"特征的基因。换句话说，这6500个基因至少在一种组织或一个器官内表现出明显的男女差异。两人将研究结果写成论文，发表在2017年2月7日出版的《生物医学中心生物学刊》（*BMC Biology*）杂志上。这篇论文说明，导致性别差异的原因并不是基因本身有什么不同，而是基因的表达方式男女有别。负责调解基因表达方式的DNA段落大都位于基因之外，所以这个结果提醒广大研究者，应该把注意力更多地放在基因以外的DNA段落上。举例来说，一些皮肤基因表现出很强的性别差异性，这就很好地解释了为什么男性通常毛发较多较密，皮肤质感也更为粗糙。

但是，也有一部分基因的性别差异很不好解释。比如有些基因只在女性的左心室有表达，在其他部位都没有活性，科学家至今尚不知道原因何在，只知道其中的一个基因似乎和钙的吸收有关系。这个基因只在女性年轻时高度表达，更年期后表达水平直线下降，很可能这就是老年妇女容易得骨质疏松症的原因。钙元素的高效吸收对于心肌的保护有很大好处，这就很好地解释了老年妇女为什么容易得缺钙性心脏病。

另外，不少基因在大脑中表现出很强的性别差异性，这方面的研究有助于揭开男女思维方式差异的秘密。不过，科学家们更关心的是帕金森病，得这种病的男性比女性多很多，个中原因很可能与那些性别差异性特别强的基因有关。

还有一个器官吸引了很多人的注意，这就是肝脏。研究表明很多和药物代谢有关的基因呈现出很强的性别差异性，这就给药物研发提出了新的挑战。

最后，这项发现很好地解释了为什么至今在人类基因组当中还能找到很多对人体有害的基因。曾经有一种理论认为，某些有害基因可能只在某一个性别中表达，在另一个性别中不表达，于是这种有害基因就可以躲在后一种性别的基因组里一直流传下去了。

两位以色列研究人员分析了人体2万个基因中的有害成分比例，发现这6500个明显带有"性别歧视"特征的基因当中有害的比例最高，剩下的13500多个不分男女的基因则相对要小得多，这说明进化给予后者的选择压力要比前者大得多。

有趣的是，研究人员发现在这6500个具备"性别歧视"特征的基因当中，越是男性比女性表达活跃的基因选择压力就越小，这说明进化更倾向于保护女性而不是男性。不过，个中道理也很好解释，一名雄性可以让多名雌性怀孕，所以绝大部分种群的繁殖能力只取决于雌性的数量和健康程度，和雄性关系不大，所以男人出点毛病并不可怕，怕的是女人出毛病，这可就会直接影响繁殖率了。

为什么女人的寿命普遍比男人长？因为女人比男人更金贵啊！

免疫系统不是天生的

研究表明，免疫系统的好坏和遗传的关
系不大，基因检测是测不出来的。

现在流行基因检测，你从基因检测公司买一个试剂盒，往里面的小瓶子里吐几口唾液，然后盖好盖子寄回去，几天后就能收到一份报告，详细列出你的家族史和内在潜力。不过多数人更关心的肯定是疾病报告，基因检测公司保证说，他们能通过你的基因型判断出你未来最有可能会得什么病，概率各有多少。

有相当一部分这类判断都是根据免疫系统的遗传模式做出来的，因为很多疾病都和免疫系统有关。传染病就不用说了，和免疫系统有直接关系。还有一些看似和免疫无关的疾病，比如阿尔茨海默病、糖尿病和癌症等，其实也都和免疫系统有很大关系，最近越来越火的癌症免疫疗法就是明证。

问题在于，免疫系统的好坏到底和遗传因素有多大的关系？

曾经有不少人研究过这个问题，得出的结论往往是正面的。但是，斯坦福大学免疫学教授马克·戴维斯（Mark Davis）仔细分析了那些论文，发现它们的研究对象都是小孩子，这些孩子的免疫系统尚未经受环境的考验，得出的结论不一定正确。

到底应该怎样研究这个问题呢？戴维斯采取了一个最老套同时也是最有效的办法：研究双胞胎。同卵双胞胎的基因组几乎是一模一样的，异卵双胞胎平均有50%的基因也是一样的，这就为研究者提供了绝佳的实验材料。更妙的是，大部分双胞胎从母亲的子宫开始就一直生活在一起，从受精卵到少年时期面对的是几乎一模一样的生活环境，这样的两个人在免疫系统成型期间所接触到的抗原是很相似的，这就又排除了另一个重要因素的影响。

目前担任斯坦福大学客座教授的加里·斯旺（Gary Swan）从二十年前就开始研究双胞胎，长期跟踪他们的去向，目前已经收集了2000多例。在斯旺教授的帮助下，戴维斯说服了78对同卵双胞胎和27对异卵双胞胎加入研究，分三次抽取了他们的血液，分析了其中200多项和免疫系统健康状况有关联的指标，发现有四分之三的指标受环境的影响更大，和先天遗传没有太大关系。

举例来说，很多人都打过流感疫苗，但每个人对疫苗的反应都不一样，有的人立刻就能生产出足够多的抗体，帮助他们安然度过流感高发期，有的人却只能生产出极少量的抗体，质量也差，这样的人打了疫苗也没用，还是会中招。以前科学家大都认为其中的差别源自基因，但戴维斯却发现一个人对于疫苗的反应程度和基因型关系不大，却和这个人以前曾经生过哪些病、接触过哪些病原体或有害化学物质以及接种过哪些疫苗有关，甚至这个人的个人饮食习惯和卫生习惯也会影响到他对疫苗的反应强度。

另外，免疫系统和环境的关联度会随着一个人年龄的增加而越来越大。平均下来，成年人免疫系统的健康状况有75%都是后天因素造成的，只有25%和遗传有关。也就是说，基因检测只能检出四分之一的致病因素，另有四分之三的原因是基因检测测不出来的。

戴维斯将研究结果写成论文，发表在2015年出版的《细胞》杂志上。这篇论文特别提到了巨细胞病毒（Cytomegalovirus），这是一种非常常见的病毒，发达国家有超过一半的人感染了这个病毒，发展中国家甚至有90%的人都中了招。所幸这种病毒的毒性很小，只要一个人的免疫系统基本健康就不会发病。但是，戴维斯发现这种病毒会大大改变携带者的免疫系统的状况，如果受试双胞胎其中一人感染了，另一人没感染的话，那么在他所测的200多项指标中有60%会变得非常不同。

有证据显示，感染了巨细胞病毒的人会对流感病毒缺乏免疫力，但也有一些研究显示这样的人对于某些细菌感染的抵抗力反而更强了，所以我们暂时还不能下定论说感染了这种病毒一定是好或者是坏。

总之，这项研究表明人的免疫系统弹性很大，这是符合进化论的。人类生存的环境千变万化，必须有一套能够见招拆招的防护系统，否则这个人是很难活下去的。

狡猾的年轻人

实验证明，越是看似随机的行为，越需
要事先经过缜密的思考。

最近关于"青年"的定义引发了热议，有人说25岁以
下才算青年，于是不少"90后"开玩笑说自己已经开始中
年危机了。

玩笑归玩笑，现实生活中恐怕没人真的认为25岁就不
再年轻了，这正是一个人一生中精力最旺盛的时候，很多
方面的能力都达到了顶峰，甚至连"骗人"的能力也不例
外。巴黎一家计算机研究所的研究人员刚刚通过实验发现，
25岁是一个人一生中最"狡猾"的年纪，再老一点反而不
灵了。

为了研究"骗术"和年龄的关系，科学家们招募了
3400多名年龄在4—91岁的志愿者，让他们和计算机玩游
戏，互相比傻。当然这个"傻"字是带引号的，更准确的说
法是装傻。这个游戏要求玩家尽自己最大的可能假装自己不
是人，在掷骰子、打牌和画图的时候尽力表现得像是个随机
程序，毫无规律可循。换句话说，这个实验有点像是反向的

图灵测试，不是让机器伪装人，而是让人伪装机器。

与此同时，电脑则会想尽一切办法从志愿者的行为中寻找规律，看看能不能找出一个算法来预判志愿者的下一步行动。这个算法的设计难度越大，说明玩家的"装傻"能力就越高，这个玩家也就越"狡猾"。

研究结果显示，一个人的"狡猾"程度在 25 岁时达到最高峰，然后逐年缓慢下降，到 60 岁之后下降速度会明显加快，越老越不会"骗人"了。

研究人员将实验结果写成论文，发表在 2017 年 4 月 12 日出版的《公共科学图书馆计算生物学》(*PLoS Computational Biology*) 杂志上。千万别以为这个实验无厘头，它可以帮助心理学家理解大脑的运行方式。

传统理论认为，一个人在做决定的时候，其实就是大脑在对各种可能的结果做出预判，从中挑出最优选择。这是个基于统计的思维过程，依靠的是人生经验的积累和总结。比如当前方突然出现一道沟的时候，一个人可以根据自己的跳跃能力和沟的宽度选择一个最安全的做法，要么一跃而过，要么改道而行。

但是，也有科学家认为大脑并不是这样工作的，因为这样的思维方式太死板，很容易被敌人预先判断出来，从而在竞争中失去优势。尤其是那些被捕食者（猎物），如果每一个动作都是按照一定规律而做出的所谓"最佳选择"的话，那么它们的天敌们一旦找到了这个规律，便可以轻松地占得先机。所以，这些科学家相信至少有一部分决定是随机做出的，因为这样的思维方式在进化上更有优势。事实证明这个假说是正确的，"随机"确实是一种很常见的行为模式，人和动物都是如此。

接下来的问题是，这种随机模式到底是大脑的一种"噪音"呢，还是有意为之？这就需要做实验了。上述实验结果倾向于证明后一种理论是正确的，一个人要想让自己的行为看上去很"随机"，需要有极高的专注度、极强的抗干扰能力和良好的记忆力，反而比按照统计结果来做决定更加耗费脑力。

这个结论并不奇怪，以前在小鼠身上也发现过。有人曾经研究了小鼠在不同情况下的行为模式，发现如果给小鼠设置比较简单的障碍，那么小鼠会根据障碍物的设置情况选择合理的躲避方式，做出基于统计的选择。但当障碍物设计得极为聪明、远超小鼠能力的时候，小鼠便会开启"随机模式"，试图通过这种没有规律的行为杀出一条血路。

上述结论可以很好地解释创造力为什么总是青睐年轻人。所谓创造，其实就是不按常理出牌，不被历史统计规律所左右。但这种看似"随机"的想法并不是随便冒出来的，而是要求创造者必须有意识地解放自己的大脑，这是一件极耗能量的事情，只有精力旺盛的年轻人才有精力去创造。

更年期之后再怀孕

雅典一家诊所尝试了一种新方法，让两
名更年期妇女怀上了自己的孩子。

徐静蕾在她 39 岁的时候冷冻了自己的卵子，为的是
"保证自己在生育权上拥有尽可能大的选择余地"。确实，女
性在更年期之后就不会再排卵了，如果到那时候再想怀孕生
子，唯一的办法就是用别人捐献的卵子做试管婴儿。但是，
不是所有人都有徐静蕾这样的财力和行动力。更多的情况
是，职业女性一直忙于自己的事业，等到终于决定要生孩子
时却发现自己已经开始进入更年期了，后悔已然来不及了。

徐静蕾自己曾经说过，（冻卵子）是世界上唯一的后悔
药，事实真的如此吗？总部位于希腊首都雅典的"创世纪雅
典诊所"（Genesis Athens Clinic）不信邪，采用一种自创的
疗法让两名处于更年期的妇女怀了孕，而且用的是自己的卵
子，2017 年 4 月 1 日出版的《新科学家》杂志报道了这家
医疗机构所做的尝试。

首先需要说明的是，更年期是一个漫长的过程，大部分
妇女从出现更年期症状开始到彻底绝经为止，往往需要经

过 5—10 年的时间。这期间体内荷尔蒙水平会发生很大的变化，导致经期非常不稳定，经常几个月才来一次，但这并不等于不会怀孕，处于更年期早期的妇女还是会排卵的，此时如果正好遇到精子的话仍然是可以怀孕的，所以不想怀孕的更年期妇女还是要有避孕措施。只不过这时排出来的卵子质量较差，流产率非常高。据统计，35—39 岁年龄段的妇女在怀孕头 12 周内会有 20% 的概率发生自然流产，所以说，要想生孩子，要么趁早，要么学徐静蕾。

如果一名大龄妇女已经好几年没来月经了，那说明她已经处于更年期的晚期了，再怀孕的可能性非常小。"创世纪雅典诊所"就接待过这样一位荷兰妇女，她接受治疗时虽然才 39 岁，但之前已经有四年没有来过月经了，身体的其他方面也表现出更年期的征兆。接受治疗后她很快就来了月经，并在没有打促排卵针的情况下进行了体外受精并成功怀孕，可惜三个月后自然流产了。不过医生相信她还有能力再次怀孕，希望她不要放弃，再试一次。

这个方法听上去很神奇，但操作起来并不难。简单来说，医生们先抽出妇女自己的血液，分离出富含血小板的血浆，然后再用注射器将其注射入妇女的子宫和卵巢当中，希望此法能修复破损的子宫壁，减轻更年期症状。

截至目前，这家诊所已经给 27 位年龄在 34—51 岁的更年期妇女尝试过该疗法，其中有 11 人进行了体外受精，最终两人成功怀孕。虽然那位荷兰妇女流产了，但另一位 40

岁的德国妇女成功了。后者因为一直无法怀孕，在此之前已经尝试过六次体外人工授精，均告失败。医生认为她已经进入更年期，再也排不出健康的卵子了。没想到在"创世纪雅典诊所"接受治疗后，她在促排卵药物的刺激下成功地排出了三颗卵子，医生用其中最健康的一颗卵子进行了体外受精，胚胎植入子宫后一切正常，终于让她怀上了一个女孩。

这个方法为什么会有如此神奇的功效呢？答案尚在摸索之中。雅典诊所的医生相信富含血小板的血浆能让卵巢中本已失效的卵母干细胞重新焕发青春，但哥本哈根大学医学院的一位科学家则相信原因在于那根针头，他相信刺入卵巢的针头导致了卵巢的轻度损伤，从而改变了卵巢组织中的血管走向，使得原本被藏起来的卵泡首次获得了充足的血液供应，并因此而被激活了。

当然了，这个方法目前仅有一个半成功案例，大部分更年期妇女恐怕一时还指望不上。"创世纪雅典诊所"正在招募更多的志愿者，希望做一次严格的临床试验，看看到底是否真的有效。

铁面包公

大脑成像仪可以判断出犯罪嫌疑人到底是故意犯罪还是过失犯罪。

2017 年的奥斯卡最佳长纪录片奖颁给了美国 ESPN 电视台拍摄的关于辛普森案的纪录片《美国制造》，编导把这件轰动全球的杀人案放到当年的美国大环境下去重新审视，观众可以看到辛普森花高价请来的辩护律师是如何把一件本来情节十分简单的家暴杀人案变成了种族之间的冲突，最终成功地骗过了以非裔美国女性为主的陪审团，放走了辛普森。

这件案子清楚地说明人是多么容易被自己的情感和立场左右，从而做出非理性的判断。任何时候都能做到铁面无私的包公只能存在于戏剧当中，这就是为什么现代司法体系要不断引入各种新技术，比如 DNA 测序技术、血液分析技术和指纹鉴定技术等，试图用冰冷的机器来代替活人，对案件做出无私公正的判决。

不过，目前已经采用的所有刑侦技术都是间接的，很多时候都起不到应有的作用。比如辛普森案的检方就通过

DNA 技术证明现场留下的血迹来自辛普森，但陪审团就是不信。因为现场没有留下视频，也没有任何目击证人，要想说服陪审团，只能想办法进入辛普森的脑子，看看他当时到底在想什么才行。

还有一种情况特别需要这样的技术，那就是如何判断嫌疑人是故意犯罪还是过失犯罪，两种情况的量刑标准天差地别，可以导致完全不同的结果。别看这件事意义重大，却是出了名的难以界定。比如，一个丈夫杀了自己的妻子，即使查出他有小三，也不能说明在杀人的那一刻他肯定是故意的。

有没有办法用机器帮助法官下判断呢？这取决于"故意"和"过失"这两种不同的心态是否会在大脑活动中体现出来。美国弗吉尼亚理工学院的里德·蒙塔古（Read Montague）教授决定用功能性磁共振成像（fMRI）技术研究一下不同心态下的大脑，看看能否找出差别。

科学家们招募了 40 名志愿者，让他们玩一个电脑游戏，同时通过 fMRI 仪器监测他们的脑部活动。这个游戏要求玩家把一个包裹通过各种手段偷运出边境，研究人员事先让一部分受试者知道包裹里装的是毒品，另一部分受试者则不知道包裹里装的是什么。

两种情况下 fMRI 仪器的扫描结果出现了差异，但这种差异十分细微，没法依靠传统的方式做出判断。于是蒙塔古将所有信号输入电脑，通过目前最流行的机器学习的方式让电脑从这些数据中寻找规律。最终电脑很好地完成了任务，以很高的精确度判断出哪些人事先知道自己是在犯罪，哪些人只是在冒险。

　　蒙塔古教授将研究结果写成论文，发表在 2017 年 3 月 13 日出版的《美国国家科学院院报》（PNAS）网络版上。显然，这项技术距离实际应用尚远，因为不可能在犯罪的同时对犯罪嫌疑人的大脑进行扫描。不过，蒙塔古教授认为这项研究是一个很好的开始，它首次证明不同的犯罪动机在大脑层面是有差别的，而且这种差别可以通过现有的仪器设备探测出来。如果将来能证明这种差别会留下某种痕迹，就有可能通过事后的扫描分辨出来。

　　接下来，蒙塔古教授打算招募更多的志愿者，看看这项技术是否适用于广大人群，然后再想办法从这些信号中寻找规律，看看能否把这项技术运用于司法系统，最终制造出一台真正的"铁面"包公机。

习惯性流产的原因

英国科学家找到了习惯性流产的病因，
治疗方案正在试验中。

近日，浙江省中医院违规操作引发艾滋病病毒感染的事件的受害者因习惯性流产而在该院接受免疫治疗。据统计，大约有四分之一的怀孕会在头半年内以流产告终，这个比例之所以超出了很多人的想象，原因在于有相当多的妇女根本就不知道自己怀孕了，还以为只是一次普通的出血呢。

已知能够导致流产的原因包括孕妇年龄过大、体重超标以及某种遗传缺陷，但工作压力大、心情不好、过度疲劳、怀孕期间的性生活以及曾经服用过避孕药等坊间流传的流产原因都被证明是没有科学根据的猜测。

如果一名妇女连续流产三次以上，通常被称为习惯性流产。过去曾经有人认为造成习惯性流产的原因是女方的免疫系统对来自男方的抗原反应过度，所以这才有了所谓的"免疫疗法"。但无数事实证明这种疗法无效，在国外已经被停止使用了。国内的医疗机构在这方面的监管力度严重不足，直到出了医疗事故才终于被曝光。

事实上，目前针对习惯性流产并没有任何有效的治疗措施，原因在于科学家并不知道习惯性流产的真正原因到底是什么。英国华威大学（University of Warwick）的扬·布罗森斯（Jan Brosens）教授通过自己的研究，首次提出了习惯性流产的一个可能的原因，论文发表在2016年出版的《干细胞》（Stem Cell）杂志上。

　　从杂志的名称就可以猜出，病因出在了干细胞上。原来，健康育龄妇女的子宫内壁上有很多干细胞，这些干细胞在月经结束后不久便会开始分裂，使得子宫内壁变厚。之后，其中一些内壁细胞启动衰老程序，停止了分裂，引来免疫细胞的攻击。这种被称为"天然杀手细胞"（natural killer cells）的免疫细胞在清除了这些衰老细胞之后，会把子宫内壁变成一个类似蜂巢的结构，每一个"蜂窝"都是受精卵着床的好地方。

　　布罗森斯教授研究了习惯性流产妇女的子宫，发现这些患者的子宫干细胞功能不全，其中有40%的患者甚至找不到干细胞，其结果就是她们的子宫内壁上有大量细胞成为停止分裂的衰老细胞，引来大批天然杀手细胞对子宫壁实施攻击，导致这些患者子宫内壁的蜂巢结构被破坏，"蜂窝"变得越来越大。

　　体积大的"蜂窝"更利于受精卵着床，这就是习惯性流产的妇女反而更容易怀孕的原因。但是，因为缺乏健康的干细胞，"蜂窝"来不及修补，体积越来越大，即使已经有受精卵在"蜂窝"内着床，最终也会因为失去着力点而脱落，导致流产。如果用一句流行语来形容的话，缺乏干细胞的子宫 hold 不住胚胎，这就是习惯性流产的原因。

由此可知，干细胞虽然是习惯性流产的根本原因，但直接原因是天然杀手细胞对子宫内壁的攻击。罗布森斯教授研究发现，健康妇女体内的天然杀手细胞活性是和月经周期相吻合的，每月经历一次高潮一次低谷。但习惯性流产妇女的杀手细胞活性和月经周期不同步，经常是连续几个月维持在高峰期，之后才降回到波谷。如果这位妇女正好在波谷期间怀孕，那么她的子宫内壁的蜂窝结构并不会被破坏，胎儿就保住了，这就是习惯性流产妇女往往在经历了几次流产之后仍然能正常怀孕并产子的原因。

前文所说的"免疫疗法"之所以能蒙骗很多人，就是因为习惯性流产是可以自愈的。

知道了病因，药就好开了。布罗森斯教授已经在小范围内开始了试验，通过测量天然杀手细胞的活性来指导妇女选择怀孕时机，据说效果还不错。当然了，这个疗法到底有没有效，必须经过严格的临床试验的检验。在此之前，我们只能耐心等待。

赢在起跑线

新生儿的早期发育是一个人一生中最为
重要的时刻，马虎不得。

中国有句俗话，叫作"三岁看老"。中国的家长普遍认为培养孩子应该从小做起，绝不能让自己的孩子输在起跑线上。越来越多的证据显示，这个说法是有道理的。如果一个孩子在幼儿园时期的智商测验得分较低，语言能力或者自控能力较差的话，那么他长大后的学习成绩往往也比不上同龄人，失学率和失业率也会更高。

更糟糕的是，导致这一结果的原因很可能与孩子上的什么学校关系不大，也不完全是因为机会不均等，而是孩子的大脑发育出了问题。换句话说，如果政府打算干预的话，等到孩子上了中学很可能就已经迟了。

众所周知，大脑中负责高级思维的部分是大脑皮质，而脑皮质表面的沟回是一个非常重要的指标，沟回越多越好。美国哥伦比亚大学的心理学教授金柏莉·诺博（Kimberly Noble）调查了全美国10个城市的1099名儿童，发现出生在贫穷家庭的孩子的脑皮质表面积要比出生在富裕家庭的孩子少 6%，前者的海马区也比后者要小一些。海马区是和记忆力有关的脑组织，海马区越大的人记忆力往往也就越好。

这里所说的贫穷家庭是指年收入在 2.5 万美元以下的家庭，高收入的门槛则是 15 万美元，美国大部分家庭介于两者之间。诺博教授的研究表明，孩子大脑皮质的表面积和家庭收入呈现正相关，家庭收入越高，孩子的大脑皮质表面积就越大。这一现象在低收入阶层表现得最为明显，也就是说，越是贫穷的家庭，孩子的大脑发育就越成问题。

这个现象与肤色有关吗？答案是否定的。诺博教授分别统计了来自欧洲、亚洲、非洲和大洋洲的移民家庭，结果是相同的。

诺博教授特意强调，这个结果只属于统计学范畴，贫穷家庭培养出了很多聪明孩子，富裕家庭出来的孩子也有很多是捣蛋鬼。但是，这个结果仍然是有意义的，它为政府干预提供了科学依据。著名医学杂志《柳叶刀》的一项调查显示，全世界低收入和中等收入国家中约有 43%（2.49 亿）的 5 岁以下儿童因极端贫困和发育迟缓而面临更高的发育不良风险。如果这些幼儿得不到良好的营养和照顾的话，会对整个社会带来破坏性影响。

接下来一个很重要的问题是，这个差异到底是由母亲怀孕期间的不良习惯导致的，还是孩子生下来之后的营养条件、生活压力、社区环境或者家长管理方式的不同造成的？

对这个问题的回答将直接决定政府干预行动的重点应该放在哪个阶段。

诺博教授对这个问题进行了初步研究，结果表明，起码在孩子出生四天之内，穷孩子和富孩子的大脑发育是没有差别的。另有一些研究表明，新生儿大脑发育的差别只有在出生第一年的后半段才会显现出来。也就是说，孩子出生后的养育方式起到了更加关键的作用。

虽然诺博教授认为现有的证据不足，还不能百分百地肯定这是养育方式的责任，但这个结论似乎是很有道理的。大脑是人身上最复杂的器官，新生儿的大脑尚未完成发育，只是一个半成品。一个人出生后的头几年是大脑发育的关键时期，这一阶段的大脑发育是在外界信息的刺激下进行的。如果这种刺激进行得不到位，或者生长环境出了问题，都会对今后的大脑发育带来不良影响，导致这个人成年后在智商、认知能力和记忆力等方面出现偏差。

举例来说，正常人的脑皮质厚度会随着年龄的增长而减小，但诺博教授的研究表明，穷人家孩子的减小速度比富人家孩子更快，这就意味着穷人家孩子的大脑因为生活压力过大等原因被迫加速成熟，所谓"穷人的孩子早当家"是也。问题在于，大脑发育是一个非常复杂的过程，如果速度过快，很可能欲速则不达，为后来出现的各种问题埋下隐患。

如果这个理论最终被证明是正确的，这就意味着新生儿的早期发育是一个人一生中最为重要的时刻，"输在起跑线上"是完全可能的。如果家长想让自己的孩子赢在起跑线上，就应该从孩子刚生下来开始就为他提供一个良好的成长环境。很多证据表明，健康的饮食、良好的生活环境和充满爱的交流是促进孩子大脑健康发育的最佳法宝。

人各有命

每个人身体里都有一个衰老生物钟，自顾自地走着。

2016 年 10 月 5 日出版的《自然》杂志刊登了一篇文章，认为人类寿命的极限是 115 岁，很难再增加了。文章发表后立刻有人反驳说，这篇论文只是基于现有的大数据所做的统计分析，缺乏生物学基础，也没有考虑到将来可能的技术进步，故不可信。

说到寿命极限的生物学基础，此前大家比较关心"端粒"。这是染色体的一种保护装置，细胞每分裂一次，端粒就缩短一小截，直到短得不能再短了，细胞就没法再分裂了，于是有机体也就离死亡不远了。

最近又有一个新的长寿指标引起了科学家们的注意，这就是 DNA 的甲基化模式。甲基化（methylation）是最常见的一种 DNA 修饰方式，这种方式并不能改变遗传信息，却可以改变遗传信息的读取方式。这就好比一本书的书签，虽然改变不了书的内容，却可以指导阅读者先从哪一页读起。

科学家早就知道，每种类型的细胞都有其特定的甲基化模式，这就是同样一套遗传信息却可以导致细胞分化成不同类型的原因。2013 年，美国加州大学洛杉矶分校的遗传学教授史蒂夫·霍瓦斯（Steve Horvath）分析了 8000 个基因样本的 DNA 修饰方式，发现有 353 个甲基化位点的分布模式和年龄有着非常好的对应关系，可以用来判断细胞的真实年龄。换句话说，他找到了一个远比出生证更加准确可靠的指标，用于判断一个细胞或者器官的真实的衰老程度。

霍瓦斯教授用这个方法分析了人体内不同组织和器官的真实年龄，发现差异很大。比如，大部分人的心脏细胞要比其他细胞年轻 9 岁，而大部分女性的乳腺细胞则要比其他部位的细胞衰老 2 岁。他还分析了健康器官和生病器官（比如恶性肿瘤）的年龄差异，发现患病器官内的细胞衰老程度普遍要比健康器官更大。

上述两个结果是有联系的。众所周知，乳腺癌是女性最容易患上的癌症，而心脏则是人体内最不容易患癌的器官，这个结果说明癌症很可能是细胞衰老导致的。

问题在于，霍瓦斯教授并不知道甲基化模式和衰老之间谁是因谁是果，这就好比说一个人老了之后头发会变白，但你总不能说他之所以变老是因为头发白了。

为了解答这个问题，霍瓦斯教授及其同事进一步分析了 1.3 万个血样的 DNA，发现一个人的 DNA 甲基化模式几乎是与生俱来的，和他的生活方式无关。比如，有的人生活规律，饮食健康，心态阳光，但甲基化模式却比同龄人老很多，反之亦然。霍瓦斯认为，这个结果说明甲基化模式就是人体的衰老生物钟，而这个钟是天生的，和生活环境、生活方式等后天因素无关。举例来说，霍瓦斯发现很多人年轻的时候就比同龄人显老，这样的人到了老年时往往也比同龄人老得快，而且死得也早。

霍瓦斯教授将研究结果写成论文，发表在 2016 年 9 月 28 日出版的《衰老》(*Aging*) 杂志上。他强调说，这个结论并不能说明生活方式不重要。事实上，像抽烟或者工作压力大之类的因素比甲基化模式更能决定一个人的生死，后者只不过增加（或者降低）了死亡的概率而已。据他计算，两个同样都抽烟、工作压力很大的 60 岁男性，张三的衰老生物钟走得比别人快，属于人群中的前 5%，李四的衰老生物钟正相反，属于人群中的后 5%，那么张三在十年后死亡的概率是 75%，李四是 46%，虽有差别，但都挺高的。

既然找到了原因，就有可能逆转这一过程。比如日本科学家山中申弥发明的人工诱导多功能干细胞的方法就可以把一个细胞的衰老生物钟归零，理论上相当于重生。

当然了，目前这个延寿的方法还处于理论探索阶段，距离实际应用尚有很长的距离，但这并不妨碍很多人试图联系霍瓦斯，让他测一下自己的衰老生物钟到底是快是慢。人寿保险公司对这个项目也很感兴趣，一直在劝他将其商业化，但霍瓦斯教授拒绝了这些要求。

不过，霍瓦斯教授承认他私下里测了一下自己的生物钟，发现比他的实际年龄（48岁）快了五年。"得知结果后我当然有点不高兴，但也并不是太担心。"霍瓦斯说，"这个结果只能说明我大概活不到100岁了，仅此而已。"

从皮肤细胞到健康婴儿

日本科学家在生殖科学领域取得了重大突破，将来也许可以用皮肤细胞再造一个卵子或者精子出来。

大部分不孕夫妇之所以生不出孩子，主要是因为精子或者卵子出了问题。人体内的每一个细胞都携带着一个人全部的 DNA，从理论上讲完全具备了变成精子或者卵子的可能性，问题在于同一个 DNA 分子可以有不同的修饰方式，导致携带着同一套遗传信息的细胞可以具有完全不同的功能，如果能找到不同细胞 DNA 的修饰方式，理论上就可以变来变去了。

具体来说，要想把一个体细胞（比如皮肤细胞）变成精子或者卵子，需要经过以下几个步骤。第一步，必须将这个已经完全分化了的体细胞转变成全能干细胞，这个目标在 2006 年被日本科学家山中申弥实现了。他找到了一种很简单的办法把体细胞转变成"诱导型多功能干细胞"（iPS），并因此获得了 2012 年度诺贝尔生理学或医学奖。

第二步，需要把这个 iPS 转变成"原始生殖细胞"（PGCs），也就是精子和卵子共同的前体。这一步早在 2012

年便由日本京都大学的斋藤通纪和林克彦完成了，他们采用了和山中申弥类似的方法，即在细胞培养液中加入一些特殊的细胞因子，诱导 iPS 细胞改变其 DNA 修饰方式，最终在体外培养出了健康的人工诱导型 PGCs 细胞。

第三步便是促使 PGCs 细胞发育成卵子或者精子，自然情况下这一步骤是在卵巢或者睾丸内完成的，这两种性腺组织为 PGCs 提供了一个独特的微环境，诱导 PGCs 细胞分别向两个完全不同的方向分化。科学家尚不清楚这个微环境当中到底是哪些因子在起作用，所以只能把 PGCs 细胞注入活的动物卵巢或者睾丸内，借助生命的力量完成这一关键步骤。

外行可能会觉得这没什么，但对于内行来说，凡是需要借助活体动物才能完成的细胞诱导实验难度都太大了，因为目前细胞诱导的成功率不高，需要进行大量的后期筛选才能选出诱导成功的精子或者卵子，所以科学家们一直希望能够在试管里完成这一步骤，那样的话就可以不受动物实验的限制，无论是时间还是成本都会大大下降。

经过四年的艰苦摸索，现为日本九州大学教授的林克彦成功地实现了这一目标。2016 年 10 月 17 日出版的《自然》杂志发表了林克彦团队撰写的论文，向全世界公布了这一消息。不但如此，研究人员还通过体外受精的方式将这批在试管中制造出来的卵子培养成胚胎，然后将其植入母鼠子宫内，最终生出了一批健康的小鼠。这些小鼠后来也顺利地产下了健康的后代，说明整套方法已经和自然繁殖没有差别了。

虽然林克彦博士在论文中一再声明这项研究的目的只是为了研究哺乳动物生殖系统的发育过程，但明眼人一看即知这个结果对于治疗人类不孕不育会有极大的帮助。想象一下，未来如果一名妇女因为各种原因错过了受孕的最佳年纪，她只需要把自己的皮肤细胞提交给医院，医院便会将其培养成健康的卵子，整个过程全部在实验室完成，不需要其他人的帮助。之后，医院只需取得丈夫的精子进行体外受精就可以了，所用的方法和试管婴儿是一样的，整套程序已经相当成熟了。

同理，如果一名男性因为各种原因无法生产出健康的精子，医院可以如法炮制，在不需要借助其他人的情况下通过皮肤细胞生产出大量健康的精子。

另一个有趣的应用就是同性恋夫妇也可以通过这个办法生出属于两个人的孩子，因为从理论上讲，男性的皮肤细胞可以变成卵子，女性的皮肤细胞也可以变成精子。

当然了，小鼠实验成功不一定保证人类能成功，林克彦的下一步计划就是先拿灵长类动物做实验，看看能不能行。不过，从动物过渡到人类需要解决伦理问题，因为用皮肤细胞制造出来的卵子有可能存在基因不良突变的问题，必须首先解决这个问题才能推广。科学家估计，这项技术至少还需要等待十年才有可能用在人类身上。

第六感的基因证据

第六感是存在的，有基因为证。

人类有五种基本的感觉功能，分别是视觉、听觉、触觉、嗅觉和味觉，这是没有争议的。但有人坚持认为人类还有一种神秘的第六感，可以感知貌似无形的物体。好莱坞甚至还拍摄过一部同名电影，声称有人可以见到死去的人，甚至可以和他们对话，这就不靠谱了。

不过，科学界确实有"第六感"一说，指的是人类对于自身空间位置的感觉，科学术语称之为"本体感受"（proprioception）。这个第六感很难用简单通俗的语言加以描述，一来是因为这是关于自己身体的感觉，大家都见怪不怪了；二来，这种感觉的形成机制较为复杂，需要动用全身的感觉器官（尤其是触觉）来完成，不像其他五种感觉那样有专门的器官负责执行。

任何一种生物性状，如果难以研究，那就试试去掉它，看看失去这种性状后会有怎样的表现。天生缺乏第六感的人很难找，美国国立卫生研究院（NIH）的儿童神经生理学家卡斯滕·伯内曼（Carsten Bönnemann）教授有幸找到了两位。两人都是女性，一位9岁，另一位19岁。最初两人是因为髋关节、手指、脚趾和脊柱都存在不同程度的变形而引起医生注意的，伯内曼发现她俩还有一些共同的症状，包括走路不稳、四肢动作不协调等，临床表现极为相似，很可能患上了同一种遗传病。

伯内曼教授测量了两人的基因组序列，发现两人的PIEZO2基因均出现了变异，导致这个基因失去了活性。这个PIEZO2基因早就有人研究过，发现它和触觉的形成有关系。小鼠体内也有一个类似的基因，研究人员曾经尝试把小鼠体内的PIEZO2基因敲除掉，看看结果怎样，谁知被敲除了PIEZO2基因的小鼠无一例外全都死亡了，研究无法进行。

奇妙的是，失去了这个基因的两位女孩不但活着，而且身体大致健康，这引起了伯内曼教授极大的兴趣。进一步研究发现，两人的皮肤感觉功能都有问题，感觉不到震动的音叉。如果用软毛刷子轻轻刷过两人的手掌心，两人都感觉不到。但如果用软毛刷子轻轻刷过有汗毛的皮肤，两人虽然可以感觉得到，却觉得像是有人拿小针扎似的，而不是像大多数人那样会有一种美好的感觉。

接下来的一系列测试结果更让人震惊。两个女孩在睁眼的情况下走路虽然不太稳，但不仔细看是看不出来的。如果将两人的双眼蒙住，结果两人别说走路了，就连站都站不住，必须有人搀扶才不至于摔倒。在另一项测试中，研究人员让两人把手指放在自己的鼻子尖，然后伸出去触碰鼻尖前面不远处的物体，睁眼情况下两人都很容易完成这个动作，如果闭眼的话，正常人大都也能轻松地完成，但她俩却完全不行，伸出去的手距离鼻尖前的物体相差极远。最后，研究人员把两个女孩的双眼蒙住，然后用手抓起两人的小臂，要么向上举，要么向下放，两位受试者居然分辨不清自己的小臂到底处于哪个位置，这说明两人对于自己身体的空间位置完全没有任何感觉。

伯内曼教授将研究结果写成论文，发表在2016年9月21日出版的《新英格兰医学杂志》(*The New England Journal of Medicine*) 上。伯内曼认为，他发现的这个PIEZO2就是科学界寻找已久的第六感基因，缺乏这个基因的人对于温度和刺痛的感觉都正常，却缺乏触感，导致其对于自己身体的空间位置没有任何概念。这样的人之所以脊柱和手指等处会出现弯曲变形的现象，是因为发育期间身体感觉不到骨骼的正确位置，最后只能瞎长了。

伯内曼教授在论文中指出，人类的很多动作其实都需要第六感，比如弹钢琴、打字和驾驶汽车时的换挡动作，都不必用眼睛去看，凭感觉就知道手应该往哪里放，在哪里用力，缺乏第六感的人是做不出这些动作的。

进一步说，伯内曼教授认为PIEZO2基因在人类群体中存在不同的亚型，导致不同的人对于自己身体位置的感知能力存在差异，其结果就是有的人做动作时总显得非常笨拙，另外一些人却极为敏捷。这一点尤其值得广大中小学体育老师们注意，以后再遇到"笨拙"的学生不要轻易责骂，他们很可能天生缺乏这方面的能力。

聪明而又愚蠢的人体

进化赋予了人类很多高超的本领，但同时也带来了一些愚蠢的毛病。

　　走路看似简单，其实是一项很难模仿的高超技能。走路时人的身体不断"向前摔倒"，双腿及时地交替向前迈出，保持身体的动态平衡，脚掌则依次蹬地，提供向前的动力。整套动作看似一气呵成，毫不费力，但其实背后需要大量精确的计算，差一点都不行。

　　走路到底有多难模仿呢？要知道，就连目前最先进的走路机器人都很难走得过一名3岁的儿童！人体是一架天生的走路机器，多年的进化把很多与走路有关的功能固化在了人类的基因组当中，我们一生下来就具备了走路所需要的绝大部分先决条件，只要稍加练习就可以掌握这项绝技了。

　　人体的这套走路系统主要由两部分组成，一个部分负责感知周边环境和自己身体的位置，这部分主要由双眼和内耳中的前庭神经系统（vestibular system）组成。另一个部分负责执行走路这一动作，人体的大部分肌肉、骨骼和肌腱都有参与。

因为走路对人类的野外生存太重要了，所以上述这两个部分必须配合得天衣无缝才行。但是，现代人发明了一样东西，把两者的联系打破了，这就是汽车。

人在坐汽车的时候，双眼看到的是不断向后移动的景观，通常情况下这样的景观意味着人在走路，所以人体内和走路有关的整套系统都做好了开工的准备。但是，内耳中的前庭神经系统却感觉不到这种移动，始终显示身体是静止的，没有失去平衡，于是双方便产生了冲突。通常情况下，人体只有在中毒（比如吃了某种毒蘑菇）之后才会出现这种冲突的现象，于是人体自以为是地认为自己中毒了，自动开启了排毒的程序。如何排出进入人体的毒液呢？当然是呕吐了！于是坐车的人便会感到头晕恶心，很快就把刚刚吃下去的一切都吐了出来。

自封为万物之王的人类为什么会犯这么愚蠢的错误呢？原因就在于人类社会的发展速度实在是太快了，多年进化养成的一些习惯和习性一时难以适应，于是问题就来了。和晕车类似的一个毛病就是时差。古人不需要倒时差，根本没有进化出倒时差的能力，但现代人发明了喷气式飞机和电灯，前者可以让人在短时间内穿越好几个时区，生物钟立刻就紊乱了；后者使得晚上继续工作成为可能，不少城市白领经常不得不熬夜工作，第二天要参加考试的学生们也常常会临时抱佛脚，生物钟就这样被轻易地打乱了。

一盏台灯足以让人看清书上的字，但总的照明度肯定比不上白天的阳光。千万别小看这个差别，眼球的正常发育靠的就是视网膜在强光刺激后产生的多巴胺。如果一个孩子白天总是待在教室里，他的眼睛发育便有可能出现障碍，最终导致近视眼。越来越多的证据表明，孩子户外活动的时间不足才是导致近视眼的主因，看书太多不是问题。古时候的孩子大部分时间都在户外，所以我们的眼睛并没有学会习惯屋檐下的生活。好在人类发明了眼镜和激光手术，这才让那么多近视眼也能基本正常地过一辈子。

人类身体的惯性有时甚至会影响我们的行为。比如，我们的祖先天生就讨厌长相奇特的人，因为在古代社会，长相奇特的人要么是来自其他部落的侵略者，要么是带有某种传染病的病人，最好不要接近。但如今地球变平了，我们日常生活中接触到的异相之人越来越多，虽然我们的理智告诉我们他们没问题，但我们的基因却习惯于做出不同的选择，如今遍布全球的排外情绪就是这么来的。

总之，一个现代人必须时刻意识到自己身上保留的祖先印迹，并努力克服其中错误的成分，否则一定会犯错误，最终害人害己。

为什么女性性高潮这么难？

女性性高潮到底是进化的副产品，还是
进化的遗迹？

女权主义者追求男女平等，同工同酬之类的还好说，但
有一件事男女很难平等，那就是性高潮。一个身体健康的壮
年男性在性生活中很容易达到高潮，同样条件的女性就不同
了。有人统计过，只有大约三分之一的女性经常可以在正常
性交中达到高潮，其余女性只能偶尔体验到性高潮，或者必
须通过特殊的方式才能达到。

为什么女性性高潮这么难呢？

如果你把这个问题丢给一位进化生物学家，他很可能会
反问你：女性为什么会有性高潮呢？在他看来，女性性高潮
和生殖能力无关，根本就不应该被进化出来。男性就不同
了，没有性高潮就无法射精，那可不行。

关于这个问题，目前最为流行的理论是，女性性高潮是
男性性高潮的副产品。原来，女性的阴蒂和男性的阴茎是同
源的，它们的前体在胚胎发育的前 8 周几乎是一模一样的，
此后由于荷尔蒙的不同使得男孩胚胎的前体组织发育成阴

茎，女孩胚胎的相应部位则停止了发育，最终成为阴蒂。但这个前体毕竟已经发育了 8 周，因此阴蒂保留了一部分神经末梢，遇到强刺激也会导致性高潮。换句话说，这派理论相信女性性高潮是进化的副产品，就好像男人的乳头一样。男人没有乳头一点关系也没有，但留着也无妨，用不着专门进化出一套新机制把它们去掉，所以就留着了。

按照这个理论，女性之所以能有性高潮，还得感谢男性，因为男性性高潮是种族繁衍所必需的，阴茎是必须要有的，所以女性也就跟着沾了光。

事实真的是这样吗？两位美国科学家有不同的看法。辛辛那提儿童医院的米谢拉·巴夫列夫（Mihaela Pavliev）博士和哈佛大学进化生物学家根特·瓦格纳（Gunter Wagner）通过比较哺乳动物的繁殖机制，提出了一个不同的理论。他俩认为，要想弄清女性性高潮的进化过程，不能只跟男性比，还要跟其他哺乳动物相比。于是两人系统地研究了哺乳动物的繁殖机理，发现有两种完全不同的类型。像猫和兔子这类独居动物，雌性只有在和雄性性交时才会排卵，而包括人类在内的绝大部分群居灵长类动物则正好相反，雌性可以自动排卵，不需要雄性的刺激。仔细想想这是很容易理解的。独居动物平时根本遇不到异性，排卵纯属浪费，只有遇到合适的雄性配偶，排卵才有意义。但是，这种方式对于群居动物来说就不行了，于是群居哺乳动物的雌性改成了自主排卵，不再需要雄性的刺激了。

接下来，两人研究了这两种方式在进化上的顺序，发现诱导排卵在前，自主排卵在后，说明群居动物是在独居动物的基础上进化而来的，这一转变大致发生在7500万年之前。然后两人又分析了独居动物排卵时的荷尔蒙变化，发现独居动物在性交时雌性体内的催乳激素（prolactin）和催产素（oxytocin）都出现了峰值，说明性交以某种方式刺激了雌性大量分泌这两种激素，卵巢在这两种激素的协同作用下开始排卵。有趣的是，人类女性在达到性高潮时这两种激素同样会大量分泌，虽然这种分泌已经没有了刺激卵巢排卵的功能。

两位科学家相信这不是巧合，这说明人类女性的性高潮和独居哺乳动物的促排卵在本质上很可能是一回事。也就是说，人类女性性高潮不是进化的副产品，而是早年性交促排卵功能的一个遗迹，就像人的阑尾一样。

两人将研究结果写成论文，发表在2016年7月31日出版的《实验动物学杂志》（Journal of Experimental Zoology）上。他俩还指出了一个事实，那就是独居哺乳动物的阴蒂通常长在阴道内部，保证可以通过性交而被刺激到。而群居哺乳动物的阴蒂却渐渐远离了阴道，越来越难以被正常性交刺激到了。

群居这种生活方式的出现对于人类来说实在是太重要了，如果没有群居，就不可能有人类的今天。所以说，女性性高潮那么难，也许可以看成是女性为人类进化所做的牺牲吧。

人类的乐感是天生的吗？

人类对于音乐的喜爱是天生的还是后天
培养的？最新研究为你揭晓答案。

人为什么会喜欢音乐呢？这种喜欢是天生就有的还是后天培养的？为什么很多人一听到音乐就情不自禁地想跳舞？甚至有人还会感动得流泪？这些问题恐怕很多人都想过吧。但科学家一直无法给出令人满意的答案，原因就在于人脑是个特别复杂而又敏感的器官，研究起来非常困难。

麻省理工学院（MIT）的两位神经生物学家决定接受挑战，通过严格的实验来回答上述问题。南希·康维舍尔（Nancy Kanwisher）博士和约什·麦克德莫特（Josh McDermott）博士以前是研究视觉系统的，两人运用功能磁共振成像技术（fMRI）成功地找出了人脑中负责识别特定图像的神经元束，证明人脑对于某些极为常见的物体（比如人脸或者人身体的某些部位）进化出了模块化的处理方式，这样就可以加快反应速度，不用每次都重新分析了。

声音和图像一样，都是先转化为电信号再输入人脑的。既然人脸可以识别出特定的图像组合，并迅速交给专门的神经元进行处理，音乐应该也可以。为了证明这个假说，两位科学家录制了各种各样的声音，将它们放到网上让公众投票，最终选择了165种最典型、最易辨识的声音片段作为实验对象。之后，研究人员找来10位志愿者（非音乐家），一边给他们播放这165种音乐片段，一边通过fMRI扫描他们的大脑，看看究竟有哪些神经元被激活了。

类似的实验以前别的实验室也做过，但人的听觉皮层体积太小，fMRI的精度又不够高，导致数据太过模糊，无法做出可靠的判断。这一次，两位MIT科学家采用了一种新颖的算法，大幅度提高了数据的信噪比，终于可以准确地判断出究竟哪些神经元被声音激活了。

计算发现，人脑对于耳朵接收到的声音信号大致有六种不同的反应模式，其中四种模式对应于声音的一般物理特性，比如音高和频率等。第五种模式和语言有关，说明人脑已经进化出了专门的模块用来处理语言信号。考虑到语言对于生存的重要性，这一点丝毫不会让人感到意外。

第六个模块则是专门用来处理音乐的。数据分析表明，无论是口哨声还是流行歌曲，抑或是说唱音乐片段，几乎所有带有音乐性质的声音都可以激活这个神经回路，其对歌剧中的咏叹调尤为敏感。在外星人看来，音乐就是一串不同频率的声波以某种特定的方式组合在一起，没什么特别之处，但人脑显然并不这么认为，它专门进化出了一个模块用于处理音乐信息，这一点确实让人感到惊讶。

这项研究还发现，语言模块和音乐模块之间几乎没有交集，只是在播放带有歌词的音乐时有一点交叉反应，说明大脑把音乐和语言看成了两个完全不同的信号。事实上，不少考古证据表明，人类先进化出了音乐，再有了语音。换句话说，人类的语言很可能就来自音乐。

研究人员将结果写成论文，发表在 2015 年 12 月 16 日出版的《神经元》（Neuron）杂志上，立刻引起了媒体的广泛关注。如果这个结论最终被证明是正确的，那就说明人类的乐感是天生的，我们对于音乐的喜爱和后天教育无关，完全是一种被刻印在基因里的本能，就像吃饭、睡觉一样。

假如真是这样，那就不难解释另一项关于音乐的研究了。《听音乐的大脑》（This is Your Brain on Music）一书的作者丹尼尔·列维汀（Daniel Levitin）博士曾经对八个国家的 3 万名普通人进行过调查，发现如果一个人的家里经常播放音乐，那么家庭成员聚在一起的时间每周增加了 3 个小时，聚餐的时间也增加了 15%，甚至夫妻性生活的频率也增加了 50%！音乐确实会在某个极为隐秘的地方触动一个人的内心，改变人类的行为模式。

各位读者还等什么，赶紧按下播放键，让音乐充满你的生活空间吧。

人类的新迁徙之路

湖南道县发现的人类牙齿化石真的能挑战"走出非洲"理论？答案是否定的。

著名科学期刊《自然》于 2015 年 10 月 15 日在其网络版上刊登了一篇重磅文章，宣布在中国湖南省道县的一个山洞里发现了 47 枚距今 8 万—12 万年的人类牙齿化石。此文一经发表立刻引发了中国媒体的强烈关注，一些人宣称这篇论文对"中国人的祖先来自非洲"这一理论提出了挑战，但《自然》杂志为这篇论文配的社论则指出，该发现只是暗示现代人走出非洲的时间有可能比以前认为的要早一些而已。

外行可能还不觉得怎样，可对于内行来说，这两种观点来自考古学界两个截然不同的阵营，双方的分歧由来已久，而且这场争论似乎已经跳出了学术圈，掺杂了很强的政治意味。

要想理解这一争论的背景，必须从"走出非洲"理论开始说起。绝大部分考古学家都承认，从猿到人的这一转变发生在几百万年甚至上千万年前的非洲。早期的人科动物被统称为直立人，迄今为止发现的最古老的直立人化石来自非洲，距今已有700万年的历史了，其他地方尚未发现早于200万年的直立人化石，这说明直立人最有可能是先诞生于非洲，然后再逐渐扩散到其他地方去的，北京猿人就是这批人的后代。

这是人类第一次"走出非洲"，关于这一点学术界基本上没有争议，大家争论的是现代智人的起源。一派认为现代智人同样起源于非洲，时间大概是距今20万年。大约在5万—7万年前，一小部分现代智人离开非洲，到达了中东地区并扎下根来，后以此为根据地，逐渐扩散到世界其他地方。今天的欧洲人、美洲人和亚洲人都是这批人的后代。另一派则认为，居住在世界各地的直立人分别独立地进化成了现代智人，比如他们认为中国人的祖先就是从北京猿人直接进化来的，这就是人类进化理论的"多地起源说"。

这两派曾经争论得非常厉害，但随着DNA测序和分析技术以及古人类化石DNA提取技术的进步，"走出非洲"理论获得了越来越多的证据支持，已经成为当今国际考古学界的主流。至今仍然坚持"多地起源说"的多半是只擅长研究化石的老一辈考古学家，他们不相信分子考古学的证据，依然固执地认为只有化石才能说明问题。但一来，人类化石很难找，很多关键的迁徙路线和时间节点缺乏化石证据；二来，目前找到的人类化石大都残缺不全，比如这次道县只挖出了几枚牙齿，没有骨头，无论是信息量还是信息的可靠程度都远不如DNA证据来得充分和可靠，所以国际学术界大都倾向于采用 DNA 证据，只有中国等少数几个国家例外。

中国考古学界有很多老专家一直坚持"多地起源说"，某些人一直试图证明华夏文明发源于中华大地，不愿承认我们的祖先来自非洲。于是，当这篇论文发表后，这些人立刻就重新在媒体上宣扬"多地起源说"。

但是，即使这篇论文是正确的，也不能否定"走出非洲"理论。比如该文作者之一，英国伦敦大学学院的玛利亚·马蒂农－托雷斯（Maria Martinon-Torres）博士就提出了一个假说，认为是当时生活在欧洲大陆上的直立人（尼安德特人）挡住了智人迁往欧洲的脚步。还有人指出，当时的欧洲比现在冷，最先走出非洲的智人不太适应。这两个原因都可以解释为什么智人迁徙到欧洲的时间比到亚洲的时间晚了 4 万年。

最后还需要补充一点：这几枚牙齿化石虽然是在湖南发现的，但它们的主人并不一定就是现代中国人的祖先。事实上，在西亚地区也曾挖掘出了距今 10 万年的现代智人的化石，它们很可能和湖南化石一样，是一群很早就走出非洲的"先遣部队"留下的。最终这批人不幸被严酷的气候或者别的原因杀死了，欧亚和美洲大陆的现代人是后来走出非洲的"主力部队"的后代。

如果没有 DNA 证据的话，我们不太可能知道事情的真相。

美洲原住民到底来自何方？

通常认为美洲大陆的原住民来自同一拨
东亚移民，他们抓住了冰河期海平面下
降的机会从白令海峡走了过去。但是，
最新的研究发现，至少有两个南美原始
部落带有澳大利亚原住民的基因标记。

美洲原住民到底来自何方？他们是什么时候迁徙至此
的？这两个问题学界似乎早有定论。传统考古学家通过分析
新大陆出土的人类化石，结合同位素年代测定技术，得出结
论说所有的美洲原住民均来自同一个亚洲原始部落，这群人
大约在一万五千五百年前穿过白令海峡到达北美洲，然后沿
着太平洋海岸线一路南下，仅用了几百年的时间就到达了南
美洲的最南端。

因为年代久远，大部分人类化石都不太完整，得出的结
论并不可靠。2007 年，一位墨西哥潜水员在尤卡坦半岛的
一个名叫"黑洞"（Hoyo Negro）的地穴里发现了一个女孩
的骸骨，同位素鉴定表明她死于一万三千年前，是迄今为止
美洲大陆上发现的最古老同时也是保存最完整的人类骨骼化
石之一。人类学家根据头骨的形状复原了这个小女孩的面
容，发现她长得和今天的蒙古人非常相像，却和南美洲原住
民有很大的不同，这是为什么呢？

考古学家想出了很多理由来解释这一差别，其中比较流行的观点是，美洲大陆的生存环境和西伯利亚太不一样了，最早那批移民的生存状态在迁徙的过程中发生了很大变化，他们的外貌也跟着变了。具体来说，早期移民的骸骨经常是伤痕累累，而且男性普遍高大粗壮，女性瘦弱矮小，这说明最早移民到此的是一个典型的狩猎部落，其男性成员经常为了争夺猎物而大打出手，女人同样是男人们争夺的对象，她们在社会中的地位也因此变得非常低，经常处于营养不良的状态。但随着时间的推移，这些痕迹都不见了，说明美洲大陆丰富的自然资源让移民们放弃了游猎生活，改为定居，他们的性情也随之变得温和了。这一变化最终在外貌上体现了出来，这就是为什么今天的南美洲原住民在外貌上和蒙古人相比有了很大变化。

随着 DNA 测序技术的进步以及大数据分析能力的飞速提升，考古学家学会了利用基因分析法来追踪人类的迁徙轨迹，比单纯的化石分析更加准确可靠。美国哈佛大学医学院的人类学家戴维·莱希（David Reich）教授就是这个领域的佼佼者，他早在 2012 年就利用基因分析的方法证明加拿大北部的原住民并不都是来自同一个祖先，而是分别来自两拨不同的东亚移民。

这个结论虽然很新鲜，但并不多么令人意外，但接下来发生的事情就让人大跌眼镜了。莱希教授手下的一位名叫庞图斯·斯科格伦德（Pontus Skoglund）的博士后研究生在分析基因数据时意外地发现，有两个来自巴西亚马孙热带雨林的原始部落的基因特征居然和澳大拉西亚（Australasia）原住民有些类似。这个"澳大拉西亚"是澳大利亚、新西兰、新几内亚岛以及周边若干太平洋岛屿的统称，这一地区的原住民早在5万年前就从非洲移民至此，是最早走出非洲的若干原始部落中相当独特的一支。遗传分析显示，有两个亚马孙原始部落的DNA标记物和澳大拉西亚原住民非常相似，而和世界其他任何地方的原始部落都不一样。如果这个结论被证明是正确的，说明很可能存在另一拨此前不为人知的移民浪潮，美洲原住民的来源要比目前公认的更加复杂。

莱希教授将这项新发现写成论文，发表在2015年7月21日出版的《自然》杂志网络版上。仅凭这项研究还不足以说明曾经有一批原住民从澳大利亚驾船横跨太平洋到达美洲，这条路线从技术上讲太困难了，他们也许是先到达了亚洲，再沿着白令海峡走过去的，事情的真相还需进一步研究之后才能知晓。

必须指出的是，澳大拉西亚原住民和大家熟悉的波利尼西亚人不是一回事，后者是一个来自东南亚的原始部落，比前者要晚得多。目前考古学界比较流行的观点是，波利尼西亚人大约从公元前3000年开始从我国的台湾岛出发向太平洋地区扩散，逐渐占领了包括斐济、夏威夷和复活节岛在内的绝大部分太平洋海岛。此前一直有人怀疑他们曾经和南美洲原住民有过基因交流，但目前并无确凿的证据支持这个说法。

实验室里的超感猎杀

科学家在实验室里模拟出了美剧《超感猎杀》中的情景。

《黑客帝国》的编剧兼导演沃卓斯基姐弟拍了部新的科幻剧集《超感猎杀》(Sense 8),讲的是八个具有超感能力的人(sensate)和试图消灭他们的恶势力斗争的故事。这八人分别来自八个国家,从事八个不同的职业,却能隔空感知对方的情感,共享各自的才能,于是每个人都成了集黑客、演员、小偷、科学家和功夫高手于一身的超级英雄。

这样的事情真的有可能发生吗?还是让科学家来回答这个问题吧。2015年7月9日,《自然》出版集团旗下的《科学报告》(Scientific Reports)杂志刊登了两篇来自同一个实验室的论文,证明起码在实验室条件下可以把多个哺乳动物的大脑连在一起,让它们彼此合作,共同完成某项任务。

两篇论文的作者是美国杜克大学医学中心的米格尔·尼科莱利斯(Miguel Nicolelis)博士,他的研究方向是脑机互动,也就是让脑细胞直接驱动机械臂,这样就可以用意念来控制机器了。这类研究对残疾人的好处是很明显的,因此一直是神经科学领域的热点之一。

有一天，他突发奇想，决定用现有的装置把三个猴子的大脑连接起来，看它们是否能学会合作。具体来说，研究人员把三只猴子大脑中负责动作的神经元与微电极相连，然后通过电线连到电脑上。经过一定的训练，每只猴子都学会了通过意念来操纵电脑屏幕上的虚拟机械臂，完成某个动作，然后得到奖赏。

之后，研究人员修改了参数，让每只猴子只能控制机械臂在两个维度上的动作（比如 X 轴和 Y 轴），每只猴子对于任一维度的控制力都是 50%。然后科学家把三只猴子的大脑通过电线连到同一台电脑上，看它们如何反应。结果出人意料，三只猴子很快就学会了相互合作，共同操纵机械臂完成特定的动作。也就是说，这三个大脑连接起来形成了一个微型的超级大脑，尼科莱利斯称之为"脑网"（brainet）。

有趣的是，实验证明这个"脑网"具备很强的抗干扰能力。如果一只猴子在实验过程中开小差，那么另外两只猴子便自动接管了它的工作，不至于让机械臂失去控制。想象一下，如果是 100 万只大脑同时相连的话，形成的超级大脑将具备极强的抗干扰能力，甚至可以说是百毒不侵的。

上述实验中的三个猴脑并没有直接相连，而是通过一台计算机彼此合作，不是真正意义上的超感。于是尼科莱利斯又做了一个实验。这次他改用四只小鼠，每只小鼠的大脑连接了两组微电极，一组微电极可以输出电信号，用来刺激小鼠的脑细胞，另一组微电极则用来接收脑细胞发出的指令。四只小鼠的大脑通过输入端和输出端连接在一起，组成了一个真正的超级大脑。

之后，科学家通过微电极刺激其中一只小鼠的大脑，另外三只小鼠的脑电波很快就同步了，说明另外三只小鼠间接地获得了和第一只小鼠同样的体验，它们之间发生了"超感"。

接下来发生的事情更加神奇。科学家通过一个总开关向这个由四个大脑组成的脑网输入电信号，模拟温度和气压的变化。正常小鼠会根据温度和气压变化判断出未来到底会不会下雨，然后把这个判断以脑电波的形式输出出来。实验证明，这个超级脑网中的四个大脑很快就学会了相互合作，同步运算，做出气象预报的能力比单独任何一只小鼠都更快更准。这说明超级大脑不单可以发生共情，还可以相互合作，提高工作效率，后者正是研究人员想要达到的效果，所谓"三个臭皮匠赛过诸葛亮"是也。

"这个（由四只小鼠的大脑连接而成的）系统模仿了电脑行业'并行处理'的工作模式，即从外部输入一个指令，然后并联的几台电脑自己进行计算，然后把结果统一输出出来。"一位没有参与这项工作的科学家评价说，"这项研究结果非常刺激，将彻底改变人与人之间相互合作的模式。"

另一位科学家指出了其中的关窍："人与人之间的合作经常因为语言障碍而变得很困难，如果通过这种方式把他们的大脑连接起来，就可以绕过语言障碍，让两个不同个体直接感知对方的想法。"

　　当然了，这只是个初步的实验，实验对象也只是猴子和小鼠，未来还有很长的路要走。但猴子、小鼠只能做简单的事情，如果将来有一天真的能够让人脑相互合作，所能做的事情就太多了。不过，在做这件事之前先得解决超感过程中的隐私保护问题，毕竟很多人不愿意把自己的一些隐秘的小想法公开出来和他人分享。

辑 二

人体与疾病

为生命按下暂停键

如果我们能为生命按下暂停键，就可以
腾出时间来做很多事情。

在金庸描绘的武侠世界里，让自己假死是高手们必备的一项技能，仅在《天龙八部》里就有慕容博、丁春秋、李秋水和天山童姥等人会使这门功夫。在现实世界里，让病人假死则是外科医生们最希望拥有的一种医疗手段，因为这可以为医生们争取到宝贵的时间，用于治疗那些受伤严重的患者。

比如，很多刀伤和枪伤患者在送到医院时往往已经因为失血过多而处于死亡的边缘了，根本来不及做任何处理。如果此时医生们有办法让患者迅速进入假死状态，就能增加救治成功的概率。

不久前，位于美国巴尔的摩市的马里兰大学附属医院就遇到了这样一位伤者。此人被送到医院时全身一多半的血液已经流失，心脏也停止了跳动，如果按照常规方式进行处理，活下来的概率不到5%。

幸运的是，当时马里兰大学医学院的一位名叫塞缪尔·提舍曼（Samuel Tisherman）的外科专家正好在场，他立即把相关医生召集到一起，将事先冷却过的生理盐水输入患者的血管中，把他的体温迅速降到了10—15℃。如此低的体温使得患者的新陈代谢降到了很低的水平，甚至连脑活动也几乎停掉了。按照目前通行的医疗标准，这样的病人已经可以宣判死亡了。

不过，这只是低温导致的假死状态。低温可以降低生化反应速率，减少细胞的耗氧量，使得患者可以在缺血的情况下坚持很长的时间。比如，正常情况下人类的脑组织最多只能忍受5分钟的缺氧状态，但如果把体温降到10℃，理论上就可以维持2小时的缺氧状态而不会造成永久损伤，对于急诊室的医生来说这个时间太宝贵了。

此前一些外科医生在进行心脏手术时也曾经用此法来提高成功率，但那只是把体温稍微降低一点点而已，和这种人为制造的假死状态完全不同。这个方法的正式医学名称叫作"紧急保存和复苏"（Emergency Preservation and Resuscitation，简称EPR），可以将其简单地理解为"生命的暂停键"。提舍曼医生是EPR技术的发明人，他曾经用猪做过实验，发现通过EPR技术可以让猪处于假死状态长达3个小时，复苏后也不会留下任何后遗症。

不过，拿人做这种实验可就没那么简单了。万一复苏不了怎么办？复苏之后出现了不可逆的损伤怎么办？责任由谁来承担？这些都是很难回答的问题。好在美国FDA认识到了这项技术的重要性，早在 2014 年就批准提舍曼医生开展临床试验。当然了，这项试验不可能在健康人身上做，只能等待合适的时机。提舍曼事先在巴尔的摩市的报纸上刊登广告，向社区内的民众解释了这项试验的原理，然后就是漫长的等待。因为 EPR 需要大批医护人员正好在现场才能实施，光有合适的患者还不够，所以这项试验进行了很多年，至今外界也不知道提舍曼到底在多少人身上实施过 EPR，结果又是怎样的。

根据 2019 年 11 月 20 日出版的《新科学家》杂志报道，提舍曼医生首次向外界透露了前文那个案例，说明至少有一名患者已经接受了 EPR。提舍曼预计 2020 年底前会公布这项临床试验的结果，到时我们就可以知道假死是否真有可能实现了。

虽然这项技术成功与否尚不得而知，但其潜力是巨大的。一个很容易想到的应用前景就是太空旅行，不少科幻电影里已经出现过类似的情节了。对于普通人来说，假如未来我们有能力将假死的状态延长到数月以上，就有可能让身患重病的人先暂停一下，等待新的医疗技术的诞生。

来自哥伦比亚的神秘访客

一位来自哥伦比亚的神秘访客，身上藏有治疗阿尔茨海默病的秘密。

2016 年的某一天，一位 73 岁的哥伦比亚老奶奶从麦德林飞抵美国波士顿，一下飞机就被接进了麻省总医院，接受全方位的身体检查，似乎她身上隐藏了某个惊天大秘密。

三年之后，也就是 2019 年 11 月 4 日，一篇发表在《自然 / 医学》分册上的论文揭开了这个秘密。原来，这位老奶奶来自一个在医学界非常有名的大家族，这个家族一共有6000 多人，其成员带有一个极其罕见的 PSEN 1 基因，这个基因编码的蛋白质名叫"早老蛋白 –1"，它会让携带者从40 多岁开始就患上阿尔茨海默病。这种病通常并没有很强的遗传因子，这个基因是罕见的例外，因此这个家族一直被科学家当作重点来研究，希望能从中找到治疗的方法。

这个家族的秘密早在几十年前就被发现了，并不稀奇。但这位老奶奶太奇怪了，她虽然也携带有这个"早老"基因，但她直到 73 岁时仍然头脑清醒，毫无发病的征兆。这件事传到美国后，立刻引起了科学家们的极大兴趣，大家都想知道她身上到底有何特质，竟然保护了她30多年？

体检结果显示，她的大脑里充满了β-淀粉样蛋白（β-Amyloid，以下简称Aβ）。负责检查她的医生甚至表示，这是她见到过的Aβ堆积最严重的病例。熟悉阿尔茨海默病的人都知道，Aβ是这个病最显著的解剖学特征，甚至一度被认为是该病最主要的病因。但是迄今为止已有200多种专门针对它的新药研发宣告失败，成百上千亿美元的研发经费打了水漂，因此科学界开始怀疑Aβ的真正作用。这位老奶奶的案例似乎从另一个侧面证明光有Aβ还不足以致病，应该还有其他因素在作怪。

进一步研究显示，这位老奶奶携带有一种极其罕见的"基督城"（Christchurch）基因突变，这个突变是1987年在新西兰的基督城首先被发现的，故得此名。该基因突变的出现频率更低，所以即使带有这个突变的人往往也只有一个拷贝。但这位老奶奶幸运地带有两个拷贝，这就把该突变的效力充分发挥了出来，其结果就是她大脑内的tau蛋白含量特别低。这个tau蛋白是阿尔茨海默病的另一个重要标志物，这个例子似乎说明tau蛋白同样可能是阿尔茨海默病的病因。

更让人激动的是，这个"基督城"突变位于APOE基因内，这个基因负责编码一种载脂蛋白，此前已被证明和很多老年疾病有关联，其中就包括阿尔茨海默病。该基因有三种主要形式，APOE2能够降低阿尔茨海默病的发病率，

APOE4 会增加发病率，APOE3 则呈中性。老奶奶携带的是两个 APOE3 基因，照理说不会对发病率有任何影响，但她碰巧在这两个 APOE3 基因上都附带了一个"基督城"突变，这才侥幸成为那个大家族里唯一幸运的人。

APOE 基因曾经也是制药厂关注的重点，但因为这个基因的主要作用似乎就是减少 Aβ，所以当以 Aβ 为靶点的新药研发纷纷失败后，大家也就不再对 APOE 感兴趣了。这位老奶奶的案例让大家重拾旧爱，已经有不少科学家表示将会重新开始研究 APOE 和阿尔茨海默病之间的关系，希望能复制老奶奶身上发生的奇迹，找到新的治疗方案。

这个案例清楚地表明，我们对于阿尔茨海默病的发病机理仍然有很多不清楚的地方，这才需要从真实病例中寻找线索，兴许这位神秘的哥伦比亚老奶奶真的能起到很大作用呢。

和癌细胞共存亡

从进化论的角度探讨一种全新的抗癌
策略。

种过地的人都知道，病虫害的发生几乎是不可避免的，必须打药。打过药的人都知道，无论你打的是化学农药还是有机农药，害虫最终都会产生抗药性，逼得你必须换药，否则根本防不住。同理，用过抗生素的人都知道，无论你用的抗生素多么先进，病菌早晚都会产生抗药性。一旦发生这种情况，这个抗生素就没用了，必须另换一种。

为了解决这个问题，聪明的农民会在田里留一小块不打药的区域，称之为"避难所"，躲在里面的害虫接触不到农药，所以它们当中的绝大部分个体都是没有抗性的。一旦停止打药，害虫们会以避难所为根据地，逐渐向外扩散，但此时农药仍然有效，一旦情势不对，农民只要再打一次农药就可以控制疫情了。

医生也会尽量避免滥用抗生素，降低抗药性出现的速度。一般情况下，具备抗药性的病菌的繁殖速度往往比没有抗药性的病菌要来得低一些，因此只要停止用药一段时间，不具备抗药性的病菌很快就会占据上风，把抗药菌压下去。此时再用抗生素，仍然可以药到病除。

以上这两个案例的理论依据是一样的，都是达尔文的进化论。根据这个伟大的理论，任何生物的任何一种性状都会影响其适应性，适应性差的会被大自然淘汰，适应性强的会成为赢家，并把这个新性状通过基因的形式传递给下一代。换句话说，基因本身没有好坏之分，但基因的环境适应性有强弱之别。评价一个基因的优劣，必须把它放在特定的环境里研究才有意义。

进化论在生物界具有普世价值，癌细胞自然也不例外。评价一个癌细胞致癌性的强弱，必须把它放在自己所处的微环境里才能得出可靠的结论。这个微环境的主体部分就是占人体大多数的健康细胞，癌细胞必须和这些健康细胞竞争有限的资源。如果一个人年轻力壮，身体没什么大毛病，癌细胞通常是竞争不过的，只有当一个人的身体处于不健康的状态，比如因炎症反应导致组织受损，或者因为年纪过大导致健康细胞活力下降，癌细胞才会脱颖而出，变成癌症。

这套理论被称为"适应性肿瘤生成理论"（Adaptive Oncogenesis），美国科罗拉多大学医学院的詹姆斯·迪格雷戈里（James DeGregori）教授和佛罗里达墨菲特癌症治疗中心的罗伯特·加藤比（Robert Gatenby）医生是该理论的两位代表性人物。他俩在 2019 年 8 月出版的《科学美国人》杂志上撰写了一篇综述，向读者介绍了这个理论的一些基本要素，并提出了一个全新的抗癌策略。

在他俩看来，传统的治疗方案都会使用病人可以忍受的最大剂量，力求把癌细胞斩尽杀绝，但这个目标是不现实的，其结果往往会导致健康细胞大量受损，同时侥幸活下来的癌细胞则进化出了抗药性，原先的抗癌药就不管用了。两人设计了一套全新的治疗方案，用低于常规剂量的抗癌药物把肿瘤组织控制住就可以了。此时的病人是和癌细胞共存的，但这些癌细胞中的绝大多数都没有抗药性，同一款抗癌药物可以使用更长的时间。

两人招募了18名癌细胞已经扩散至全身的前列腺癌症患者，只用40%的剂量进行治疗。这类病人在常规治疗下平均只能活13个月，新方案至少已经实施了34个月，其中的11名病人依然活着。

被放弃的"神药"

一种有可能预防阿尔茨海默病的新药被
药企束之高阁，原因何在？

美国《华盛顿邮报》上个月刊登了一篇调查报道，称国际制药业巨头辉瑞公司故意隐瞒了一种"神药"的实验数据，因为这种药的专利快到期了，即使研制成功也挣不到什么钱。

事实真的如此吗？让我们从头讲起。此药的中文药品名称为依那西普（Etanercept），是辉瑞公司旗下的一款用于治疗风湿性关节炎的药物，专利确实快到期了。2015年，辉瑞公司的几名研究人员在分析健康保险公司提供的一份报告时发现，使用依那西普的关节炎患者当中得阿尔茨海默病的概率要比不使用依那西普的对照组低64%，看上去效果相当显著。

但是，不知什么原因，辉瑞并没有公开发表这一数据，也没有继续研究下去。针对《华盛顿邮报》的指责，辉瑞回应称公司高层仔细研究了来自保险公司的数据，认为那个数据的显著性并不突出，药效机理也不甚明确，再加上这种药无法通过血脑屏障的阻挡，进不了脑组织，因此也就很难影响到大脑细胞，研发难度太大，成功的概率很低，不值得继续在它上面花钱了。换句话说，辉瑞认为当初他们放弃这个"神药"的原因纯粹是基于科学的，与专利到期与否无关。

熟悉欧美药物专利机制的人都知道，辉瑞关于专利的解释是有道理的。欧美新药的专利保护期是二十年，扣除新药研发所需要的时间，实际能够赚钱的时间通常不到十年。为了多赚点钱，专利到期后制药厂经常会在原有的分子结构基础上稍加变化，重新申请新专利，希望能多保护一段时间。这种做法已成行业惯例，成功概率很高。如果是像依那西普这样，连适应证都变了，那么重新申请新的专利保护应该是一件很容易的事情。

那么，辉瑞关于该药作用机理的怀疑有道理吗？答案是不确定。依那西普本质上是一种肿瘤坏死因子（TNF）拮抗剂，后者是一种信号分子，当人体细胞在发现敌情时就会释放 TNF，启动炎症反应，动员免疫系统杀死来犯之敌。但有时免疫系统会认错人，攻击自身器官和组织，风湿性关节炎就是这样一种自体免疫性疾病。依那西普通过与 TNF 相结合，抑制了免疫系统的活性，从而减轻了关节炎的症状。

阿尔茨海默病是一种神经退行性疾病，此前一直被认为和淀粉样蛋白在脑部的异常堆积有关。但根据这一正统理论设计的新药无一例外全部以失败告终，逼得科学家不得不开始重新考虑新的致病机理，慢性免炎症反应就是其中之一，所以依那西普确实是有潜力的。至于说血脑屏障的问题，来自美国约翰·霍普金斯大学药学系的助理教授基南·沃克（Keenan Walker）相信是可以克服的。TNF能够改变另外一些体积更小的信号分子的活性，从而间接地影响颅内的炎症反应，因此沃克认为辉瑞确实应该公开这一数据，起码可以给药物研发人员提供新的信息。

不过，如果我们再深入考察一下阿尔茨海默病的药物研发现状，不难发现辉瑞也有自己的苦衷。科学界很早就有人怀疑炎症反应是致病因素之一，论文检索可以发现很多关于这一理论的研究论文。事实上，此前早已有人发现依那西普有可能对预防疾病有帮助，即使辉瑞不公开数据，业内人士也早就知道了。相关研究也一直有人在做，可惜成功概率为零，无数人力物力打了水漂。

更糟糕的是，阿尔茨海默病是一种慢性病，任何临床试验都需要坚持数年才能看到结果，这就进一步增加了新药的研发成本，即使像辉瑞这样的跨国药企也吃不消了。所有这些因素加在一起，促使辉瑞早在2018年初就宣布彻底关闭了神经疾病的新药研发，不再在这一领域发力了。

这一案例告诉我们，很多时候，一种病之所以成为疑难杂症，并不光是因为这个病的机理有多复杂，而是因为这个病不适合进行人体试验，研究成本太高。要想解决这类问题，必须从根本上改变现有的新药研发体制才行，比如由政府出资，动用国家的力量集体攻关。

多动症患者达·芬奇

达·芬奇很可能患有多动症，这就解释
了他的创造力为何如此之强。

达·芬奇是个百年不遇的旷世奇才。他虽然只活了 67
岁，却在数学、物理学、天文学、气象学、建筑学、工程
学、医学和绘画等领域都做出了划时代的贡献，一辈子活出
了别人几辈子的精彩。

一个人精通一样事情并不难，难的是同时在好多个不同
的领域都有创新。达·芬奇是如何做到这一点的呢？英国伦
敦国王学院的心理学教授马可·卡塔尼（Marco Catani）提
出了自己的解释。他和同事们在 2019 年 5 月 23 日出版的
《大脑》（Brain）杂志上发表了一篇论文，认为达·芬奇患
有多动症，而这就是达·芬奇如此多才多艺的原因。

多动症全称叫作"注意缺陷多动障碍"（Attention Deficit
Hyperactivity Disorder，以下简称 ADHD），其症状从这个拗
口的病名就可以猜个八九不离十了。大部分人都习惯于把这
个病和儿童联系起来，认为只有小孩子才会得 ADHD，长大
后自然就好了。但事实上这个病可以一直延续到成年，很多

人甚至一辈子都逃不开 ADHD 的掌心。

问题在于，达·芬奇已经去世五百年了，卡塔尼教授是如何做出这个诊断的呢？答案就藏在达·芬奇的生活细节里。卡塔尼教授收集了达·芬奇的亲朋好友留下的很多记录，发现他有三个生活习惯与 ADHD 的经典症状非常吻合。

第一，达·芬奇有严重的拖延症，经常把他的雇主拖得痛不欲生。比如那幅著名的《蒙娜丽莎》画了十六年才画好，《最后的晚餐》虽然只用了三年，但那本来就是一幅湿壁画，需要画家在新粉刷的石灰墙壁上快速作画，湿石灰一旦干了就画不上去了。达·芬奇似乎知道自己有拖延症，想尽了各种办法试图绕过这一限制，比如改进颜料成分等，可惜效果不佳，导致这幅名画后来褪色严重，成为一大遗憾。当然了，拖延症的原因不是达·芬奇懒，而是因为他的注意力太不集中了，经常会被其他兴趣分了心，而这就是典型的注意力缺陷症状。

第二，达·芬奇患有严重的失眠症，喜欢在夜里工作，白天则间歇性地补觉，这也是 ADHD 患者的一大通病。不少传记作家把达·芬奇描绘成不被同时代人接受的孤独天才，但卡塔尼教授认为真正的原因在于他的这种不规律的作息方式导致没人愿意和他一起工作，大家讨厌的只是他的缺乏纪律性，而不是他的作品。

第三，达·芬奇在 65 岁时左脑中风，却丝毫没有影响他的语言功能，这说明达·芬奇的语言中枢位于右脑，这样的人在普通人群中所占的比例不到 5%。再加上达·芬奇是个左撇子，年轻时患有阅读障碍（dyslexia），他的笔记字迹潦草，充满了拼写错误……所有这些特征都和 ADHD 相吻合。

基于上述这三大原因，卡塔尼教授坚信达·芬奇就是一名 ADHD 患者。

在大多数人眼里，ADHD 一直被认为是一种心理疾病，需要治疗。但心理学家的研究表明，在某些特定的情况下，ADHD 反而有助于提高创造力，因为创新最需要的就是发散性思维，即从多个角度思考同一件事情的能力，ADHD 患者恰好在这个方面有着明显的优势。

美国密歇根大学的心理学家霍丽·怀特（Holly White）曾经招募了一批大学生志愿者做过几个小实验，其中一半的志愿者患有不同程度的 ADHD。研究结果表明，ADHD 患者不但思维比常人更加发散，而且非常善于打破常规，摆脱现有规则的限制。比如，怀特要求这些志愿者画出外星球上的水果，ADHD 志愿者的想象力明显更加开放，他们会把一些地球水果不太可能有的性状强加到外星水果身上，比如让水果长出天线、伸出舌头，甚至拥有一对锤子。

发散性思维和打破常规是创造力的两个重要特征，也许正是因为身患 ADHD，达·芬奇才成为一代奇才，在很多不同的领域都做出了划时代的贡献。

帕金森病的味道

···

不同的病有不同的味道，就连帕金森病
也不例外。

乔伊·米尔内（Joy Milne）是一家英国医院的护士，她天生嗅觉灵敏，经常能闻出别人闻不到的气味。1976年的某一天，她突然闻到丈夫莱斯（Les）身上冒出一股独特的味道，有点像麝香，但又不完全一样。此后这股味道越来越重，但她并没有放在心上，因为生活中类似的事情经常发生，她早已习惯了。

十二年后，莱斯不幸被诊断出患了帕金森病。这是一种常见的神经退行性疾病，病人会出现四肢震颤、肌肉僵硬、动作迟缓和说话口齿不清等症状，严重的会导致死亡。为了更好地应对这个病，米尔内夫妇俩加入了一个病友互助组，大家互相交流抗病心得。在参加了几次这样的聚会后，乔伊发现这个组的所有病人身上都能闻到那股独特的麝香味，健康人身上则没有。但那时的她仍然没有意识到这件事背后的真正含义，觉得这可能只是一个巧合而已。

又过了几年，乔伊在一次闲谈时把这件事告诉了曼彻斯特大学的一位帕金森病研究专家帕蒂塔·巴伦（Perdita Barran），后者立刻来了兴趣，并决定当场做个小测验。他找来几件帕金森病患者穿过的 T 恤衫，又找来几件健康人的 T 恤衫，一字排开让乔伊闻，结果乔伊正确地闻出了所有患者的 T 恤衫，健康人的 T 恤衫则大都没有那种味道，只有一件除外。

如此高的正确率足以让巴伦警觉起来，没想到八个月之后，那件被闻出味道的"健康"T 恤衫的主人也被诊断出了帕金森病！这下巴伦再也不能置之不理了。他意识到，如果乔伊真的能闻出帕金森病患者的味道，那么仪器肯定也能。这样一来，科学家就可以开发出一种专门针对挥发性有机化合物（volatile organic compounds，简称 VOC）的诊断法，及早地发现病情。

说到闻香识病，人类很早就知道很多病都会带有某种特殊的气味。其中最著名的案例就是糖尿病，患者的尿液因为含糖量高，会散发出一种独特的味道。除此之外，还有一些消化系统疾病和传染病的患者会散发出特有的味道，这些病和新陈代谢的过程有关，所以都比较容易理解。但在乔伊之前，尚未有任何一种神经系统疾病是会让患者散发特殊气味的。为了谨慎起见，巴伦联系了曼彻斯特大学的几位化学家，大家一起来攻关。

在乔伊的帮助下，科学家们首先搞清了味道的来源，不是腋窝或者口腔这些常见的地方，而是后背上部和额头。这两个地方的皮脂腺最发达，分泌的皮脂具有保湿的作用。这个发现一点也不奇怪，因为皮脂溢是帕金森病的诸多症状之一。这种病的病因尚不清楚，可能与皮脂的不正常溢出或者神经递质异常有关。

问题在于，皮脂腺分泌的皮脂当中含有上千种 VOC，到底哪种和帕金森病有关呢？要想回答这个问题，必须请化学家登场。他们把收集到的皮脂在试管里加热，让挥发气体通过气相色谱仪和质谱仪，测出了其中含有的每一种成分以及各个成分的含量。只要把病人和健康人做个对比，就可以知道帕金森病患者到底有哪些 VOC 成分发生了变化。

但是，发生变化的挥发性化合物种类仍然很多，于是科学家只能再次请乔伊出山，让她用鼻子一个组合一个组合地挨个儿闻。一番试验之后，科学家们发现有四种化合物与患者身上那股特殊的麝香气味有关联，其中二十碳烷（eicosane）、马尿酸（hippuric acid）和十八醛（octadecanal）的含量在病人身上增加了，紫苏乙醛（perillic aldehyde）则下降了。

科学家们将研究结果写成论文，发表在 2019 年 4 月 24 日出版的《美国化学学会中心科学》（*ACS Central Science*）期刊上。接下来，他们将会在更多的志愿者身上做测试，看看到底能否通过气味分析法预测帕金森病。与此同时，这位天赋异禀的乔伊仍将继续和这个团队合作，科学家们想看看她能否闻出癌症和结核病。

阿司匹林走下神坛

阿司匹林曾经被誉为"宇宙第一神药"，
但新的研究对它的神药地位发起了挑战。

每年的 3 月 24 日是"世界防治结核病日"，今年的这一天，国外媒体曝出一条新闻，称澳大利亚科学家发现阿司匹林能够用来对付耐药结核菌。

阿司匹林学名"乙酰水杨酸"，主要功能是止疼消炎，怎么和结核病发生关系了呢？原来，澳大利亚"百年研究院"（Centenary Institute）的科学家偶然发现结核菌的入侵部位会有血小板的异常堆积，于是他们利用荧光显微镜观察感染处的细微结构，发现结核菌会诱使血小板发生凝结，然后自己藏身在凝结的血小板中间，以此来躲过免疫系统的攻击。正常情况下，抗生素足以对付普通的结核菌，但有些结核菌产生了耐药性，抗生素就不管用了，只能想办法溶解血小板，释放出躲在里面的结核菌，然后利用人体自身的免疫系统杀死它们。

阿司匹林除了止疼消炎之外，还有抗凝血的功效，于是研究人员尝试利用阿司匹林来对付耐药结核菌，发现真的管用。

这篇论文发表在 2019 年 3 月 16 日出版的《传染病杂志》(*The Journal of Infectious Diseases*)上，成为 6 万多篇涉及阿司匹林的论文之一。这还只是论文检索系统 PubMed 所能检索到的论文数量，没被收录进这个系统的论文估计还有更多。事实上，这个检索系统平均每天都会收录四篇关于阿司匹林的论文，这种药不愧是宇宙第一神药，好多病都能和它扯上关系，所以全世界有无数实验室在研究它。

为什么会这样呢？答案很可能和它的消炎功能有关。已知包括心血管疾病和癌症在内的很多慢性病都和炎症反应有关联，阿司匹林通过其消炎功能间接地减少了这些慢性病的发病率，这大概就是它成为"万能药"的主要原因。除此之外，阿司匹林的抗凝血功能也是很多中老年人所急需的，因为血液凝结是导致心脏病的罪魁祸首之一。

由于这两个原因，很多国家的医疗机构都曾经建议中老年人每天吃一片阿司匹林，以此来预防心血管疾病。

这些来自官方医疗机构的建议直接导致了阿司匹林使用量的激增。据统计，目前地球人平均每年都要吃掉 4 万多吨阿司匹林，大约相当于 1000 亿片。因为这种药早就过了专利保护期，所以价格跌到了谷底。一片阿司匹林药片在发展中国家的均价不会超过 1 美分，发达国家最多也不会超过 1 美元，即使穷人也吃得起。

就这样，阿司匹林成了很多人的床头药。美国 45 岁以上的中老年人当中有一半人每天都要吃上一片，中国的这个数字要低很多，但大城市里也有越来越多的人养成了每天吃一片阿司匹林的习惯。

但是，阿司匹林的好日子似乎就要到头了。美国心脏病协会等数家官方医疗机构于2019年3月17日共同发布了一份报告，不再建议没有心脏病史的健康中老年人每天吃阿司匹林药片了，因为这么做的坏处大于好处。

原来，阿司匹林有一个致命的副作用，那就是会导致一部分人内出血。仅凭目前的医疗技术很难准确预判到底哪些人会内出血，所以服用阿司匹林会让一部分人得不偿失，不能轻易地推荐给所有人。

为了评估阿司匹林的整体功效，一大批研究机构在各自的国家进行了一系列针对普通民众的随机对照研究。最近几年这些研究陆续出了结果，2018年3月24日出版的《新英格兰医学杂志》连发三篇相关论文，一共涉及来自八个国家的4.6万名中老年志愿者，结果证明每天一片阿司匹林的综合效益不大，害处却不小。

美国食品药品监督管理局（FDA）在综合了所有相关研究结果之后，更新了自己的健康指南，不再提倡普通民众每天服用阿司匹林了。

这个案例告诉我们，对于任何一种药物，无论理论上有多么靠谱，都必须进行临床试验才能做出准确的判断，高质量的科研数据拥有一票否决权。

需要补充的是，这并不等于说阿司匹林从此就彻底没用了。事实上，如果你曾经得过心脏病、做过开心手术或者安装过支架，同时又因为各种原因没办法很好地控制自己的胆固醇水平，那么阿司匹林可以救你一命。

不刷牙就变傻？

最新研究表明，牙周炎很可能是导致阿
尔茨海默病的元凶。

不久前，一篇名为《牙周炎细菌导致阿尔茨海默病实锤！》的文章刷爆了朋友圈，文章称美国科学家证明导致牙周炎的牙龈卟啉菌（*Porphyromonas gingivalis*）才是阿尔茨海默病的罪魁祸首。因为牙周炎常常出现在不注意口腔卫生的人群当中，所以这个发现可以简单地理解为"不刷牙就变傻"。

这个结论听上去似乎很荒谬，但其实确有其事。这篇论文发表在 2019 年 1 月 23 日出版的《科学进展》杂志上，作者为旧金山一家小型生物技术公司的几名科学家。这本杂志是著名的《科学》杂志的子刊，水准还算不错。这家公司则是专门为研发抗阿尔茨海默病药物而成立的，创始人史蒂芬·多米尼（Stephen Dominy）博士早在 20 世纪 90 年代就怀疑阿尔茨海默病有可能和传染病有关，但他当时关注的是病毒。后来他注意到牙周炎和阿尔茨海默病之间有某种关联，遂把注意力转移到了牙龈卟啉菌上。

问题在于，此前人们普遍认为大部分阿尔茨海默病患者都无法做到每天认真刷牙，所以牙周炎是果而不是因。但多米尼博士不信邪，他分析了几位患者的脑组织，从中发现了牙龈卟啉菌的 DNA，他预感到这项发现相当重要，便立即联系了一位风险投资人，联手成立了这家公司，投入重金研究牙周炎和阿尔茨海默病之间的关系。上面提到的那篇论文是该公司投下的第一枚重磅炸弹，被国内外数家知名的科普杂志报道后迅速引爆了社交媒体圈。

那么，这个结论真的可靠吗？那要看你从哪个角度来解读它。熟悉阿尔茨海默病的人都知道，这个病属于医学界著名的疑难杂症，迄今为止尚无解药，原因就在于发病机理尚不明确。传统观点认为阿尔茨海默病和两种蛋白质（β－淀粉样蛋白和 tau 蛋白）在脑组织内部的不正常堆积有关，但针对这两种蛋白质的药物研发全都失败了，于是近年来不断有人提出新的理论，试图找到真正的病因。

比如，有人认为这是一种遗传病，是人类进化出高级智慧的副产品；有人认为此病和免疫系统有关，是慢性炎症反应所导致的；甚至还有人推导出了一个与前文相反的结论，认为此病源于现代人的生活环境太干净了，导致过分活跃的免疫系统误伤了神经细胞！

所有这些新理论当中，感染假说占了大头，但到底是哪种病原体感染导致发病，大家意见不一，加起来可能有十几种之多。这样算下来，目前关于阿尔茨海默病的发病原因至少有几十种新假说，每一种假说都号称自己有充足的证据，可惜目前没有一种假说被主流科学界所公认。

就拿这篇论文来说，虽然多米尼博士证明阿尔茨海默病人脑组织内可以找到牙龈卟啉菌的 DNA，而健康人大脑内虽然也能找到这种病菌的踪迹，但含量要比患者少很多。但他并没能证明这种病菌到底是引发疾病的原因，还是因为患病而导致这种病菌更容易入侵脑组织。

多米尼博士还在小鼠身上做了实验，想办法让实验小鼠患上牙周炎，之后果然在它们的脑组织内发现了牙龈卟啉菌和 β－淀粉样蛋白的不正常堆积，但小鼠毕竟不是人，两者之间并不能完全画等号。

这项研究最有价值的地方是多米尼博士对阿尔茨海默病的分子机理的探讨。他从患者脑组织中找到了牙龈卟啉菌分泌的牙龈蛋白酶，发现它能够降解 tau 蛋白，而 β－淀粉样蛋白则是一种抗菌素，能够阻止牙龈卟啉菌的繁殖和扩散，所以这个病很可能是牙龈蛋白酶进入大脑后引发的一连串应激反应。这个理论虽然听上去很有道理，但仍然缺乏过硬的证据，有待进一步检验。

既然如此，为什么那么多专业的科普媒体都宣称"实锤"了呢？原因就在于即使将来证明这个假说错了，刷牙也对健康有天大的好处。无数研究证明，牙周炎会导致慢性炎症反应，对于心血管系统的健康有极大的危害，这个是真的实锤。所以，对于普通读者来说，无论这个假说是对是错，如果能借机让大家养成每天刷两次牙的习惯，对健康肯定是有好处的。

电脑相面

电脑相面曾经红极一时，但早期的这类
服务都是骗人的。随着深度学习算法的
应用，电脑相面摇身一变，有望成为医
生们的可靠帮手。

年纪大一点的读者肯定都记得美国女排曾经有位名叫海曼的主攻手，当年可以算是郎平的主要竞争对手，可惜她在参加一场国际比赛时突发心脏病，死时才 31 岁。尸体解剖发现她死于马凡氏综合征（Marfan Syndrome，以下简称MFS），这是一种罕见的遗传病，病人的结缔组织发育异常，导致心脏瓣膜和主动脉壁极易破损，很容易导致心脏病。

这种病是可以治疗的，如果能早点发现的话，海曼本可以活得更长，甚至还能继续打球。美国篮球运动员以赛亚·奥斯汀（Isaiah Austin）就是个好例子。他是贝勒大学的篮球明星，本来打算参加 2014 年的美职篮（NBA）选秀，但在选秀前的例行体检中被查出患上了 MFS，没有球队敢要他了。但他没有放弃努力，积极接受治疗，效果良好，目前正在中国篮球职业联赛（CBA）中效力。

那么，MFS 有可能提早发现吗？已知这种病的患者通常四肢细长，上半身比下身还要长，手指和脚趾更是比普通人要长很多。问题在于，并不是所有四肢修长的人都是 MFS 患者，患者在发病前也没有其他明显症状，只有那些对这种病非常有经验的医生才能做出可靠的诊断。可惜这种病属于罕见病，大部分普通的门诊医生对 MFS 都缺乏了解，这就是为什么像海曼和奥斯汀这样的著名运动员都没能及时地诊断出来。

2010 年，几位美国儿科医生决定试试相面，看看能不能通过面相特征做出初步的诊断。已知 MFS 患者通常都是瘦长脸，同时还具有眼球内陷、下颚后缩和颧骨发育不良等面部特征，有经验的医生能够综合上述特征，做出自己的判断。于是他们找来 76 位 MFS 病人，每人各照两张照片。一张正脸一张侧脸，然后和同样年龄、同样性别的健康人混在一起让医生做判断，结果发现医生们是能够仅凭相面来做出诊断的，准确率为 73%。这个数字虽然不够高，但作为初步诊断还是可行的。要知道，收集中小学生的证件照要比医生们去各个学校当面检查容易得多，如果能通过这些照片快速做出初步筛查，然后再通过详细的检测加以确诊，就能大大提高筛查的效率，提早发现隐患。

但是，此法毕竟还是要靠人眼来判断，效率和可靠性都很成问题。能不能训练电脑来做这件事呢？答案是肯定的。波士顿一家名为 FDNA 的小公司专注于训练电脑做诊断，他们设计了一套基于深度学习的 AI 算法，然后用这套算法试了两种相对容易的罕见遗传病，发现电脑完全可以胜任这份工作。

这两种遗传病分别为德朗热综合征（Cornelia de Lange Syndrome）和天使综合征（Angelman Syndrome），都有相当明显的面部特征。前者包括连体眉、短鼻子、长人中和鼻孔前倾等特征，后者则天生一张"笑脸"，让人感觉他总是在笑（所以又名"快乐木偶综合征"）。

初战告捷后，研究人员又把1.7万张照片输入电脑，训练电脑识别216种不同的罕见遗传病，发现电脑检测的准确性大约为65%。如果再加上一些其他限制条件的话，准确性可以提高到90%左右。

研究人员将结果写成论文，发表在2019年1月7日出版的《自然/医学》分册上，立刻引来了媒体的广泛关注。该公司首席技术官亚龙·古罗维奇（Yaron Gurovich）博士表示，这项技术的改进空间很大，关键就是缺乏数据。于是该公司设计了一款智能手机APP供医生们免费下载，这款名为Face2Gene的APP一方面可以帮助医生做出诊断，另一方面可以收集医生们上传的患者面部照片，扩增数据库。据说目前该公司已经收集到了15万张儿童面部照片，这些新数据极大地提高了电脑诊断的准确率。就在最近的一次非正式对比测试中，电脑医生已经胜过了真人医生。

这个方法的好处是显而易见的，也许未来电脑相面真的能够成为一项有科学根据的医疗服务。

不认路的人请当心

如果有一天你突然发现自己不认路了，
请当心，因为这很可能是阿尔茨海默病
的前兆。

阿尔茨海默病是一种较为常见的神经系统退行性疾病。最近有三个关于这个病的新闻很有意思，值得细说。

第一个新闻听上去很惊悚，但目前看来普通人似乎还不用担心。来自伦敦大学学院（UCL）的科学家在2018年12月13日出版的《自然》杂志上刊登了一篇论文，证明阿尔茨海默病可以通过脑科手术传染给健康人。

众所周知，乙型淀粉样蛋白（Amyloid-beta）是阿尔茨海默病特有的一种生化指标。这种蛋白质和导致疯牛病的蛋白质一样都具有一定的传染性，科学术语称之为朊病毒。它们就像种子一样，一旦进入人体就会逐渐扩增，最终让感染者得病。

科学家发现，乙型淀粉样蛋白非常顽强，一旦在手术刀上就很难被清洗掉，此前常用的消毒措施也无法将它们全部清除干净，因此这种蛋白质很有可能通过脑科手术的方式在人群中传播。研究人员拿小鼠做了实验，证明这个猜想是正确的。

幸运的是，目前尚无证据表明输血会导致传染，但因为阿尔茨海默病的潜伏期非常长，现有数据不足以完全排除其可能性，我们只能拭目以待。

第二个新闻听上去似乎无关紧要，但其实非常重要，甚至被一些科学家认为是神经科学领域的里程碑事件。美国圣地亚哥一家私人研究所的科学家在 2018 年 11 月 21 日出版的《自然》杂志上发表了一篇论文，首次证实脑神经细胞会发生基因重组，阿尔茨海默病很可能就是这个原因导致的。

基因重组不是个陌生的概念，但自然界的基因重组大都发生在有性生殖阶段，比如我们的精子和卵子在生成之前都会发生基因重组，通过这种方式把原有的基因结构进行一次"洗牌"，以此来增加后代的遗传多样性。我们的免疫细胞也会发生基因重组，比如 B 淋巴细胞就是通过这个办法生产出各式各样的抗体的。除了上述情况外，体细胞重组（somatic recombination）极少在其他体细胞中见到。

这一次，科学家通过对阿尔茨海默病患者的研究，发现他们的脑神经细胞内有一种 APP 基因发生了古怪的变异，其活性成倍增加。这个 APP 基因负责编码乙型淀粉样蛋白的前体，因此这个基因变异很可能就是阿尔茨海默病的罪魁祸首。进一步研究显示，这种基因变异是通过体细胞重组来实现的，而且这一过程广泛存在于脑神经细胞之中，因此这一发现不但为预防阿尔茨海默病提供了一个新思路，还有可能从另一个角度解释学习和记忆等高级思维过程都是如何发生的。换句话说，阿尔茨海默病很可能是人类进化出高级思维之后的一个副产品。

第三个新闻听起来很搞笑，但很有可能成为预防阿尔茨海默病的利器。通常情况下，任何一种慢性病都是越早发现越好，阿尔茨海默病当然也不例外。此前大部分科学家都认为记忆力丧失是阿尔茨海默病的早期诊断指标，但来自剑桥大学的几位科学家发现，有一种症状出现得比失忆更早，这就是空间感的丧失。空间感是一种很特殊的能力，它是可以被量化的。人与人之间的空间感差别很大，这就是为什么有的人无论去哪里都能够很快搞清自己的相对位置，有的人却连自己的家都经常找不到。

研究显示，空间感是由大脑内一种名为内嗅皮质（entorhinal cortex）的特殊结构负责的，这种结构很可能是阿尔茨海默病最早入侵的脑组织之一，这就是认路能力的丧失可以作为这种病的预警信号的原因。

这几位剑桥科学家早在三年前就设计了一个电脑测试程序，可以测出一个人认路能力的高低。最近他们又设计出了一种基于虚拟现实（VR）技术的测试程序，可以更加准确地判断一个人的认路能力。据《卫报》报道，他们刚刚完成了志愿者的招募工作，即将开展这方面的研究。不过因为这种病的潜伏期太长了，我们还需等待一段时间才能知道结果。在此之前，如果你突然发现自己不认路了，请当心。

癌症的黄金测试

澳大利亚科学家报告了一个既廉价又快速的癌症早期筛查方法，有望改变癌症治疗的格局。

想象一下，在未来的某一天，老张去超市买东西，看到一款癌症测试盒正在搞促销，打完折也就300多块钱，老张顺手把它放进了购物车。回家后，老张打开测试盒，取出一根无菌针头，在消过毒的小指上扎了一下，挤出一小滴血，然后按照说明书上的指示将这滴血进行了简单的处理，再注入一根装有粉红色液体的试管内，摇晃了几下将其混匀。10分钟后，老张拿出那根试管，发现颜色没有改变，依然是粉红色的。老张立即拿起电话，预约了一个癌症早期筛查门诊，结果表明他的肝部出现了癌变。所幸发现得早，肿瘤体积很小，也没有扩散，医生立即安排手术，几天后老张就痊愈出院了。

这个故事听起来不像是真的，但大家别忘了，验孕纸这玩意儿在出现之前也不像是真的，但如今早已成为某些人的常规操作了。

其实癌症的早期筛查技术早就有了，这就是活组织检测

（活检）。这个方法准确性高，但必须去医院做，相当麻烦，价格也不便宜，所以病人大都是在发现了异常肿块后才会想到去做活检，即使查出来往往也已经迟了。

为了简化程序，有人开发出了一套基于DNA测序的血液癌症筛查法，其背后的逻辑在于血液流遍全身，肯定混有从癌细胞里泄漏出来的DNA，只要DNA测序法足够灵敏，就可以测出其中含有的致癌基因突变。但是，目前已经发现的致癌基因突变有上千种之多，要把它们全都测出来需要一笔不小的费用，普通人是测不起的。于是，澳大利亚昆士兰大学化学系的马特·特劳（Matt Trau）教授决定另辟蹊径，尝试利用DNA修饰方面的差异来鉴别癌细胞。具体来说，DNA分子上连接着很多修饰物，主要成分为甲基，因此DNA修饰通常被称为DNA甲基化（DNA methylation）。这些甲基就像是收音机的音量开关，负责调节每个基因的活性。正常细胞的生长需要精细的调控，所以正常DNA分子上遍布着很多甲基化修饰物，密密麻麻的像根鸡毛掸子。相比之下，癌细胞只有一个目的，那就是自我繁殖，所以癌细胞挟持了健康细胞的甲基化机制，导致其DNA分子上只在某些促进细胞分裂的特殊区域有甲基修饰物，其余部分光秃秃的，看上去很像是那种通水管的刷子，刷毛是一丛一丛间断分布的，丛毛之间是一根光杆。

这两种分子的化学特性是很不相同的，关键是如何找出一种方法简单有效地加以区分。经过一番试验，特劳教授发现金属金能够区分出两者的差别，他只要把微量的金做成纳米颗粒，悬浮在水中，然后把经过简单处理的 DNA 分子加进去就行了。癌症 DNA 和金纳米颗粒的结合不改变颜色，金水仍然呈现出原有的粉红色。如果是正常 DNA，两者之间的结合会把水的颜色变为蓝色，这个变化最多只需 10 分钟就完成了。

特劳教授用这个方法试验了 200 个患有不同癌症的病人，再和健康人对比，发现其灵敏度超过了 90%，即 100 个癌症患者有 90 个可以通过这个方法被筛查出来。这个灵敏度虽然比不上医院的活检，但对于这样一个操作简单、价格低廉的检测方法来说，应该算是相当高了。

特劳教授将研究结果写成论文，发表在 2018 年 12 月 4 日出版的《自然通讯》(*Nature Communications*) 期刊上。当然了，这只是初步研究，距离成为癌症早期筛查的黄金标准还有很长的一段路要走。但从目前的情况看，这个方法很有潜力，如果能通过严格的临床试验检验的话，有望在不远的将来成为癌症早期筛查的重要手段。

有评论认为，此法要想获得成功，最关键的还不是提高灵敏度，而是降低假阳性率。想象一下，如果那位老张本来没有癌症却被查出患癌，白白担惊受怕好几个月，那滋味一定很不好受。更重要的是，如果假阳性率太高的话，将会浪费大量宝贵的医疗资源，这个方法的优势就不存在了。

癌细胞的隐身术

癌细胞进化出了很多种高级隐身术，能够保护自己不被免疫系统发现。

前段时间有篇网文刷了屏，标题大意是说，美国食品药品监督管理局（FDA）刚刚批准了一种新的抗癌药，治愈率高达75%。其实看到这样的标题就根本不用点进去看文章了，因为目前的抗癌技术根本做不到这么高的治愈率。

如果你实在忍不住好奇心点开了文章，你会发现这是一款针对某种特定致癌基因的靶向药。了解癌症机理的人都知道，目前已经发现的致癌基因有将近500个之多，另有将近900个不同的肿瘤抑制基因。也就是说，人体内有大约1400个基因和癌症有关！它们中的任何一个出了差错都有可能导致健康细胞发生癌变，这就是癌症那么难治的主要原因。

通常情况下，一种靶向药只能针对其中的某一个癌基因，适用范围不可能很广。美国FDA批准的这个新药针对的是一种名叫NTRK的基因，而且只针对这个基因的某一类突变，适用范围更是有限。从某种意义上说，这种药甚至可以归到专治罕见病的"孤儿药"范畴里去，这当然也很好，但并不值得我们大惊小怪。

一旦你明白了这个道理，就不难理解为什么几年前刚刚出现的癌症免疫疗法会被视为一场革命了。这个新疗法通过激活人体自身的免疫系统来对付癌症，适用范围大大增加。诺奖委员会之所以这么快就给出大奖，就是因为这是个全新的抗癌思路，克服了癌症靶向治疗精准有余但适用范围不足的缺点。

话虽如此，这几年的实践发现，目前的癌症免疫疗法也仅仅适用于五分之一的癌症病人，其余五分之四都不管用。究其原因，免疫疗法的本质就是揭开癌细胞的伪装，好让免疫系统认出它们。但癌细胞进化出了好多种不同的隐身术，目前的方法只涉及其中的一种而已。

为了找到更好的方法破解癌细胞的隐身术，科学家们需要解放思想，尝试新的领域。就在2018年11月底召开的美国癌症研究协会年会上，一家美国创业公司"盘龙制药"（Palleon Pharmaceuticals）向与会者报告了一种全新的技术，初步实验证明效果不错。这家公司把注意力从细胞表面蛋白受体（比如大名鼎鼎的PD-1）转移到了细胞表面多糖上，这是一类非常复杂的糖分子，就像羊毛一样覆盖在细胞表面。研究人员重点关注了其中一种名为唾液酸（sialic acid）的多糖分子，发现它就像标签，告诉路过的免疫细胞自己是好人，不要对自己发起攻击。

癌细胞表面也有很多唾液酸分子，它们就是依靠这个逃过了免疫细胞的攻击。既然如此，如果能找到一种方法，撕掉这层伪装，就能让免疫细胞发现敌情，进而发动攻击，直到将癌细胞彻底消灭。于是，这家公司研制出了一种酶，能够将癌细胞表面的唾液酸分子消化掉。这就好比说有头披着羊皮的狼混在羊群里面，有人想出办法将这层假羊皮剥掉了，后面的事情就好办多了。

怎么样？这个思路听上去很不错吧？估计此时已经有自媒体公众号开始写文章吹捧了。但实际上，这个思路也有自己的问题。要知道，正常细胞也是靠唾液酸来保护自己的，因此这家公司还必须找到一种癌细胞特有的标记物，将这个标记物和自己研制出来的酶连在一起，才能保证这个酶只作用于癌细胞，而不对正常细胞下手。

换句话说，这个思路相当于把靶向治疗和免疫治疗结合起来，希望能借助免疫系统的强大力量来增加靶向治疗的效果。但这样一来，免疫治疗的广谱性优势就没有了。

为了解决这个问题，该公司的研究人员发明了一个简单的办法，可以很容易地把所需要的任何癌细胞标记物和这个酶连在一起，以此来扩展新药的适用范围。据公司创始人吉姆·布罗德里克（Jim Broderick）博士透露，该公司最早将在 2020 年开始人体试验。但即使试验不成功，这个思路也是值得关注的，因为它提醒科学家注意细胞表面的糖分子标记物，这种堪称"癌细胞隐形衣"的糖分子因为研究难度太大，此前一直未受重视。随着技术手段的进步，这层披在狼身上的羊皮终于到了该脱掉的时候了。

安吉丽娜·朱莉你学不起啊!

大数据不是万能的,乳腺癌防治需要引入新的思路。

好莱坞明星安吉丽娜·朱莉的壮举想必大家都知道了。她有乳腺癌家族史,又通过基因检测查出自己不幸携带了一种强致癌基因,于是她毅然决定去做了乳房切除术,之后又切了卵巢,因为这个基因突变还会增加卵巢癌的风险。

受朱莉的影响力,很多妇女立刻学她的样子去做乳腺癌基因检测,结果却让她们大失所望。虽然有些人确实通过检测发现了乳腺癌基因的异常突变,但医生们却不知道下一步应该怎么做。原来,朱莉携带的那个乳腺癌基因叫作BRCA1,其本身是个很有用的基因,负责编码一种DNA修复酶。如果这个基因出了差错,导致DNA修复机制出了问题,那么乳腺和卵巢细胞就会开始积累基因突变,结果可想而知。

问题在于,BRCA1是个很大的基因,有可能出错的基因位点有好多个,到底哪个才是坏突变呢?这就需要大数据了。要知道,这个致癌基因当初之所以被发现就是拜大数据所赐。研究人员分析了成千上万个乳腺癌患者的基因，发现有很多突变都位于BRCA1基因内，这才终于把BRCA1揪了出来。

根据权威的"美国医学遗传学与基因组学学会"（ACMG）统计，目前已经确认的BRCA1致癌突变一共有60个左右，如果你去做基因检测，发现自己的基因突变是这60个之一，基本上就可以断定你属于乳腺癌高危人群，可以效仿朱莉了。事实上，朱莉携带的那个基因突变不但就在这个范畴之内，而且属于其中最厉害的突变之一，她这才决定立刻动刀，防患于未然。

但是，临床上已经发现的BRCA1基因突变有数千个之多，其中大约2500个属于"疑似有害突变"，也就是说科学家们没有过硬的证据，无法确定它们到底是好是坏，以及危险程度有多大。这种情况会让病人和医生左右为难，切除吧，怕白切了，不切吧，那万一今后得了癌症怪谁呢？

事实上，就在朱莉动手术的第二年，就有四位病人切除乳房后发现她们携带的BRCA1突变是良性的。

解决这个问题有两个办法，其一是增加数据量，争取每一个突变都收集到足够多的病例。但BRCA1的基因突变理论上至少有4000多种可能性，其中肯定有很多基因突变属于罕见突变，其病例数量很难大到足以用来分析其好坏的程度。另一个办法就是把这些基因突变拿到实验室里依次研究一遍，看看它们改变的到底是哪个氨基酸，是否会对DNA

修复酶的正常功能有负面影响。但是，因为缺乏好用的基因编辑工具，这个办法费时费力，几乎不可能完成。好在，几年前一种全新的基因编辑工具CRISPR-Cas9问世了，研究人员如获至宝，纷纷将其运用到基因研究领域当中，其中就包括乳腺癌的基因检测。

格里格·芬得利（Greg Findlay）是美国华盛顿大学医学院的博士生，他在导师杰·申杜雷（Jay Shendure）教授的领导下开发出了一套全新的测试方法，可以在很短的时间里只花少量的钱就把所有可能发生的BRCA1基因突变全都研究一遍。

简单来说，芬得利找到了一株人类细胞系，对BRCA1基因有很强的依赖性。如果该基因的功能稍微有点弱，细胞立刻就长不好了，甚至会很快死亡。他用CRISPR-Cas9工具编辑了该细胞系的BRCA1基因，使得所有可能发生突变的4000个位点全都发生至少一次突变。然后他把这群细胞在适当条件下培养11天，再对BRCA1基因进行定量测序，找出每一种突变的出现频率。凡是出现次数符合预期的基因突变都应该是不会致癌的，出现次数比预期少的突变则很可能是致癌的。

芬得利将研究结果写成论文，发表在2018年9月12日出版的《自然》杂志上。结果显示，运用这项技术筛查出来的恶性乳腺癌基因突变在与已有的临床数据对照时符合率高达96%。

专家们评论说，该项研究成果虽然尚不能立刻用于临床，但潜力巨大，有可能彻底改变癌症基因筛查的格局。更重要的是，这项技术挑战了"大数据"在医学研究领域至高无上的地位，或许今后科学家们可以对基因突变挨个儿进行功能性研究，再也不用仅仅依靠大数据去推测其功效了。

阳光与癌症

半个世纪前发生在旧金山一家实验室的
小事彻底改写了人类的抗癌史。

美剧《绝命律师》（*Better Call Saul*）第四季即将开播，不过观众再也看不到律师吉米的哥哥查克了，因为他得了精神病，在第三季的最后一集放火自杀了。

查克的病很奇怪，只要周围环境里有电磁波，他就会感到浑身不舒服。这个病在欧美国家曾经很流行，但科学家通过一系列双盲实验后发现，这是一种典型的心理癔症，因为普通电器发出的电磁波太弱了，根本无法被人体感知。不过，如果电磁波的能量足够强大，比如太阳发出的紫外线，那么人体是会感觉到它的存在的。

人类对紫外线的耐受力有强有弱，少部分人对这种短波辐射极为敏感，只要在太阳底下待一会儿就会被晒伤，并很容易恶化成为皮肤癌。这种病早在 19 世纪 70 年代就被一名维也纳皮肤科医生描述过，并被命名为"色素性干皮症"（Xeroderma Pigmentosum，以下简称 XP）。不过，由于当时的科学发展水平还很低，XP 的病因在此后将近一个世纪的时间里都没有找到。所幸这种病的发病率很低，平均每100万个人当中只有不到4个病例，所以医学界也没把它太当回事。

1967年，一个名叫詹姆斯·克里夫（James Cleaver）的英国剑桥大学的博士毕业生来到美国加州大学旧金山分校，在该校著名的分子生物学家罗伯特·佩恩特（Robert Painter）的实验室里做博士后。佩恩特刚刚完成了一项非常重要的实验，证明紫外线可以触发哺乳动物细胞的DNA修复机制。这件事如今已经成为科学常识，但在20世纪60年代时还远不是这样。要知道，DNA双螺旋结构是在1953年才被发现的。在那之后的十多年时间里，科学家陆续搞清了DNA复制的基本原理和遗传信息的传递方式，但因为DNA分子太大了，涉及DNA的实验技术发展缓慢，很多基本的事实都还没有搞清楚。

佩恩特设计了一个巧妙的方法，证明了DNA修复机制的存在。他先在培养皿里培养哺乳动物的细胞，然后在培养液里加入用放射性同位素标记过的核苷酸（也就是大家熟悉的ATGC）。之后，他用紫外线照射培养皿一段时间，再把培养液倒掉，测量剩下的细胞里含有的放射性强度，发现比未经紫外线照射的对照组多很多。这个结果证明紫外线促使细胞启动了应急机制，以培养液里含有的放射性核苷酸为原材料，修补了被紫外线破坏的DNA分子。

克里夫博士也对DNA修复感兴趣，所以才会来佩恩特的实验室继续深造。来到美国后不久，克里夫在《旧金山纪事报》上看到一则新闻，说有家实验室发现体外培养的 XP 病人皮肤细胞对紫外线非常敏感，一照就死。克里夫突发奇想，拿着这张报纸找到佩特恩，建议后者利用同样的方法研究一下 XP 病人的皮肤细胞，看看是否还能观察到 DNA 修复过程。佩特恩虽然心存疑虑，但还是同意了克里夫的建议。"你这个想法很疯狂，但不妨试试。"佩特恩对克里夫说，"反正你只是个年轻的博士后，失败了也无所谓。"

克里夫设法找到了几名 XP 病人，从他们身上采集到了皮肤细胞，做了那个实验，结果毫无疑问地证明 XP 病人的皮肤细胞失去了 DNA 修复的能力，这一点很可能就是 XP 病人会得皮肤癌的真正原因。

克里夫把研究结果写成论文，发表在 1968 年 5 月 18 日出版的《自然》杂志上。这篇论文立刻引发了科学界的广泛关注，很多人事后回忆说，正是这篇论文让他们终于坚定地相信，癌症的病因就是基因突变。

从这篇论文开始，很多癌症研究者纷纷把目光转向了基因研究。两年之后，也就是 1970 年，第一个致癌基因就被发现了，癌症的秘密终于大白于天下。

现在想来，1968 年可以被看作现代抗癌史的元年。半个世纪后的今天，不少癌症都已经被攻克，人类不再像五十年前那样谈癌色变了。所有这一切都源于五十年前一家实验室里的灵光一现，基础科学对于医学研究的贡献无论怎么强调都不过分。

血知道

血液流经全身，哪儿出了毛病它都知道。

近日，一名湖南孕妇做了华大基因的无创产前基因检测，结果显示"低风险"，但婴儿出生后却被诊断出患有"13 号染色体长臂缺失综合征"，恐怕这辈子很难像健康人一样生活了。

此事一经披露立刻引发了公众的关注，很多人表达了对这项技术的担忧。其实产前检测和其他任何一项医疗技术一样，都不是百分之百准确有效的。评价一种医疗方法的好坏，必须从准确性和方便性这两个方面来衡量。

要说准确性，目前公认的金标准是羊水穿刺，因为只有这样才能提取到完整的胎儿细胞。但羊水穿刺毕竟属于手术的范畴，而且存在千分之几的流产风险，很多孕妇不愿意做，方便性要差一些。

要说方便性则首推 B 超，这是真正的无创产前检查，可惜能测的项目有限，准确性也不高，孕妇需要承担误诊的风险。

所谓"无创产前基因检测"，其实就是抽孕妇的血，从中检查胎儿的 DNA。这个方法虽然不能说是完全无创，但毕竟抽血已是医院的常规操作，方便性方面几乎可以打满分。以前人们认为母亲的血液中是不含胎儿细胞的，多亏香港大学的卢煜明教授证实怀孕期间胎儿的 DNA 会流入母亲的血浆里，这个发现终于让无创产前基因检测有了实现的可能。

这项技术的准确性完全取决于高通量 DNA 测序的能力，以及想测量的 DNA 位点到底是什么。因为母亲血浆中的胎儿 DNA 含量极低，而且都是碎片，必须通过海量的 DNA 测序才能得出准确的结论，难度是很高的。据华大基因透露，目前 21、18 和 13 号染色体异常的误诊率大约为每 3.5 万次检查出现一次，已经相当接近羊水穿刺的水平了。

接下来一个很自然的问题就是：能否运用这项技术检查癌症呢？众所周知，血管遍布全身，血液里含有人体所有组织和器官的信息，其中就包括死细胞分解后释放出来的游离 DNA。只要找到解读这些 DNA 碎片的办法，理论上就能从一滴血推测出主人是否患有癌症。

这个方法被称为"液体活检"（liquid biopsy），其原理很容易想到，但真正做起来却困难重重，主要原因就是癌症的种类太多，而癌细胞的 DNA 碎片在血液中的含量又太低了，要想从血浆中把致癌基因片段找出来无异于大海捞针。因此，这项技术最早只被用于已确诊的癌症患者，帮助医生判断治疗的效果。

实践表明，这个方法非常灵敏，甚至在手术完成 48 小时后就可以通过验血来判断肿瘤到底切没切干净。事实上，2017 年发表的一篇论文指出，医生通过这个方法可以提前一年预判癌症病人手术后是否会复发，准确率达到了92%。要知道，那时残存的癌细胞还没有长成肿瘤，仅仅通过活检或者CT扫描是很难发现的。

初战告捷之后，研究人员终于将目光转向了癌症的早期筛查。癌症当然是越早发现越好，但目前的癌症筛查手段太过落后，无论是准确性还是方便性都不能令人满意。著名的美国私立医院克利夫兰诊所的埃里克·克莱恩（Eric Klein）博士尝试了液体活检，结果表明确实可行。

就在2018年5月召开的美国癌症治疗年会上，克莱恩博士和他的团队向与会者汇报了该项目的进展情况。科学家对1600例癌症早期筛查的结果进行了分析，其中病人和健康人大约各占一半。分析结果表明，液体活检确实可以帮助医生筛查出10种早期癌症，其中胰腺癌、卵巢癌、肝癌和膀胱癌最有效，检出率最低也有80%。淋巴癌和骨髓癌的检出率分别为77%和73%，消化道癌的检出率也达到了66%，效果都还不错。表现最不好的是肺癌和头颈癌，检出率分别只有59%和56%，说明这两种癌症可能比我们知道的更复杂。

克莱恩指出，虽然检出率还可以，但目前积累的病例数量还是太少了，比如卵巢癌只发现了10例，远远不够。话虽如此，这个消息还是让与会者心情振奋，一些专家认为这项技术最快只要两三年就可进入市场了。到那时，一名成年人只需抽点血就可以判断出自己是否患有癌症，这将从根本上改变防治癌症的格局。

让人头痛的偏头痛

美国食品药品监督管理局（FDA）刚刚批
准了史上第一种预防偏头痛的新药，这
种让人头痛的常见病终于有了新的治疗
方案。

有一种病很让人头痛，这就是偏头痛。约有 12% 的人每年至少发作一次，女性发病率是男性的三倍。发病时患者一侧大脑剧烈疼痛，同时伴有恶心、呕吐、畏光等症状，严重影响了生活质量。普通止疼药只对少数症状较轻的患者有用，对大部分患者无效，需要另行研发专门对付偏头痛的特效药。

偏头痛发作时患者会感觉太阳穴不停地跳，好似血管要爆炸，所以早期的治疗药物都是以收缩血管为目的的，比如麦角胺（Ergotamines）。但这种药服用过量会让人神经错乱，所以医学界很快就改用曲普坦（Triptans）代替麦角胺了。

曲普坦是 20 世纪 90 年代研制出来的，至今仍然是治疗偏头痛的首选。它的功能同样是收缩血管，但它的好处是只对脑部血管有效，对其他血管无效，所以副作用较少。此药的缺点是患者很容易产生耐药性，所需剂量会越来越大，发作的频率越来越高，痛感也会越来越强烈，最终走上一条恶性循环的不归路。

偏头痛之所以如此难以对付，是因为人脑太难研究了。功能性核磁共振（fMRI）虽然可以在不开颅的情况下研究大脑内部的活动，但这套设备相当复杂，必须在发病时立刻将病人送入核磁共振仪。幸亏一位研究者找到了一个特殊的病人，只要剧烈运动便会立即触发偏头痛。于是研究者每次都先让这位病人打80分钟篮球，然后立即扫描他的大脑，终于证实偏头痛和血管扩张无关，而是和一种名为"扩展性皮层抑制"（CSD）的脑电波活性障碍有关。

这个结论和遗传学研究的结果是吻合的。人们很早就知道超过半数的偏头痛患者有家族史，说明这种病是遗传的。研究人员已经找到了40多个和偏头痛有关的基因，绝大多数都和神经元的电生理调节有关。

虽然一切证据都指向CSD，但基于这一理论的新药研发却迟迟不见成效，白白浪费了很多钱。这样的事情在新药研发领域并不罕见，因为人体是一台环环相扣的复杂机器，并不是每个环节都适合拿来作为药物的靶点。

就在各家制药厂都心灰意冷的时候，基础研究领域传来了一个振奋人心的消息。早在20世纪80年代，美国加州大学圣地亚哥分校的科学家在研究甲状腺的时候发现了一种包含37个氨基酸的简单多肽，负责调节血液中的钙离子水平，因此被命名为"降钙素基因相关肽"（CGRP）。科学家们还发现，编码这段多肽的基因还会在脑组织中编码另一种稍微有点不同的新多肽，也就是说，这是一种具备多重功能的人类基因。这个新发现登上了1982年发表的《自然》杂志，但在此后很长一段时间里，这件事被人们遗忘了。

直到21世纪初期，有人意外地发现这个CGRP居然和大脑的血液循环有关，而且似乎总是能在偏头痛发生的部位找到。进一步研究表明，这段多肽不但能扩张血管，而且它本身还是一种神经递质，负责传递和疼痛有关的神经信号，一切线索似乎都连起来了。于是，包括勃林格殷格翰和默沙东在内的数家大制药公司纷纷行动起来，试图找到一种小分子化合物，能够阻断CGRP的活性，从而达到治疗的目的，可惜这些尝试又都失败了。

最终，有人决定用抗体来对付CGRP，没想到效果意外地好。其实这个思路违反了制药界的常识，因为人体有个血脑屏障，一般抗体是通不过去的。但是临床试验表明，CGRP抗体虽然只在身体的其他部位起作用，但它同样可以间接地影响到大脑。

2018年5月，美国FDA批准了由安进和诺华共同开发的Aimovig，使之成为人类历史上第一个被批准的偏头痛预防性药物。其实临床试验表明服用此药的患者每月的发病天数只比对照组少1—2天，但因为这是第一个针对CGRP靶点的新药，其意义还是十分重大的。

这个故事很好地说明新药研发是一个多么复杂的过程，很多时候都是在碰运气。为了取得成功，各家制药厂都投入了大量的时间和金钱，这就是新药的价格总是很高的原因。

变态是一种病

精神变态者的大脑和别人的不一样。

2018 年 4 月 27 日，陕西省米脂县第三中学发生了一起恶性伤人事件。案件虽然还在审理当中，但目前没有证据表明这是一次具有意识形态背景的恐怖袭击。警方通报称，犯罪嫌疑人赵泽伟是因为十多年前在米脂三中读书时受了欺负，一时兴起报复杀人。但这个理由更加令人疑惑，十几年前的事情为什么现在才报复呢？而且为什么不去报复当年欺负他的人，却拿现在还在读书的小孩出气？

所以，这个赵泽伟很可能是一个具有反社会人格的精神变态者，他的所作所为是不能以常理来分析的。

据统计，正常社会当中只有大约 1% 的成年男性和 0.2% 的成年女性具有这种反社会人格，但有将近四分之一的暴力事件是由这些人干出来的，英国畅销书作家马尔科姆·格拉德威尔（Malcolm Gladwell）提出的"少数人法则"（law of the few）描述的就是这个现象。

那么，这种反社会人格究竟是如何产生的呢？心理学界做过大量的研究，目前的主流意见认为这种人格从很小的时候就有征兆了。

我们大家都认识几个这样的小学同学，他们要么喜欢顶撞老师，要么干脆不来上课，甚至经常打架，表现出严重的暴力倾向，心理学家称之为"行为障碍"（conduct disorder）。约有 2% 的儿童会得此病，这些孩子缺乏共情能力，对别人的痛苦或者悲伤完全没有感知能力，具体表现就是冷酷无情，严重缺乏负罪感和同情心。

"行为障碍"有很强的遗传基础，至少有一半的致病因素和基因有关，其余因素则包括营养不良、家庭贫困和管教不当等。很多家长认为这是孩子成长时期必经的阶段，不愿意采取人工干预的措施。不少患病儿童长大后也确实逐渐正常了，这让家长们更加放松了警惕。

那么，这样的儿童是否应该提早干预呢？美国曾经做过一个大规模研究，研究者从若干所小学里挑选出 900 名被诊断为患上"行为障碍"的孩子，将其随机分成两组，一组采取人工干预，直到他们成年（25 岁），另一组为对照组，不采取任何特殊措施。结果显示，对照组的孩子有 69% 长大后变成了带有明显反社会人格的精神变态者，干预组的这个比例为 59%。

这个实验说明了两个问题：第一，人工干预确实有效；第二，人工干预的效果并不像大家想象的那么好。后者的原因也有两个：一是人工干预的方法不对，二是精神变态是一种遗传病，很难通过后天教育得到根治。

2018年5月1日出版的《社会认知与情感神经科学》（*Social Cognitive and Affective Neuroscience*）杂志上刊登了一篇论文，为后一种解释提供了部分证据。这篇论文是由英国巴斯大学、剑桥大学和美国加州理工学院的学者共同完成的，研究人员先是用功能性核磁共振仪（fMRI）扫描了"行为障碍"患者的大脑，发现他们大脑中的杏仁体（amygdala）对悲伤或者愤怒的表情反应迟钝。这个杏仁体是人脑中专门负责共情能力的区域，这个结果说明这些孩子的冷酷无情确实是有生理基础的，不是装出来的。

之后，研究人员又扫描了这些人成年后的大脑，发现那些变正常了的人和精神变态者的大脑结构存在明显差异。前者的杏仁体和大脑前额叶皮质之间的连接出了问题，后者则是正常的。前额叶皮质是大脑的决定中枢，负责整合来自其他区域的信息，然后做出决定。人类的情绪控制中心也在这一区域，也许这就是"行为障碍"儿童很难控制自己的情绪的原因所在。

但是，那些精神变态者的大脑则没有这个问题，说明这些人的大脑结构和普通的儿童行为障碍患者是不同的，他们的反社会人格很可能另有原因。这项研究并不能告诉我们具体原因是什么，却提醒我们那些精神变态者的大脑和别人的不一样，很可能需要设计出一套专门针对他们的人工干预方案。

糖尿病的新分类法

医学研究有个新趋势，那就是疾病的分类正变得越来越细致。

任何一种疾病都可以分成很多不同的类型，这样可以帮助医生快速地做出诊断，开出具有针对性的药方。

比如糖尿病多年来一直被分为两型，Ⅰ型糖尿病病人体内没有胰岛素，因为负责分泌胰岛素的胰腺 β 细胞被自身免疫系统错误地攻击，导致其失去了功能。所以说Ⅰ型糖尿病本质上就是一种自体免疫性疾病，患者大都在年纪很小的时候就得了病，需要终生注射胰岛素。所幸这一类病人比较少见，在糖尿病患者中占比不到 10%。其余的都被笼统地称为Ⅱ型糖尿病，这类病人体内有胰岛素，但是要么分泌量不足，要么不起作用。这类病人大都不必补充胰岛素，而是通过服药来增加对胰岛素的敏感度。

这套分类法已经运行多年，却被一群来自北欧的科学家颠覆了。2018 年 3 月 1 日出版的《柳叶刀 / 糖尿病与内分泌学》（*The Lancet Diabetes & Endocrinology*）分册刊登了来自瑞典和芬兰的两个研究小组共同撰写的论文，提出糖尿病应该被分成五类，每一类都有不同的遗传基础和生化特征。

这项研究的起因来自科学家们对一个瑞典糖尿病数据库的分析，这个库包含 8980 名糖尿病病人，研究人员分析了他们的六项诊断数据，包括血糖指数、抗体浓度、体重指数和得病年龄等，发现可以将病人分成五大类。之后，研究人员又从另外几个北欧数据库中找到了 5795 名糖尿病病例，证明这个分类法是可靠的。

按照这个新的分类法，第一类糖尿病病人大致相当于过去的 I 型糖尿病，也就是自体免疫性疾病，在北欧数据库中这类病人占比 6.4%，也和过去的 I 型糖尿病大致相当。

第二类糖尿病病人表面上和第一类是完全一样的，年纪也较轻，身材也不胖，身体的其他方面都很健康。不同的是，这类病人体内检测不出针对胰腺 β 细胞的抗体，说明他们得的不是自体免疫性疾病，而是另外一种病因未知的疾病。在北欧数据库中这类病人占比 17.5%，比例相当高。

第三类糖尿病病人体内有胰岛素，但不起作用。这类病人通常身材较胖，说明他们的病因很可能与肥胖有关。这类病人占比 15.3%，也不低。

前三类都属于症状比较严重的糖尿病，需要吃药治疗。第四类则是因肥胖导致的轻度糖尿病，占比 15.3%，第五类是因年龄导致的轻度糖尿病，占比 39.1%。这两类病人的症状都相对较轻，可以不用吃药，靠饮食来控制病情。

进一步研究显示，这五类糖尿病分别有对应的遗传特征，说明它们不是同一种病的不同阶段，而是五种完全不同的病，因此在治疗时也必须分别对待。

比如，第二类糖尿病患者此前一直被归为Ⅱ型糖尿病，因为患者体内检测不到相应的抗体。往常医生们都会给这类病人开二甲双胍之类的降糖药，但新的研究显示这类病人和第一类差不多，体内都没有胰岛素了，应该改用胰岛素注射的方法治疗。

再比如，第三类糖尿病患者因为体型肥胖，医生通常将他们和第四类病人混在一起。其实第三类病人最适合用二甲双胍之类的降糖药治疗，否则很容易患上肝病和肾病等糖尿病并发症。

这项研究代表了医学研究的新趋势，那就是关于疾病的分类越来越细，病因必须和遗传因素挂钩，因为只有这样才能对症下药，实现个人化治疗的终极目标。另一个类似的案例就是癌症，如今医学界关于癌症的分类大大超越了人们的日常经验，估计在不远的将来，癌症将不再用发病部位来称呼，而是改用基因型来重新定义。

凯莉为什么要吃锂盐？

人工诱导干细胞技术可以帮助我们更好地研究心理性疾病。

美剧《国土安全》的主人公凯莉是一个患有躁郁症的美国中央情报局探员。这种病又叫双相障碍（bipolar disorder），病人有时狂躁有时抑郁，两者交替出现，无论是病人自己还是家属、同事都备受折磨。

剧中凯莉一直是靠锂盐来控制病情的，但到了最近正在播出的第七季，锂盐似乎不管用了，凯莉的姐姐（同时也是她的私人医生）也不知道这是为什么，只能加大剂量，但这是一种很危险的做法，有可能带来严重的副作用。

问题的关键就在于心理医生也不知道是什么原因导致锂盐失效。事实上，虽然锂盐已经被作为"心境稳定剂"使用了半个多世纪，但科学家至今也不清楚它到底是如何起作用的，因为躁郁症这类心理性疾病研究起来难度太大了。

阿尔茨海默病、抑郁症、自闭症、精神分裂症、躁郁症……这一长串心理性疾病全都是不治之症，因为这些病缺乏好的动物模型，而人脑又是最难研究的人体器官。活人的脑组织很难取样，即使取得了少量脑细胞样本也无法在实验室条件下进行长期培养，所以心理性疾病的生化基础很难研究，只能通过各种扫描设备间接测量大脑的物理特征，而这显然是不够的。

不久前，美国圣地亚哥一家私人研究所（SBP）的伊万·施耐德（Evan Snyder）博士领导的一个研究团队终于取得了突破。他们从患者身上取出少量皮肤细胞，用日本学者山中伸弥发明的人工诱导干细胞技术将其诱导成多功能干细胞，然后再用特定的化学物质将干细胞发育成脑神经细胞，供科学家们研究。

这个方法的好处是显而易见的，从此科学家们手里就有了足够多的来自病人的脑细胞用于研究了。不但如此，这些脑细胞都是从干细胞转化来的，患者的年龄信息在干细胞这一阶段被抹去了，这就相当于把心理学研究中最常见的干扰因素，比如小时候是否受到过心理创伤、母亲怀孕时是否吃错了药，或者成长过程中是否用过毒品等后天因素全都去掉了。

施耐德博士用这个方法研究了锂盐对躁郁症的治疗机理。具体来说，他找来一群患有躁郁症的病人，其中一部分人对锂盐敏感，治疗有效，另一部分人则不敏感，锂盐对他们没用。之后，研究人员从每个病人身上提取一点皮肤细胞，在体外进行培养并诱导成干细胞，然后再把它们转变成脑细胞，并加入锂盐，观察各自的反应。

结果表明，对于那些对锂盐敏感的病人来说，锂盐影响的是一种名为 CRMP2 的蛋白质。这种蛋白质普遍存在于脑细胞中，其作用是促进神经树突（dendrite）的生长。树突是位于神经细胞末端的树枝状突起，其作用是接收来自其他神经细胞的信号。对锂盐敏感的躁郁症病人的 CRMP2 蛋白功能较差，影响了树突的正常生长，而锂盐正好可以纠正这一错误，使得 CRMP2 蛋白的功能恢复原状。当然神经树突太多了也不好，这就是为什么锂盐的剂量要经过严格的测算，太多太少都不行。

对于那些对锂盐不敏感的病人来说，他们的 CRMP2 蛋白一直是正常的，锂盐自然也就不起作用了。施耐德怀疑，这部分病人的致病机理很可能完全不同，需要进一步研究才能确定。

最有意思的是，对于 CRMP2 蛋白功能较差的那部分病人来说，问题并不是出在相应的基因上，也不是基因的调控出了问题，而是蛋白质合成之后的修饰过程出了毛病。类似这样的问题用以前的研究方法是不可能发现的，这就是人工诱导干细胞法的优势所在。

施耐德博士的研究不但可以为心理性疾病的治疗开辟出一片新天地，而且很有可能彻底改变个人化医疗的未来。比如凯莉这个案例，未来的心理学家只要取一点她的皮肤细胞，就能知道锂盐对她到底有没有用。

输血者的性别差异

新的研究表明，不同性别之间的输血很
可能是有问题的。

输血需要考虑血型匹配，这已是医学常识。除此之外，输血者和受血者的性别是否也需要匹配呢？这是个合情合理的疑问，值得关注。

对于这个问题的研究非常少，迄今为止一共只有三项研究发现性别对于输血来说是有差异的。但这三项研究分别来自三个不同的国家，采用的也是三个不同的数据库，居然得出了类似的结论，说明这件事还是很值得重视的。

2017年10月17日出版的《美国医学会杂志》(*The Journal of the American Medical Association*，简称 *JAMA*) 又发表了一篇新的研究论文。来自荷兰的研究人员统计了31118名受血者的生存情况，发现如果受血者是50岁以下的男性，接受的血液又是来自怀过孕的妇女，那么他们在接受输血后三年内死亡的可能性是接受其他人血液的1.5倍。换算成死亡率的话，相当于每年高2%。反之，如果受血者是女性，那么无论她接受的血液来自男性还是女性，死亡率都没有变化。

此前瑞典科学家做过的一项类似的研究结果显示，只要输血者和受血者的性别不一致，无论男女都会受影响，影响幅度大致相当于每输一次血减寿一年。

当然了，比起血型来，性别对于输血安全性的影响还是很小的，但这是可以预料的结果，否则的话肯定早就被医生发现了。但是，考虑到输血的普遍性，这点微小的差异就很值得重视了。研究表明，目前全世界每年大约输血一亿次，其中大约有 1000 万—4000 万次是不同性别之间的输血。如果每一次这样的输血真的都会减寿一年的话，问题就很严重了。

JAMA 论文发表后，美国红十字会迅速发表声明，认为该结论证据太弱，尚不足以让红十字会修改章程。不过红十字会呼吁科学界重视这个问题，加大研究力度，争取尽快得出可靠的结论。

按照科学常理，要想解决这个问题，关键就是要找到一个可靠的理论来解释这个差别，并通过随机双盲实验来验证这个理论。目前已经有两个理论可以作为候选，一种理论认为，男性和女性的免疫系统存在某种差异，正是这种差异导致不同性别之间的输血出了问题。这个理论的难点在于，目前尚未发现男性和女性的免疫系统存在显著差异，如果最终真的证明两者有差异的话，那将是一个革命性的新发现，很可能会改写免疫学教科书。

另一种理论则试图解释为什么只有怀孕妇女的血会让男性受血者更容易死亡。该理论认为，怀孕妇女如果怀的是男孩的话，母亲体内会产生针对 Y 染色体的抗体。一旦这种抗体通过输血进入了男性的身体，就会给后者带来伤害。这个理论听上去很有道理，因为怀男孩的母亲体内确实可以生成抗 Y 染色体的抗体。可惜因为原始数据库的质量不够高，荷兰科学家们无法确定哪些献血者生的是男孩，哪些生的是女孩，所以没法验证其真实性。

还有一种办法，那就是找一批志愿者，分别输入不同来源的血液，然后研究他们身体的变化。但这个做法在伦理上存在争议，真正实行起来估计会困难重重。

因此，有科学家建议，干脆从现在开始就按照性别来输血，这么做的成本很低，即使将来证明没用也没有关系，不会浪费什么。

这个案例充分说明了大数据对于医学研究的重要性。很多医疗问题属于小概率事件，光凭医生的直觉是没法得出可靠结论的，必须扩大样本量才能辨别出那些细微的差别。对于输血这样的常规操作，即使是很小的负面因素都有可能对人类健康产生深远的影响，此时就得依靠大数据把敌人找出来。

无所不在的安慰剂效应

最新研究发现，就连外科手术都存在安慰剂效应。

任何一个现代人都应该了解一下安慰剂效应，因为这是现代医学最重要的理论基础。

安慰剂效应（placebo effect）的意思是说，病人虽然接受的是无效的"假治疗"，但因为治疗过程和真治疗几乎一样，病人"预料"或者"相信"接受的是真治疗，其结果同样会让患病症状得到一定程度的缓解。

安慰剂效应的发现是人类医学史上的一件大事，从此任何一种新药要想获批上市，都必须接受随机双盲对照实验的检验，以此来防止安慰剂效应对疗效验证的影响。大部分发达国家的药监部门之所以没有批准任何一种中草药在该国上市，就是因为迄今为止没有一种中草药通过了严格的随机双盲对照实验。换句话说，如今国内市场上的所有中草药之所以对某些人有一定的疗效，原因是安慰剂效应。

安慰剂效应背后的机理尚待研究，但很可能与神经系统对生理过程的控制有关，因此最容易产生安慰剂效应的就是治疗疼痛、疲劳、抑郁或者肌肉僵硬等和病人主观感觉密切相关的领域。比如，已有很多研究证明止痛药受安慰剂效应的影响最大，检验止痛药疗效的双盲实验非常难做，实验设计者必须格外小心，尽一切可能杜绝安慰剂效应的影响。

不但是口服药片会有安慰剂效应，就连一些医疗操作也不能幸免。比如中医相信针灸具有镇痛的效果，中国卫生部门曾经在国内多家医院推广过针灸麻醉，效果参差不齐。

说到医疗操作，动静最大的当数外科手术。以英国牛津大学医学院为首的一批欧美医院的外科专家曾经联合在《英国医学杂志》（BMJ）上发表论文，称很多外科手术的疗效其实也是源自安慰剂效应。

这里所说的外科手术当然不是器官移植或者截肢，这类手术的结果太过明显，病人是不可能有安慰剂效应的。但是，像一些以减缓疼痛为目的的手术则很有可能存在安慰剂效应，需要通过实验来鉴别。

问题在于，这类实验非常难做。实验者必须真的动刀子，只是切开之后不按照规定做相应的处理就将伤口缝合，否则的话病人肯定会觉察出来，实验就无效了。但是，任何外科手术都需要让病人冒一定的风险，因此很多人认为这类实验不符合人道主义精神。相比之下，验证口服药疗效的双盲实验只需要让病人服用外观一致的淀粉片就行了，几乎不存在伦理问题。

虽然有争议，但还是有不少人做过这样的实验，发现治疗膝关节炎的手术、治疗骨裂的脊柱水泥注射手术、治疗肥胖症的胃气球手术和治疗某些内膜异位的手术均存在严重问题，它们的疗效很大程度上是源于安慰剂效应。

牛津大学医院的整形外科医生安迪·卡尔（Andy Carr）认为，很多手术的原理看似十分合理，但其疗效也必须通过临床试验才能检验出来，比如一种治疗肩膀疼的"肩峰成形术"（acromioplasty）就很值得怀疑。这个手术是在关节镜下将凸起的骨刺削平，因为医生相信造成肩膀关节疼痛的原因是骨刺和肌腱相互摩擦。英国每年都有上万人接受这个手术，但其疗效至今尚未得到证实。英国卫生服务机构（NHS）正在进行相关研究，看看其疗效是否和安慰剂效应有关。

但是，这项研究遭到了英国外科医生们的抵制。卡尔医生在接受英国《卫报》采访时指出，外科医生们之所以抵制这类研究，是因为他们不愿接受现实。想象一下，如果一名内科医生发现某种新药无效，他只需简单地将此药下架就可以了。但当一名外科医生花了很多心血将自己培养成某种手术的高手后，却发现这个手术是无效的，他肯定心里不好受。

但是，这就是科学，不好受也得接受。

基因编辑治未病

又一个关于人类胚胎基因编辑的新闻刷
屏了。

关于人类胚胎基因编辑技术的新闻很少刷屏，但一刷往往就是负面的，因为大家对于科学家改造人类的野心怀有天然的警惕性，生怕有个别疯子模仿好莱坞电影制造出一批超人。

2017年8月2日出版的《自然》杂志网络版刊登了一篇论文，报道了美国俄勒冈州健康和科学大学（OHSU）遗传学家舒赫拉特·米塔利波夫（Shoukhrat Mitalipov）领导的一个研究团队在人类胚胎编辑领域取得的新成果。果然，这则消息一经披露立刻被各家媒体广泛转载，无数自媒体写手再次表达了对基因工程技术的忧虑。

下面我们就来看看，这项研究到底值不值得大家担心。

首先，这不是人类第一次修改人类胚胎基因组。早在2015年，中国中山大学的黄军教授就做到了这一点，他还因此而被评为当年的《自然》杂志十大年度科学人物。美国政府出于对伦理的担忧，一直禁止本国科学家从事这方面的研究，直到 2017 年初才解了禁，这才有了这篇新的论文。

黄军教授采用的就是大名鼎鼎的 CRISPR-Cas9 基因编辑技术，这项技术所用的基因探针是 RNA，而 RNA 探针和DNA 目标之间的结合不那么牢固，有可能出现所谓的脱靶现象，即编辑错了位置。中国河北科学技术大学的韩春雨之所以成为全世界的热点，就是因为他用的是 DNA 探针，（起码从理论上讲）能够大幅度减少脱靶现象，提高基因编辑的精确度。可惜那篇论文被杂志收回了，大家白高兴一场。

其次，此前曾经有人发表论文称，黄军教授的基因编辑技术确实会导致胚胎中出现大量不相关的基因突变。这一点被最终证实的话，将给基因编辑技术带来致命的打击。不过后来有人对这篇论文提出了质疑，认为实验设计方法有误，因此那个结论尚待研究。

在新的实验中，米塔利波夫教授采用的是一种经过改良的 CRISPR-Cas9 系统，其在细胞内的寿命非常短。他希望这套系统在完成基因编辑任务后便会很快降解，不会再待在细胞里到处惹是生非了。实验结果显示，这个改良系统确实很有效，没有发现脱靶的现象。

最后，黄军教授采用的方法还有一个弊病，那就是会生成镶嵌胚胎，原因在于他是在卵细胞受精之后再加入CRISPR-Cas9 工具的，那时胚胎已经分裂成了好几个细胞，如果有一个细胞没有编辑成功，其结果就是镶嵌胚胎。米塔利波夫教授改进了实验技术，在还未受精的时候就把基因编辑工具导入卵子当中，用这个方法做出来的胚胎就不会再出现镶嵌现象了。

米塔利波夫教授试图编辑的是一种名叫 MYBPC3 的突变基因，这个基因负责编码一种有缺陷的心肌球蛋白，会导致肥厚型心肌病，有生命危险。如果夫妻双方有一方携带了这个突变，此前的做法就是在培育试管婴儿时事先对胚胎进行基因筛查，把突变型去掉。这个方法需要培育出大量胚胎，麻烦不说，成功率也不高。如果采用米塔利波夫教的这个方法，就会大大提高筛选的准确性，给那些先天带有遗传病的父母带来福音。

从某种角度讲，这是终极形式的"治未病"，因为科学家早已知道病因在哪里，便可以通过基因编辑手段提前将其修正过来。

那么，这项技术值不值得我们担忧呢？首先，这项技术距离实际应用还差很远，恐怕还要等上很多年。其次，也是最关键的一点，那就是所谓"超人"并不是那么容易制造的。目前的科学发展还远远未达到随意设计人类性状的地步，很多我们所期望拥有的超能力，比如天生神力、超灵敏感官以及超级聪明的大脑等，其原理都还没有搞清楚，科学家们完全不知道到底哪些基因会导致上述结果。

这个领域的研究一直在进行，但进展极为缓慢，因为各个国家的伦理委员会都不会批准科学家拿人来做实验的，所以大家放心吧。

丙肝克星进中国

能够根治丙肝的神药终于进入中国了。

2017年7月26日，著名美国制药企业百时美施贵宝（Bristol Myers Squibb）在北京召开新闻发布会，宣布新一代丙肝克星百立泽®（盐酸达拉他韦片）和速维普®（阿舒瑞韦软胶囊）正式进入中国，1000万中国丙肝患者终于能够吃上抗丙肝"神药"了。

中国是乙肝大国，但丙肝的危害性同样不容忽视，有三个原因导致丙肝甚至比乙肝更难对付。第一，感染了乙肝病毒（HBV）的成年人当中只有5%会发展成慢性乙肝，丙肝病毒（HCV）感染后则有55%—85%的可能性会发展成慢性丙肝，所以只要设法阻断母婴传染路径，乙肝的危害性就会大大降低，但丙肝仍然不行。

第二，丙肝的症状相当轻微，四分之三的HCV感染者只会感到有些乏力而已，剩下的四分之一甚至有可能一点异样的感觉都没有，这就给丙肝的筛查和防治带来了很大的障碍。比如，官方数字显示中国大约有1000万丙肝患者，但也有研究认为中国的实际 HCV 感染者有可能接近 4000 万。

第三，乙肝疫苗早就有了，效果很不错，但丙肝疫苗的研发难度极大，距离成功尚有很长的一段路要走。

虽然有上述三个护身符保驾，但丙肝有一个致命的弱点，那就是它可被治愈。若干年前，乙肝和丙肝的治疗方案是类似的，都是长效干扰素联合利巴韦林等抗病毒药物。实践证明用这个方法治疗乙肝的临床治愈率仅有 1%—2%，但丙肝可以高达 50% 左右。

之所以有这么大的差别，原因就在于 HBV 是 DNA 病毒，HCV 则是 RNA 病毒。DNA 分子非常稳定，不易发生突变，虽然这一特点使得乙肝疫苗容易研发，但 HBV 病毒一旦进入宿主细胞内，就可以在里面躲藏很久，难以清除。RNA 则不然，这种分子的化学性质不稳定，容易发生突变，这一特点虽然使得丙肝疫苗的研制变得非常困难，但同时也要求 HCV 病毒必须不停地复制自己才能生存下去，如果能找到一种方法，把病毒 RNA 的复制路径掐断，就能将病毒从身体中清除出去。

科学家们经过多年的努力，终于在 2011 年找到了几种"直接抗病毒药物"（direct-acting antiviral drugs，简称 DAA）。顾名思义，这种药能够直接作用于病毒 RNA 复制所需的酶，从而阻断 HCV 的扩增路径。临床试验表明，这类药物如果和长效抗生素一起使用的话，能够大大提高丙肝的临床治愈率。但是，干扰素副作用太大，不是所有病人都能耐受得了，再加上 RNA 病毒容易产生抗药性，因此科学家们修改了治疗方案，不用干扰素，而是同时让病人服用2—3种不同的DAA药物，来一个双（三）管齐下。

临床试验证明此法效果极佳，不但能把丙肝的临床治愈率提高到95%以上，而且大大缩短了治疗周期。2014年，美国FDA率先批准了这种新的组合疗法，消息传出后在全世界引起了轰动。可惜外国新药进中国需要经过CFDA的额外审批，不少国内丙肝患者等不及了，纷纷去国外买药。

好在CFDA审时度势，加快了这种"神药"的审批速度，终于在2017年批准了百时美施贵宝的两种DAA新药，中国患者终于不用出国买药了。这两种新药当中，百立泽®针对的是NS5A蛋白质，这种蛋白质在HCV的生命周期中扮演了很重要的角色，RNA复制和病毒颗粒的组装都要用到它。速维普®则是NS3蛋白酶的抑制剂，这种酶同样是病毒颗粒组装过程中所必需的。

这两种DAA的组合疗法曾经在中国做过临床试验，证明对基因1b型慢性丙肝患者疗效显著。这种基因型占中国丙肝患者的56.8%，这些患者服药24周再停药24周后，有91%的人体内已然检测不到HCV病毒，达到了临床治愈的标准。

必须指出，临床治愈并不等于说体内一点病毒都没有了，只是说患者血液中的病毒浓度低于某个极限值，已经对身体完全无害，不需要再服药治疗了。但是将来万一因为某种原因导致免疫力急剧下降（比如感染了艾滋病），HCV病毒还是有可能死灰复燃的。

淋病卷土重来

新一代淋病病菌卷土重来，你做好准备
了吗？

2017年7月7日，世界卫生组织在其官网上发布了一篇文章，用罕见的严厉口吻向全世界发出警告，曾经被人类有效控制的淋病经过一番改头换面之后卷土重来了。

这封警告书的主要内容来自世卫组织在全球77个国家所做的一项研究，这项研究统计了2009—2014年的淋病疫情，发现绝大部分国家的一线和二线抗淋病药物都面临着失效的风险。

更糟糕的是，世卫组织已经在日本、法国和西班牙各发现了一名对三线抗生素也产生了抗药性的淋病患者。换句话说，这三位淋病病人正面临着无药可用的境地，只能等待新药了。

淋病是旧社会比较常见的一种性病，其罪魁祸首是"淋病奈瑟氏菌"（*Neisseria gonorrhoeae*，又名淋球菌）。细菌最怕抗生素，自从人类发明了青霉素之后，淋病似乎被控制住了。但是，淋球菌是一种非常狡猾的病菌，逐渐对青霉素产生了抗药性，因此淋病的治疗方法一变再变，从青霉素变成了环丙沙星。这次世卫组织在77个国家进行的研究表明，其中97%的国家都已经有了不怕环丙沙星的淋球菌，第一道防线已经失守了。二线药物阿奇霉素情况稍好，但世卫组织也已在81%的国家里发现了能抗它的淋球菌，第二道防线也将失守。目前仍然有效的就只有广谱头孢类抗菌素了，包括口服头孢克肟和注射用头孢曲松等，但能抗这类抗菌素的淋球菌也已在50多个国家里被发现了，因此世卫组织2016年再次更新了治疗指南，建议医生同时使用阿奇霉素和头孢类抗菌素，来个双管齐下。

据世卫组织估计，目前全世界每年新增7800万淋病病人。这个数字如此之高，与淋病的两个特征有关。第一，虽然大部分感染了淋球菌的病人会出现腹腔或者喉咙疼痛，以及小便时有灼烧感等症状，但仍有一部分感染者不会表现出任何明显的症状，很容易被忽视。第二，淋球菌最喜欢待的地方是生殖器、尿道、直肠和喉咙，因此这种病菌不但可以通过普通性交传染，也可以通过不洁性玩具、肛交或者口交传染。前几种方式虽然可以通过避孕套来预防，但后者则比较困难。多项民意调查显示，口交在性行为中所占比例越来越高，而且大多数人在口交时是不戴套的，因此口交已成为淋球菌传播的重要途径之一。

不过，人的唾液中含有能够杀死淋球菌的酶，只要病菌不直接接触喉咙，中招的概率是不高的。正因如此，以女性为接受对象的口交风险较低，问题倒还不大，而以男性为接受对象的口交则有传染的风险，需要格外警惕。

世卫组织的警告在欧美社交媒体上引发了轰动，不少人惊呼此后再也不敢随便交换性伴侣了。但是，事情并没有大家想象的那么严重。首先，我们尚有最后一道防线，起码到目前为止这道防线只被攻克了三次，局面没有彻底失控。其次，有三种针对淋球菌的新药已经处在临床试验阶段了，希望在不远的将来至少能有一种药获得批准。再次，2017年7月10日发表在《柳叶刀》杂志上的一篇论文显示，一种本来用于预防乙型脑膜炎的疫苗对淋病也有预防效果。也许将来我们可以根据这一原理，研发出专门针对淋球菌的疫苗。

淋病的这次卷土重来给了人类一个警告，那就是千万别以为我们有了抗生素就可以对传染病放松警惕了。病菌是很狡猾的，我们只有不断地更新自己的知识，才能在这场人菌之战中占得先机。比如，要想有效地控制淋病疫情，我们必须通过宣传让公众意识到，这种病菌光靠避孕套是很难彻底防住的，如果一个人性伴侣更换得比较勤的话，必须养成定期去医院做检查的习惯。要知道，淋病患者即使没有表现出任何症状，淋球菌也会导致感染者不孕不育，或者生出有问题的婴儿。

阿司匹林能抗癌

阿司匹林除了能抗凝血和消炎之外，还能抗癌。

2017 年是阿司匹林发现一百二十周年，这种提取自柳树皮，学名为"乙酰水杨酸"的小分子化合物被很多人视为百搭神药，至今仍然不断有新的功能被发现。

阿司匹林的传统功效分为两大类，一类是止疼消炎，另一类是抗凝血，所以阿司匹林被广泛用于治疗发烧、预防关节炎、防治心脏病和降低中风概率等很多看似不相关的领域。与此同时，阿司匹林也有一个不容忽视的副作用，那就是它会导致一部分人消化道出血，所以并不是人人都适合服用阿司匹林。

可惜的是，目前尚无简单有效的方法鉴别出哪些人适合服用阿司匹林，哪些人会有严重的副作用，医生也只能先让病人服用小剂量阿司匹林，然后通过验血的方式做判断，非常麻烦。曾经有人尝试用基因分析的方法来做筛查，但研究结果显示阿司匹林能够影响很多基因的功能，这个办法不可靠。

一项针对 325 位志愿者所做的研究显示，阿司匹林的抗凝血功能对于 5% 的人无效，另有 24% 的人疗效很低。考虑到阿司匹林的副作用，所以大部分医生都不会向所有人推荐阿司匹林。目前医学界普遍认为 50—70 岁的人最适合通过定期服用小剂量阿司匹林来预防心脏病，年纪小于 50 岁或者大于 70 岁的都不建议这么做，除非已经有心脏病史了。

除了上述两类功效之外，阿司匹林还有抗癌作用。这个作用包括两个方面。一方面，阿司匹林能够通过消炎来防止癌细胞的产生。炎症是身体应对感染的正常反应，但如果炎症反应长久不退的话，就会刺激正常细胞，导致癌变。这套机理已经研究得十分透彻了，不用多说。

另一方面，新的研究发现，阿司匹林还能防止癌细胞的转移和扩散，其机理和抗凝血作用非常相似。原来，癌细胞要想从原发位置扩散到全身，必须借助于血液循环系统的运输，这就要求癌细胞首先必须想办法冲破血管壁，进入血液之中。到达目的地之后癌细胞还要再次冲破血管壁跑出来才行。为了防止癌细胞扩散，血液中有很多免疫细胞专门负责监视敌情，一旦发现癌细胞的踪迹就会将其杀死。

但是，聪明的癌细胞找到了一个"内奸"，这就是血小板。来自波士顿一家医院的血液学家伊丽莎白·巴提内利（Elisabeth Battinelli）通过研究小鼠发现，癌细胞学会了收集血小板分泌的化学信号，诱骗血管壁细胞张开一个口子，让癌细胞进入血液循环系统。进去之后，癌细胞会躲在血小板团块的内部，以此来躲过免疫系统的检查和攻击。到达目的地之后，癌细胞还会继续绑架血小板，让后者分泌促血管生长因子，为新的肿瘤搭建全新的血液循环系统。

阿司匹林是如何破坏癌细胞的诡计的呢？来自美国杜克大学的迪帕克·弗拉（Deepak Voora）博士及其同事们通过一系列研究揭示了其中的原因。原来，阿司匹林能够作用于专门负责生产血小板的巨核细胞（megakaryocyte），使之能够生产出不那么容易聚集在一起的血小板，这样一来癌细胞就找不到藏身之处了。进一步研究发现，阿司匹林是通过影响巨核细胞基因表达的方式来实现这一目的的，受其影响的巨核细胞基因至少有 60 个之多！这就是为什么科学家至今没能找到有效的遗传测试来判断阿司匹林到底对哪些人有效对哪些人无效，因为相关因素实在是太多了。

在科学家们找到安全有效的测试方法之前，阿司匹林尚不能直接应用于抗癌。但对于特定人群来说，每天服用一片小剂量的阿司匹林确实是有好处的，值得大力提倡。不过，科学家们特意提醒民众，绝不能因为服用了阿司匹林就觉得自己不会生癌了，保持良好的生活习惯（比如坚持锻炼身体并戒烟）比每天服用阿司匹林要有效得多。

大部分癌症是因为运气不好吗？

致癌基因突变和癌症不是一回事，不要
混淆。

2017年3月23日出版的《科学》杂志刊登了两位美国学者撰写的论文，标题叫作《干细胞分裂、体细胞突变、癌变原因和癌症预防》。同期还配发了一篇评论文章《基因、环境与"坏运气"》，对上述论文做了通俗的解释。消息传到国内后迅速引发轰动，互联网上流传最广的一篇公众号文章的标题是这样的：《〈科学〉重磅：确认！66%的癌症发生是因为"运气不好"》。此文一出，立刻又引来了数篇辟谣文章，认为原文根本不是这个意思，癌症与坏运气无关。这到底是怎么回事呢？

首先需要说明的是，这篇论文提出的观点并不新鲜，那两位美国研究者早在2015年初就在《科学》杂志上发表了关于此事的第一篇论文，通过对不同组织内的干细胞分裂次数的统计，得出结论说大部分导致癌症的基因突变源自正常的细胞分裂，而不是遗传因素或者环境因素。之前我已经在第一时间对那篇论文做了解读，但当时还没有那么多自媒体，这个消息并没有引起太多人的关注。事实上，那篇论文发表后在国际癌症研究界引发了热议，两年多的时间里一共发表了数百篇论文，对那篇论文提出了质疑，这次的新论文应该算是两位美国学者对这些质疑的回应。

2015年的那篇论文只研究了31种癌症，没有把乳腺癌和前列腺癌这两个常见癌症列入研究范围。数据来源也仅限于美国，没有包括来自其他国家的病例。这次两人改进了研究方法，不但把乳腺癌和前列腺癌也加了进来，而且还和世界各国的医疗机构合作，把研究范围扩大到全球69个国家，弥补了上篇论文的缺陷。研究结果仍然支持原来的结论，确实有66%的癌症突变都是细胞正常分裂产生的，源自环境因素的基因突变只占29%，剩下的5%来自先天遗传。

如此说来，大部分癌症确实是因为运气不好，和后天努力无关喽？答案不是这么简单，原因在于致癌基因突变和癌症本身不是一回事，并不是所有的致癌基因突变都会导致癌症，很多公众号作者正是在这个地方犯了错误。

这里有两个原因。第一，大部分癌症都不是一个致癌基因突变了就完事了，而是需要有好几个致癌基因同时发生突变才行。假设某个癌症需要三个基因突变，其中两个都是坏运气导致的，第三个是环境导致的（比如PM2.5超标）。那么只要防住第三个，癌症就不会发生，这就是为什么说环境因素还是相当重要的。

第二，即使所有三个基因突变都发生了，也不等于说一定会得癌症，因为健康的免疫系统会把癌变细胞清除出去，保护人体不得癌症。已知长期慢性炎症反应、糖尿病和过度肥胖等很多因素都会降低免疫系统的活性，这就是为什么说个人的健康努力仍然是防癌的有效措施。

还有一点非常重要，那就是论文作者得出的66%这个数字是所有癌症的综合统计结果，不同类型的癌症，这个比例是不同的。比如，宫颈癌、肺癌、食道癌和胃癌这四种癌症的突变基因源自环境因素的比例分别为74.6%、66.1%、69.6%和55.3%，均远高于29%的平均数字，这说明起码对于这四种癌症来说，后天预防仍然是很有用的。

这一点其实很好理解。上述四种癌症都发生在直接和外部环境接触的部位，像黄曲霉素、人乳头瘤病毒和空气污染等各种已被证明能够诱发基因突变的因素肯定都会起到很大的作用。只有那些躲藏在身体内部的器官才不会受到这些外部因素的影响，比如前列腺、脑组织、乳腺和甲状腺等器官的致癌基因突变绝大部分都源自坏运气，和环境因素无关。

既然如此，那这篇论文还有什么意义呢？两位作者指出，他们这项研究的主要目的是帮助政策制定者更好地指挥抗癌战役，尽可能把钱花在最有效的地方。比如，他们的研究证明，有很多癌症都是坏运气导致的，无法提前预防，这就意味着各国政府应该把更多的抗癌经费用于癌症筛查和治疗上，因为防是防不住的。

空气污染的新罪状

最新研究显示，空气污染很可能会增加
阿尔茨海默病的发病率。

2017 年入春以来，北京的空气质量只好了几天就又变坏了，PM2.5 指数连续数天维持在 100 微克 / 立方米以上，让人担忧。

通过科学家和科普工作者多年的努力，空气污染的健康危害已经是家喻户晓的常识了，包括肺炎、哮喘、肺癌和心血管疾病在内的多种病症都和 PM2.5 挂上了钩。2017 年 1 月出版的《科学》杂志发表了一篇综述文章，提出了一个更让人担心的问题：空气污染很可能会引发阿尔茨海默病。

空气污染和大脑病变之间的联系最早是在 21 世纪初期被墨西哥科学家发现的。该国首都墨西哥城是全球闻名的污染重镇，居住在这里的一位墨西哥神经生物学家注意到小区周围有很多老年宠物狗都发了疯，严重的甚至连自己的主人也不认识了。解剖发现这些狗大脑中的 β - 淀粉样蛋白的含量比生活在空气清洁地区的狗要多，这种蛋白质一直被认为和阿尔茨海默病有关。

这位科学家把自己的研究结果写成论文发表了，但因为对照组设计得不好，没有引起太多人的重视。当PM2.5成为一个热门词语后，欧美科学家也开始着手研究空气污染的健康危害了，PM2.5和大脑之间的关系便又引起了大家的兴趣。

欧美国家的空气污染问题不像墨西哥城那么严重，很难找到合适的人群进行流行病学调查。于是加拿大多伦多大学的科学家另辟蹊径，决定研究一下生活在高速公路周边地区的居民，因为这一区域的PM2.5浓度要比远离高速公路的地区高。研究结果显示，安大略省的660万居民当中，生活在距离高速公路50米以内的人患阿尔茨海默病的概率要比生活在200米开外的人高12%，文章发表在2017年1月出版的《柳叶刀》杂志上。

一周后，美国南加州大学（USC）的科学家在《转化精神病学》（*Translational Psychiatry*）杂志上发表了一篇论文，结论是全世界所有阿尔茨海默病患者当中，有21%的患病原因是空气污染。

流行病学调查的优点是结论非常直接，可以立即被政治家采用。但是，关于PM2.5的流行病学调查研究有一个缺点，那就是数据不足，时间线拉得不够长，结论不一定可靠。比如，美国直到1997年才开始大规模地测量环境中的PM2.5，这方面的数据仅仅积累了二十年，还不足以研究空气污染对于一个人一生的影响。

流行病学调查的另一个缺点就是只看结果，不看过程，要想知道 PM2.5 为什么会导致阿尔茨海默病，必须做实验。

南加州大学的几位科学家从洛杉矶高速公路上采集来脏空气"喂"给实验小鼠，并在几周后对这些小鼠的大脑进行解剖研究，发现接触了脏空气的小鼠大脑内的微型胶质细胞释放了大量炎症反应因子，其中就包括已经被证明和阿尔茨海默病有很大关系的"肿瘤坏死因子"（TNF）。除此之外，呼吸过脏空气的小鼠大脑内的 β–淀粉样蛋白含量也比对照组要高，甚至脑容量也降低了。

后一种情况甚至在人类身上也发现了。来自南加州大学的另一组科学家的研究显示，老年妇女的脑白质体积会随着 PM2.5 浓度的增加而降低，生活环境中的 PM2.5 浓度每增加 3.5 微克/立方米，脑白质的体积就会减少 6 立方厘米，这是个很惊人的数字。

南加州大学位于洛杉矶市中心，可以说是全美国空气质量最糟糕的地区，这就是为什么这所大学投入了大量的人力物力研究空气污染对健康的危害，他们希望自己的研究能给政府制定相关产业政策提供理论支持。相比之下，中国的很多城市的空气污染程度要比洛杉矶严重好多倍，但中国在这方面的研究投入还不够，导致政府在制定相关政策的时候信心不足。

查出来也没用

癌症的基因筛查是个很热门的诊断项目，
但很多时候这种筛查是没用的，因为医
生手里没有特效药。

安吉丽娜·朱莉打算和布拉德·皮特离婚，不少八卦写
手纷纷写文章替朱莉感到惋惜。不知他们想过没有，朱莉是
一个为了不得癌症而甘愿事先切除健康乳腺的人，她对于自
己未来生活的设计规划要比一般人缜密得多，做决定时的勇
气也比一般人大得多，根本用不着替她操心。

朱莉之所以做出了切除乳腺的决定，是因为她在一次
基因筛查时查出自己携带了乳腺癌基因BRCA1。BRCA1和
BRCA2是最早被美国食品药品监督管理局（FDA）批准用于
临床筛查的癌症基因，如今得了乳腺癌的患者大都会先查一下
自己是否携带了这两个基因，再根据筛查结果决定治疗方案。

美国FDA是在1995年批准BRCA基因用于临床筛查
的，从那时到现在已经过去了二十年，科学家们已经发现了
上千个致癌基因，但美国FDA却只批准了29项以治疗为目
的的癌症基因临床筛查项目，原因就在于绝大多数致癌基因
即使查出来也没用，因为医生们手里没有合适的治疗方案去

对付它们。

为什么这个领域的进展如此缓慢呢？原因就在于致癌基因的种类实在是太多了。

首先，致癌基因可以按照细胞种类的不同分为先天和后天两种，前者指的是发生在性细胞系里的基因突变，这样的致癌基因是可遗传的，朱莉的 BRCA1 就来自她的母亲。这类基因研究得相对比较透彻，但所占比例并不高。绝大部分致癌基因都是后天得来的，也就是因为不良生活习惯（比如抽烟）或者偶然因素（比如紫外线照射）而发生在体细胞里的基因突变。这类基因突变种类繁多，但其中任何一个突变都只影响少数的患者，有时甚至连做临床试验都招募不到足够多的病人，这就影响了制药公司的研发兴趣。

其次，所有这些基因突变当中只有少数突变是真正能致癌的，科学术语称之为驱动突变（driver mutation），它们才是科学家需要认真对付的基因突变。其他那些突变属于中性突变，不会对细胞产生任何影响，科学术语称之为过客突变（passenger mutation），无须关心。

最早被批准的针对驱动突变的药物是美国基因泰克公司（Genentech）研制的赫赛汀（Herceptin，又名曲妥珠单抗），从此人类的抗癌斗争进入了靶向治疗的时代。但科学家们很快就发现，需要对付的靶子实在是太多了！没人知道一个癌细胞里到底存在多少个不同种类的驱动突变，有些研究认为健康细胞最少需要两个驱动突变就能致癌，另外一些研究则认为大多数癌细胞里都含有 20 多个驱动突变。更复杂的是，驱动突变很可能是分阶段起作用的，癌细胞在生长、分化和转移的过程中需要用到完全不同的驱动突变，也就是说，对付同样一种癌症，很可能需要设计出好几种靶向药物。

事实上，这就是为什么越来越多的医生开始借鉴艾滋病治疗领域的鸡尾酒疗法，在同一个病人身上同时施用好几种抗癌药物。从目前的情况来看，这种新思路效果还不错，大大延长了某些癌症病人的生存期，但这也就意味着病人的医药费支出大大增加，并不是所有病人都负担得起。

鸡尾酒疗法更大的障碍在于可供选择的靶向药物数量太少。靶向药物的研制需要高超的技巧，因为靶子们都太狡猾了。已知绝大多数驱动突变都是编码蛋白质的基因，有些蛋白质位于癌细胞表面，对付起来相对容易，但更多的致癌蛋白位于癌细胞内部，抗癌药物的体积必须小到能够钻进癌细胞内部才能起作用，但体积太小的药物往往杀伤力也有限，很难把致癌蛋白质彻底消灭干净，这就是为什么即使科学家知道了某种驱动突变的来龙去脉也很难研制出专门对付它的靶向药。

以上种种原因导致癌症基因筛查领域进展缓慢，因为查出来也没用。这也是为什么在靶向治疗越来越热的今天，传统的化疗和放疗仍然不能丢的原因，这两种治疗方式虽然副作用很大，但好在没有特异性，对于几乎所有的癌症类型都有一定的疗效。

实践是检验疗效的唯一标准

任何一种与健康有关的医疗措施，无论是药品、保健品还是治疗方案，都必须经过临床试验的严格检验，光看理论是不行的。

在讨论疗效标准之前，先来看几个真实的案例。

案例一：骨关节炎的主因是关节之间的软骨磨损严重，导致关节相互摩擦，诱发炎症。已知葡萄糖胺（glucosamine）是合成软骨和关节润滑液的重要前体，硫酸软骨素（chondroitin sulfate）是软骨的重要组分，因此中老年人适当补充这两种物质将有助于缓解甚至消除骨关节炎的症状。

案例二：中老年妇女对钙的吸收效率不高，极易因为缺钙导致骨质疏松等疾病。已知钙片中含有游离的钙离子，比牛奶等食品中含有的钙更容易被人体吸收，因此中老年女性应该定期服用钙片，预防骨质疏松。

案例三：发达国家对花生过敏的人越来越多，这点在发展中国家却不常见。已知新生儿的消化道尚未发育健全，如果此时接触花生制品的话，花生蛋白将有机会穿透消化道壁进入血液循环系统，诱发免疫系统合成出专门针对花生蛋白的抗体，最终导致对花生过敏。因此应该避免新生儿接触花生制品，母亲在怀孕和哺乳期间也应该尽量避免食用含有花生成分的食品。

上述三个案例从道理上看似乎都很合理，因此葡萄糖胺和硫酸软骨素一直是中老年运动爱好者的首选关节保健药，钙片则几乎成为中老年妇女每天必服的保健品，新生儿3岁前不应该接触花生制品则在2000年被美国儿科协会写进了育儿指南。

不幸的是，上述这三个案例最终都被实践证明是错误的或者可疑的。葡萄糖胺和硫酸软骨素对于关节的保护起不到任何作用，因为成年人的软骨组织不具备再生能力，一旦磨损就无法复原了；钙片中的游离钙会让血液中的钙离子浓度在短时间内出现一个峰值，正常食品中含有的钙吸收缓慢，通常不会有如此大的变化，而钙离子的峰值会增加血栓形成的概率，使得中老年妇女患心脏病和阿尔茨海默病的概率大幅增加，得不偿失；最新的研究表明，上文提到的过敏机理是不正确的，新生儿接触花生制品反而能降低对花生过敏的概率，因此美国儿科学会修改了原来的育儿指南，建议新生儿早期应该多接触花生制品，以此来降低对花生过敏的概率。

上述这三个案例绝不是偶然的。事实上，《英国医学杂志》曾经统计了3000个全世界常用的药品、保健品和医疗措施，发现至少有一半后来被证明无效，只有三分之一被后续的严格实验证明确实有效。

造成这一结果的主要原因是我们往往太过相信理论而忽视实践。人体是一架复杂而又精密的机器，很多看似有道理的修补措施往往会因为一些事先没有想到的原因而变得无效甚至有害，这就要求我们不要轻信任何理论，多做临床试验，在实践中检验疗效是否属实。

这方面的一个重灾区就是保健品。保健品不需要通过临床试验的检验就可以被允许上市，生产保健品的厂家为了推销其产品，往往会请来明星或者专家现身说法，用一些看似无懈可击的道理来说服消费者掏腰包，其中绝大部分都属于维生素和营养补充剂这一类，它们大都是食物中本来就含有的物质，不少人认为服用这些补充剂应该有效，至少也能起到预防的作用，最起码肯定不会有害。事实证明这个思路是站不住脚的。市面上销售的绝大部分营养补充剂要么完全无效，要么反而有害，前文所说的钙片，以及各种号称能抗氧化的维生素类营养补充剂就是明证。

正规处方药必须经过严格的临床试验才能被允许上市，出问题的概率要低得多，但现在不少厂家为了牟取暴利，往往在临床试验时降低标准，有时甚至不惜造假，所以我们应该尽快建立并完善药品上市后的监管机制，继续监测新药的疗效和副作用。

据说今年（2016）正在审议的《中医药法（草案）》的二审稿中增加了"生产符合条件的、来源于古代经典名方的中药复方制剂，在申请药品批准文号时，可以仅提供非临床安全性研究资料"这样的条款，这个做法违背了国际医药界的共识。

膝伤与核试验

膝盖受伤与核试验之间究竟有什么关
系？本文告诉你答案。

葡萄牙球星 C 罗在欧洲杯决赛时膝盖受伤，把各路专
家惊出一身冷汗。熟悉运动医学的人都知道，职业运动员甚
至宁可断腿也不愿伤到膝盖，因为骨头断了可以接上，膝盖
受伤则很难治愈。

膝盖最容易受伤的部位是半月板和韧带。其中半月板是
一块位于股骨和胫骨之间的软骨组织，其作用是缓冲膝关节
之间的冲击力，避免两块骨头直接摩擦。而韧带的作用则是
防止膝关节错位，对半月板也起到了间接的保护作用。C 罗
伤的是韧带，相对来说比较容易修复，实在不行还可以用人
造组织来代替，可以算是不幸中的万幸吧。如果是半月板损
伤，麻烦就大了，这是最难修复的人体组织之一，而且科学
家至今也没有发明出能够完全代替半月板功能的人造软骨。

运动离不开跑和跳，每做一次这样的动作都会对半月板
造成一定的冲击，所以半月板磨损几乎是每一位运动员都要
面对的伤病，业余爱好者也是如此。医生尝试过各种治疗方

案，包括注射干细胞以及在膝关节之间插入健康的软骨切片等，效果都不好。

半月板伤病为什么那么难治呢？根本原因就在于软骨组织的再生能力非常低下。曾经有不少研究者试图搞清膝盖软骨组织的再生能力到底有多强，但都因为缺乏有效的测量手段而失败了。

于是，有人想到了核试验。

众所周知，因为"冷战"的关系，超级大国在20世纪50年代进行了多次核试验，这股风潮直到1963年苏美英签署部分禁止核试验条约之后才终于告一段落。核爆炸会向大气中排放大量碳-14同位素，使得这种同位素在20世纪50年代出现了一个罕见的峰值。

碳是生命的基本元素，碳-14同位素会随着呼吸被人体吸收，并出现在所有的人体组织当中，软骨组织自然也不例外。软骨组织的主要成分是Ⅱ型胶原蛋白，通过测量这种胶原蛋白分子中碳-14的比例就可以推算出软骨组织形成时大气中的碳-14含量。但是，如果软骨组织经常进行新老更替的话，碳-14含量也会经常改变，变得和当前大气中的碳-14含量一致。

丹麦哥本哈根大学（University of Copenhagen）的关节炎专家麦克尔·克雅（Michael Kjær）博士决定利用这一点来研究一下膝盖软骨的更新速度。他和同事们设法找来23名年龄在18—76岁的志愿者，他们出于各种原因做过膝关节置换术，置换下来的膝盖正好可以用来进行研究。克雅博士和同事们分析了这些不同年龄的膝盖，结果发现20世纪50年代长大的人膝盖软骨组织中的碳–14含量最高，此前和此后出生的人碳–14的含量都很低。

研究人员将实验结果写成论文，发表在2016年7月6日出版的《科学/转化医学》（*Science Translational Medicine*）分册上。克雅博士认为，该结果说明人的膝盖半月板在8—13岁便完成了发育，此后便几乎不再更新了，这一结论和人的健康状况（比如是否患骨关节炎）以及软骨的位置无关。也就是说，即使是受力最大的半月板的中心位置都不会被更新，骨关节炎这类疾病也不会刺激人体开启软骨修复模式。

这个结果虽然很遗憾，却从科学的角度再次告诫我们，一定要保护好膝盖，因为膝盖一旦坏了就再也修不好了。

这个结果还告诉我们，保健品市场上非常流行的关节保健药是无效的。目前大部分关节保健药的主要成分是葡萄糖胺和硫酸软骨素，前者是合成软骨和关节润滑液的重要前体，后者是软骨的重要组分，似乎应该很有效。但如果膝盖软骨根本就没有再生能力，保健药吃得再多也是没用的。

那么，万一半月板磨损得太严重，出现了骨关节炎症状，应该怎么办呢？答案是减肥和适当的体育锻炼。前者可以减轻膝关节的负担，后者可以强化膝关节周围的肌肉群，进一步减轻关节受到的压力。除此之外就只有安心休养了，别无他法。

脑病为什么那么难治？

脑病之所以难治，主要是因为缺乏合适的动物模型。

拳王阿里之死让帕金森病再次走入公众视野。类似帕金森病这样的脑部疾病还有很多，像自闭症、抑郁症、阿尔茨海默病和精神分裂症等，都属于无药可治的绝症，目前所有的疗法只能缓解症状，无法除掉病根。

脑病为什么那么难治呢？一个原因自然是人脑的结构太过复杂。不过，再复杂也是有规律可循的，研究者们之所以束手无策，根本原因在于缺乏合适的动物模型。其他人体器官的病变可以在小鼠身上进行试验，差别不太大，可小鼠的大脑和行为模式都太过简单，无法模拟出像自闭症这样复杂的脑部病变。

于是，研究者们想到了灵长类动物。比如狨猴的行为就和人类很像，野生狨猴实行的是一夫一妻制，家庭结构和人类很像，狨猴夫妻之间甚至可以通过眼神进行交流，这说明它们的行为模式已经足够复杂了。

2016年6月18日出版的《新科学家》杂志报道，东京庆应义塾大学医学院的冈野荣之（Hideyuki Okano）教授和他领导的研究团队采用基因工程的方式培养出一批易患帕金森病的狨猴，为相关领域的科学研究提供了一个绝佳的动物模型。

研究人员把一个突变了的人类 SNCA 基因转入狨猴的基因组，这个突变基因曾被认为和帕金森病有关，事实证明确实如此。这种转基因狨猴在 1 岁的时候便表现出典型的帕金森病症状，无论是病情发展、行为模式还是病理解剖特征都和人类患者非常相似。

这个消息引发了一些媒体的不安，声称此项实验有违动物伦理。但实际上，无论是从伦理角度还是实用角度看，这项实验都没有问题，只是一部分欧美的极端动物保护组织在抵制而已。刊登这则消息的《新科学家》杂志特意在卷首发表了一篇社论，支持合法的动物实验，称其为新药研发的必经之路，为了人类福祉，让实验动物做出一些牺牲是值得的。

该文作者指出，类似的动物实验在欧美国家也一直在做，但由于遭到某些动物保护组织的抵制，进展非常缓慢。相比之下，日本和中国在这方面相当开放，有望借此机会迎头赶上。要知道，仅仅在欧洲，与脑病有关的药物市场每年就有 8000亿欧元的规模，比癌症、糖尿病和心血管疾病加起来还要多。

举例来说，日本国内的研究机构目前一共饲养了大约1000 只狨猴供科学家研究脑部疾病。中国更是厉害，目前有大约 40 家中国动物养殖公司饲养着 25 万只猕猴和 4 万只恒河猴，它们大都会被用于一项由政府资助的，为期 15 年的"国家脑科学计划"，负责人为中科院神经研究所所长蒲慕明教授。

当然了，用动物做实验并不等于虐待动物。事实上，动物实验有助于帮助公众理解生物多样性的好处，对于动物保护事业是有帮助的。比如，美国夏威夷大学生物学家萩原正辉（Masato Yoshizawa）在上周召开的一个国际会议上报告说，他和同事们发现一种洞穴鱼行为相当特殊，可以用来作为精神分裂症的模型动物。

根据《科学》杂志的报道，这种鱼常年生活在黑暗的洞穴里，因此失去了视力，皮肤变得透明。它们喜欢单独行动，几乎不睡觉，行为高度活跃，喜欢长时间重复同样的动作，和精神分裂症患者非常像。奇妙的是，如果用百忧解（Prozac）这类抗抑郁药物喂养这些鱼，它们就不再显得那么焦虑了，睡眠时间也显著增加，和人类服药后的表现非常类似。

更加奇妙的是，这种鱼还有一个生活在地表的近亲，虽然相貌和行为完全不同，但两者仍然可以进行杂交并产下后代，这就有助于科学家研究复杂行为的基因基础，有望找出导致洞穴鱼精神分裂的基因突变。

从进化上讲，鱼类毕竟和人类之间有着4亿年的时间差，洞穴鱼是否真的会对脑病研究有帮助现在还说不好。但这个神奇的故事告诉我们为什么要尽全力保护生物多样性，因为再聪明的科学家也不会事先知道一条看似不起眼的小鱼竟然有可能帮助人类揭开精神分裂症的谜团。

拳王阿里与慢性脑神经疾病

研究显示，头部频繁受到重力撞击会诱发炎症反应，后者是各种慢性脑神经疾病的罪魁祸首。

2016 年 6 月 3 日，拳王阿里因病逝世，享年 74 岁。阿里的直接死因是呼吸系统感染，但他生命最后的三十二年都是在和帕金森病的搏斗中度过的，可以说是带着慢性脑病离开了人间。

帕金森病是一种慢性退化性中枢神经系统疾病，病人的动作功能和语言技能逐渐退化，身体会不自觉地抖动，走路姿态僵硬，说话含混不清，严重者甚至连从椅子上站起来都很费劲。这种病的直接原因是负责分泌多巴胺的脑细胞逐渐坏死，产生不了足够多的多巴胺，而大脑需要多巴胺来指挥肌肉活动，缺乏多巴胺会导致各种运动障碍，甚至还会因为肠道蠕动不力而便秘。

全世界现有的 800 万帕金森病患者当中有大约 10% 是因为遗传因素致病的，阿里很可能就是其中之一。这类病人的几个常见特征，比如发病早，症状始终集中在身体的一侧，以及对治疗帕金森病的特效药左旋多巴（Levodopa）的反应非常好等，在阿里身上都具备。

阿里是在他42岁时被确诊的，另一位著名的帕金森病患者，美国演员麦克尔·J. 福克斯（Michael J. Fox）在他30岁那年就开始表现出帕金森病的某些早期症状了。这两人之所以生病，遗传因素应该都占了大头。相比之下，大部分帕金森病患者首次发病的时间都在60岁之后。

话虽这么说，也有很多医生认为，阿里的拳击手身份加速了帕金森病的发作。有人统计过阿里的整个拳击生涯，发现他这辈子曾经遭受过2.9万次头部重击，很难想象这样长时间高强度的撞击没有留下什么后遗症。事实上，已经有研究显示，那些曾经因为头部受到重击而失去知觉的人患帕金森病的概率比头部没有受过如此重击的人高50%。

足球、橄榄球、篮球和冰球等身体接触频繁的体育项目运动员很容易发生头部碰撞，以前医生们只关注短期效应，老版的运动医学指南居然以头部受伤后运动员失去知觉的时间作为衡量脑震荡严重程度的唯一标准，只要运动员很快恢复知觉就认为问题不大。但阿里的案例表明，也许长期慢性脑部损伤才是最要命的，原因就是头部撞击引发的炎症反应。

人的大脑是一团类似果冻的软组织，可以把它想象成一个可以随便捏的海绵球，一般性的轻微撞击伤不了它。但当头部受到强力冲击时，整个脑组织会在颅骨内侧来回撞击，导致内部结构受损，诱发炎症反应。通常情况下，炎症反应在撞击发生后的3—12天内才会达到高潮，此时大量杀伤性蛋白质堆积在脑部，脑细胞因此而受到损伤。其中，负责分泌多巴胺的那部分脑组织往往受伤最重，这就是为什么运动神经系统最容易在头部撞击后受到伤害。从进化的角度看，这是有道理的。大脑是人体最重要的器官，如果大脑受伤，人应该立即停止一切活动，安心静养。

除了帕金森病外，阿尔茨海默病和肌萎缩性侧索硬化症也属于"慢性创伤性脑部病变"（Chronic Traumatic Encephalopathy，简称CTE），这三种常见的慢性神经系统疾病都是与运动有关的脑细胞逐渐死亡导致的。研究显示，如果运动员长期受到脑部重击，发生CTE的可能性要比没有受到过脑部伤害的人高，其原因很可能就是脑组织因为撞击而导致的炎症反应。

比如，阿尔茨海默病最重要的标志就是患者大脑内β-淀粉样蛋白的堆积，哈佛医学院的鲁道夫·坦奇（Rudolph Tanzi）教授怀疑这种极具黏性的蛋白质很可能是为了对抗细菌感染而被分泌出来的。他领导的一个研究小组通过实验发现，只需要一个细菌就能诱导小鼠脑细胞分泌β-淀粉样蛋白，蛋白斑块内能找到很多被粘住的细菌。

问题在于，如果β-淀粉样蛋白在完成抗菌任务后没能及时清理出去，就会诱发炎症反应，导致一种名为tau的蛋白质大量堆积。这是一种杀伤性蛋白质，能够杀死脑神经细胞。大量证据表明 tau 蛋白和 CTE 很有关系，病人的大脑正是在 tau 的作用下逐渐坏死，从而引发各种慢性脑神经疾病的。

这个故事告诉我们，运动时一定要保护好大脑，这是人体最重要的器官，只要发生一点点变化就能导致严重的后果。

抗衰老基因疗法靠谱吗？

有家美国公司声称自己正在试验一种抗衰老基因疗法，而且已经有了初步的疗效。

2015 年 9 月，一位名叫伊丽莎白·帕里什（Elizabeth Parrish）的 44 岁美国妇女自愿甘当小白鼠，在自己身上试验了两种尚处于临床试验阶段的新药，成为这两种药的全球首位受试者。2016 年 4 月 22 日，负责开发这两种药的美国生物技术公司 BioViva 在其官方网站上宣布，新药在帕里什身上初见成效，前景一片光明。

这则消息初看似乎没什么特殊的地方，但其中的细节很有意思。这位帕里什其实就是 BioViva 的首席执行官，这两种新药都是她负责开发的。不过，读者先不要急着为她唱赞歌，因为这两种药都是抗衰老药，其目的都是为了让服药者健康长寿。但是，如果你因此又转而对她嗤之以鼻，倒也不必，因为这两种药都是基于基因疗法的新药，在很多方面存在未知的风险，以身试药确实需要一定的胆量和勇气。

目前最常用的基因疗法就是利用改造过的病毒作为载

体，将特定的基因片段运送到人体细胞内，将这个外来基因整合到人体基因组内，永久地发挥作用。此次试验的两种新药其实就是基于这种给药方式的两个新基因，一个基因能够增加受试者的肌肉重量，除了能延缓因年龄导致的肌肉萎缩外，还能治疗某些因病导致的肌肉萎缩，争议不大。

另一个基因则是一种名为 TERT 的端粒酶基因，这个基因能够延长染色体端粒的长度，其目的就是为了延缓衰老，因此引起了公众的兴趣。熟悉生物学的人都知道，细胞分裂之前先要复制一份染色体拷贝，然后分别分配到两个新细胞内。染色体复制的过程非常复杂，每复制一次都要短那么一小节。为了不让有用的基因在这个过程中丢失，生命体进化出了一个很有趣的新机制，即在每条染色体的一端多出来一个类似香蕉把儿的东西，称为端粒。端粒内没有任何有用的基因，每次复制后丢失的一小段端粒 DNA 也就不会造成伤害了。问题在于，端粒的长度是有限的，复制的次数越多端粒就越短，总有一天会耗尽，细胞也就没办法继续复制下去了。

端粒的这个特性让很多人猜测这就是人类寻找已久的生命之钟。众所周知，大部分正常细胞都不能无限地分裂下去，而是有一定的上限。有人研究发现，每一种细胞的分裂上限都和该细胞的端粒长度呈现正相关性：端粒越长，细胞分裂次数就越多。细胞分裂次数和寿命有关，因此有不少科学家试图通过延长端粒的长度来增寿。2012 年，西班牙国立癌症研究中心的玛利亚·布拉斯科（María Blasco）博士首次在小鼠身上完成了这个实验，证明延长小鼠端粒确实能增加小鼠的寿命。

上述实验就是用前文提到的基因疗法完成的，理论上可以被用于人体。但这类实验不属于治病范畴，政府有关部门对于此类实验的管理相当严格，BioViva公司一直申请不到在美国做人体实验的许可证，无法进行大规模的临床试验，即使帕里什本人甘愿当小白鼠，也只能去管理较为松散的哥伦比亚完成这个实验。

从该公司公布的初步结果来看，基因疗法本身似乎是成功了，帕里什体内的免疫白细胞的端粒长度从2015年9月时的6.71kb增加到了2016年3月时的7.33kb，按照人体正常的端粒磨损速度计算，这个增幅相当于回到了20年前的状态。但是，很快就有人质疑说，端粒长度的测量是出了名的不靠谱，平均有8%的误差，帕里什的这个增幅处于误差范围内，还需要更精确的测量才能说明问题。

更重要的是，端粒长度和健康之间的关系并没有那么明确，至今尚未有可靠的实验证明两者之间确实存在明确的因果关系。换句话说，一个人端粒长度很长并不能说明他的身体状况就一定很好，反之亦然。

还有一点不能不提，那就是端粒长度的增加还可能导致癌症发病率的增长。科学家早就知道，癌细胞之所以获得了无限繁殖的能力，其中一个重要原因就是癌细胞内被激活的端粒酶将磨损的端粒补上了。事实上，有人认为多细胞生物进化出端粒这个东西，就是为了对付癌细胞。

所以说，BioViva 公司的这个抗衰老基因疗法远不如该公司自己宣传的那么靠谱。当然了，这个思路还是有前途的，让我们耐心等待吧。

莎拉波娃冤不冤？

仔细分析一下禁药事件的前因后果就会
知道，莎拉波娃被禁赛真的不冤，但如
果再扩展一下思路，就会发现她还是挺
冤的。

俄罗斯网球名将莎拉波娃未通过澳网药检，被查出服用禁药米屈肼（Meldonium）。就在这个爆炸性消息公布之前，莎娃抢先召开记者会，表示她的身体缺少镁元素，且有糖尿病家族病史，她服用此药是为了治病，不知道此药被禁，因此属于误服，请求大家原谅，再给她一次机会。

莎娃到底冤不冤呢？让我们来看看这个米屈肼到底是什么东西。资料显示，这种药是拉脱维亚的一家研究所于20世纪70年代研制出来的，最初被用于畜牧业，十年后才被用于人体。米屈肼通过提高氧气利用效率的方式来增加人体的活力，对于某些心脏病患者和糖尿病患者有一定的治疗效果。此药目前只有一家名为格兰戴克斯（Grendiks）的拉脱维亚制药公司在生产，但似乎相当畅销，仅在2013年就为这家公司带来了6500万欧元的利润，是拉脱维亚制药界的拳头产品。

有意思的是，这家公司的顾问委员会主席基洛夫斯·利普曼斯（Kirovs Lipmans）同时也是拉脱维亚奥组委的成员之一，这件事引起了不少人的质疑。

米屈肼确实是在 2016 年 1 月 1 日才被国际反兴奋剂机构（WADA）列为禁药的，理由是这种药具有增加耐力、缩短剧烈运动后的恢复时间以及提高中枢神经系统的反应速度等功效，可以帮助运动员提高比赛成绩，违反了公平竞赛原则。这纸禁令显然让不少运动员措手不及，截至目前已经有八名运动员栽在米屈肼上面了，包括五个俄罗斯人、两个乌克兰人和一个瑞典人。

值得一提的是，美国 FDA 一直没有批准米屈肼，因此在美国是买不到这种药的。莎拉波娃多年来一直在美国生活和训练，所以她只能托人从国外带药进来。格兰戴克斯在一份官方声明中称此药的疗程通常只有几天，最多几个星期，莎拉波娃居然连续服用了十年，对此只能有两种解释：要么这种药对于她的病产生了某种科学家尚不知晓的新疗效，要么她从一开始就知道这种药其实属于兴奋剂，能够提高她的比赛成绩。

综合各种因素，莎拉波娃被禁赛真的一点也不冤。

接下来的问题是，米屈肼为什么会被列为禁药？WADA这么做有没有道理呢？这就要从药检制度本身寻找答案。

按照 WADA 的说法，兴奋剂检测有三大理由。首先，有些兴奋剂对运动员的身体有害，这大概是最强的理由。但别忘了，兴奋剂领域其实也在进步，现在已经出现了很多对健康影响很小的新型兴奋剂，运动员不再有后顾之忧了。也许有人仍然认为影响再小也是负面影响，但别忘了，已经有很多证据表明职业运动员所经历的高强度训练本身就会对健康带来负面影响，难道要对训练量进行限制吗？

其次，取消兴奋剂检测会对不服兴奋剂的运动员不公平。这似乎也是一条很强的理由，但某些运动员之所以不服药，就是因为怕被抓。如果全部解禁，就没这个问题了。

再次，还有人认为取消兴奋剂检测会对没有实力研发兴奋剂或者干脆没钱买兴奋剂的运动员不公平，这一条仔细想想的话并没有道理。如果真的放开了，我们有理由相信兴奋剂将成为一种普通商品，市场的力量将会迅速降低其售价。退一万步讲，如果因为穷人买不起兴奋剂就指责比赛不公平，那简直就没法定义什么叫公平竞赛了。

另外，米屈肼的案例证明，真正有门路的运动员总能搞到尚未被列入禁药名单的新药，有人甚至可以搞到尚在研制期的未上市药品，这种情况是根本防不住的。

既然如此，为什么兴奋剂检测还要继续进行呢？CNN官网曾经发表过一篇文章认为，根本原因就在于体育比赛的赞助商不希望观众怀疑比赛的公平性，所以他们才是兴奋剂检测的最大支持者。

不过，在这篇文章的结尾，作者假想了一种情况：如果环法自行车赛每年办两次，一次"干净"，一次"不干净"，各位读者，请你扪心自问，你会更关注哪次比赛呢？这篇文章的作者相信，大多数体育迷是不会在乎比赛是否"干净"的，他们只是想看到一场竞争激烈的比赛而已。

肥胖与癌症

新的研究显示，肥胖的人体内的肠道干细胞会变得异常活跃，从而增加患癌症的风险。

除了少数有特殊爱好的原始部落外，如今恐怕没人希望自己是个胖子了。肥胖不但不符合大众审美，还会导致多种疾病。其中肥胖与心血管疾病和糖尿病之间的关联已经十分明确，机理也大致搞清楚了。但是肥胖与癌症之间的关系尚存诸多疑点，流行病学调查显示两者确实存在正相关，但科学家一直没能从机理上搞清肥胖究竟是如何导致癌症的。

2016 年 3 月 22 日出版的《自然》杂志刊登了一篇论文，为这个问题提供了一个新颖的解释。美国麻省理工学院的奥玛·伊尔马兹（Ömer Yilmaz）博士和他领导的一个研究小组以小鼠为实验模型，试图搞清肥胖与消化道癌症之间的关系。研究人员用高脂肪食物喂养实验小鼠，一年后，这些小鼠不出意料地都变成了胖子。之后，科学家分析了小鼠肠道细胞的生理环境，发现一个名为"贝塔型过氧化物酶体增殖物激活受体"（Peroxisome Proliferator-activated Receptor Delta，简称 PPAR-δ）的蛋白质活性提高了。后续研究表明，这个受体分子的激活可以导致肠道干细胞的增殖，而后者早已证明和癌症密切相关。

由于媒体的宣传，干细胞成了一个家喻户晓的新名词。很多不明真相的群众都认为干细胞代表着医学的未来，无论任何地方出了毛病，只要打一针干细胞就能重新长出全新的健康组织。但实际上这种未经批准的干细胞疗法存在巨大的风险，因为干细胞本质上就是一种可以无限分裂的未分化细胞，和癌细胞之间只隔着一层窗户纸。事实上，科学家早已证明很多癌细胞都是由干细胞变来的，消化系统癌症自然也不例外。

如果这个结果被进一步的实验证实的话，这将是肥胖导致癌症的第一个被确认的机理。医生将可以通过监测病人消化道内 PPAR-δ 蛋白的活性来预测癌症的发生，也可以通过抑制 PPAR-δ 蛋白的活性来防止癌细胞的产生。问题在于，科学家们还不知道 PPAR-δ 蛋白活性的增加是由肥胖直接导致的，还是由于高脂肪饮食引起的。伊尔马兹博士的下一个计划就是研究一下喂养了高脂肪食物的瘦小鼠是否还会那么容易得癌症。

但不管怎样，瘦一点总是好的。减肥的方式有很多，从少吃糖到多运动，从睡眠规律到控制饮酒，各种招数都有，但往往都需要很强的毅力，一般人难以坚持。美国伊利诺伊大学的安若朋（音译）教授通过一项大规模流行病学调查研究发现，只要多喝水就能达到减肥的目的。

安若朋教授通过问卷调查的方式统计了 18300 名美国人的日常饮食状况，以及他们每日的饮水量，发现一个人每增加 1% 的饮水量，就会相应地减少 8.6 卡路里的热量摄入，脂肪、糖、盐和胆固醇摄入量也会相应地减少。

具体来说，安教授发现一个人只要每天多喝一杯水，就能少摄入 68 卡路里的热量，糖和胆固醇的摄入量也会分别减少 5 克和 7 克。如果一个人每天多喝三杯水，那么他的热量摄入量就会相应地减少 205 卡路里，糖和胆固醇则会减少 18 克和 21 克。

好消息是，上述结果与受试者的种族、受教育程度和家庭收入无关。坏消息是，这个效果只能通过饮用白水（自来水或者饮水机里的水）来实现，茶和咖啡就不一定行了。

安教授将研究结果写成论文，发表在 2016 年 2 月 22 日出版的《人类营养与饮食学杂志》(*Journal of Human Nutrition and Dietetics*) 上。这是个典型的流行病学调查结果，也就是说，科学家并不知道这个结果的原理是什么，只是通过分析大样本、大数据得出了这个结论。考虑到安教授一共统计了将近 2 万人，这个结论还是有一定的可信度的。

养成多喝水的习惯吧，这么做不但可以减肥，还能减少癌症的发病率哦。

又一个抗癌神药

最近又出现了一种新的抗癌神药，有效率高达 90% 以上，真相到底是怎样的？

"初步临床试验结果表明，在 29 位接受治疗的癌症患者当中，有 27 位的病情有了某种程度的缓解，有效率高达94%。其中，超过一半的病人甚至达到了完全缓解的程度。"

这是在 2016 年 2 月 15 日刚刚结束的美国科学促进会（AAAS）2016 年年会上爆出的新闻，立刻占据了各大媒体的头条位置。熟悉媒体行业的人都知道，癌症领域的新闻特别多，如果你真的相信各个实验室传出的那些"好消息"的话，癌症早就被攻克好几百回了。但这条新闻有些特殊。第一，接受治疗的都是急性淋巴母细胞性白血病（Acute Lymphoblastic Leukemia，简称 ALL）晚期病人，他们全都接受过最先进的化疗并证明无效。也就是说，他们得的都是最厉害的癌症，已经无药可救，仅剩 2—5 个月可活。第二，面对如此凶险的癌症，治疗有效率竟然高达 90% 以上，实在是太吓人了。第三，更好的消息还在后面。同样的治疗思路和方法还在非霍奇金淋巴瘤（Non-Hodgkin lymphoma）患者和慢性淋巴细胞白血病（Chronic Lymphocytic Leukemia）患者身上进行了试验，有效率分别在 80% 和 50% 以上，同样高得有些"离谱"。难怪就连主持这项临床试验的美国弗雷德·哈钦森癌症研究中心（Fred Hutchinson Cancer Research Center）的斯坦利·里德尔（Stanley Riddell）博士在发布会上都用了"不可思议"这样的字眼来描述自己的研究结果。

到底是什么药这么神奇？首先它不是药，而是一种 T 细胞疗法。其次，这是时下非常流行的免疫疗法，已有很长的历史了。这次里德尔博士对其稍加改良，竟然产生了如此强大的效果，还是很让人好奇的。

简单来说，所谓 T 细胞疗法就是先将病人体内的免疫细胞抽出，将其中的 T 细胞进行一些特殊处理，增加它对癌细胞的攻击性，然后再输回病人体内。这个思路一点也不新鲜，很早就有人进行过尝试，但最后都失败了，主要原因就在于体外处理的效果不够好，经过处理后的 T 细胞要么杀伤力不够，杀不死癌细胞，要么杀伤力太强，连健康细胞也被误杀了。

随着细胞转基因技术的突破，科学家们有了更好的处理手段。里德尔博士的实验室就采用了一种非常先进的方法，高效地转了一些新的基因进去，使得病人的 T 细胞生产出一种专门针对 CD19 抗原的新受体，科学术语称之为"嵌合抗原受体"（Chimeric Antigen Receptors）。这个 CD19 是一种

B 细胞表面抗原，和淋巴细胞瘤有着很密切的关系。带有这种"嵌合抗原受体"的 T 细胞能够和发生癌变的淋巴细胞发生特异性的结合，摇身一变成为癌细胞的专职杀手。

这个方法还有一个好处，那就是被强化了的 T 细胞可以自我繁殖，这就相当于免疫接种，病人此后很长时间里都可以自动获得对这种癌症的抵抗力。

怎么样？听上去很赞吧！但事实并没有那么完美。首先，目前这个方法仅限于治疗血癌，对于其他实体肿瘤尚无数据，不知是否可行。血癌只是癌症中的一小部分，实体肿瘤才是大户。如果一种抗癌方法只能用于血癌的话，功效就要大打折扣了。其次，即使是如此精密的体外处理仍然没能把副作用降低到安全水平，29 位接受治疗的癌症患者当中好几位出现了严重的全身过敏反应，即"细胞因子释放综合征"（Cytokine release syndrome），最终导致两名患者死亡。

也许有人会说，这些人本来得的就是不治之症，两个死亡病例不算多。这个解释虽然有些道理，但这毕竟属于严重的副反应事件，说起来很不好听。里德尔博士打算在下一步的实验中减少 T 细胞的数量，希望能降低副反应的程度。但在最终结果出来之前，我们只能谨慎乐观，毕竟这个 T 细胞疗法已经试验了很多年，至今尚未被 FDA 批准使用。

乳腺癌应该怎么治？

乳腺癌的普查和治疗方案已经在全世界
实行了三十多年，但新的研究发现这套
方案存在很多问题。

　　如今的人越来越重视体检，希望一旦不幸生病的话能够
做到早发现、早治疗。这个思路当然很好，已经有很多研究
证明癌症发现得越早治愈率越高，早期癌症病人的存活率是
晚期病人的好几倍。

　　正是在这个思路的引导下，科学家发明并完善了乳房 X
光检测技术，以便及早发现那些无法通过指检等常规体检
方式发现的早期乳房癌变，尤其是体积很小的乳管原位癌
（ductal carcinoma in situ），常规方法很难检出，以前往往只
在尸体解剖时才会被发现。X 光检测仪大规模普及之后，乳
管原位癌的检出率直线上升，目前全世界每年新检查出来的
乳腺癌病例当中有大约四分之一都是这一类型的。

　　顾名思义，乳管原位癌是乳导管细胞发生的癌变，这种
癌细胞分布在乳导管的内壁上，尚不具备扩散的能力，属于
"非侵害性"癌细胞，本身不会致死。但是科学家相信，如
果不去治疗的话，总会有几个癌细胞逃出来并扩散到其他组

织中去，演变成为致命的癌症，因此乳管原位癌又叫作"零期癌症"（Stage Zero Cancer），意思是说这种细胞虽然看上去似乎不像癌细胞，但本质上属于癌细胞的前体，最终肯定会发展成真正的癌症，所以医生一直鼓励中老年妇女定期做X光检查，一旦发现乳管原位癌的踪迹就必须立即设法将其清除出去。

一般情况下，对于尚未扩散的乳腺癌，医生倾向于先通过手术切除肿瘤，再辅以放射疗法，将少数漏网的癌细胞杀死。问题在于，乳管原位癌不是典型的肿瘤，没有那种边界明显的肿块，而是广泛地分布在乳导管的内壁上，这就是为什么它很难通过指检被检出。于是，很多医生为了保险起见，倾向于将病人的整只乳房都切掉。不用说，这种手术严重影响了病人的生活质量，但是如果能因此保住性命，那倒也值了。

这种防患于未然的想法在医学界很常见，宫颈癌的预防性治疗就是一个成功的案例。医生通过子宫颈抹片检查（Papanicolaou test，又被称为 Pap smear）发现异常细胞，然后在癌症尚未发生之前就将这部分宫颈组织切除。已有很多研究表明这个方法大大减少了宫颈癌的发病率，把很多病人从死亡线上拉了回来。

在这个成功案例的鼓舞下，医生如法炮制，用同样的办法对付乳管原位癌。值得一提的是，这套治疗方案虽然听上去很有道理，但并没有经过严格的临床试验就已经开始在各大医院实施了，迄今为止已经实施了三十多年，治疗了成千上万名乳腺癌病人。

治疗效果如何呢？谁也不知道，因为这需要招募大批病人进行统计对照研究，而且必须跟踪研究很多年才能知道结果。

这项工作虽然难度很大，但最终还是有人去做了。多伦多大学的几位科学家通过统计相关病例的方式研究了108196名美国乳管原位癌患者在做出诊断并接受治疗之后十年和二十年的乳腺癌死亡率，并和美国普通民众的平均值做对比，发现除了一些特殊人群（比如黑人和40岁以下的年轻患者）之外，两者没有显著差别。

科学家将研究结果写成论文，发表在2015年8月20日出版的《美国医学会杂志/肿瘤学》分册上。杂志出版后立刻引发了媒体的广泛关注，不少人认为这项研究说明大部分早期乳腺癌患者无须治疗，静观其变就好了。

论文作者对这个观点做了澄清，他们认为这项研究结果并不能说明乳管原位癌无须治疗，而是说明过去的检测思路和治疗方式需要改进。比如，乳腺癌的检测方法需要更新，普通老年妇女的阳性标准也许应该相应地提高。或者把X光检测和基因检测结合起来，带有某种特殊基因型（比如HER2＋）的病人应该单独拿出来作为一类，接受不同的治疗方案，比如芳香化酶抑制剂疗法已被证明在某些情况下比简单的手术加放疗效果更好。

这个例子再次说明，医学是一门相当复杂的学问，很多看似合理的治疗方案都需经过严格的检验才能用于临床。

果糖与心脏病

....

最新研究表明，果糖除了能让人发胖外，
还能诱发心脏病。

甜食吃太多不利于健康，这已是很多人的共识，但很少
有人真的明白为什么。

这里所说的甜食就是含糖量高的食物，糖属于碳水化合
物，富含热量，吃多了会发胖，当然不好。但发胖绝不是唯
一的原因，同样高热量的食品，因为代谢途径的不同会产生
完全不同的结果。比如，同样是碳水化合物，同样是食物中
甜味的主要来源，葡萄糖和果糖的代谢途径就很不一样，其
效果也就大不相同。

大家在副食店里买的做菜用的白糖是蔗糖，这是一种双
糖，很容易被分解成一个葡萄糖分子和一个果糖分子。其中
葡萄糖是最容易被吸收利用的单糖，几乎任何一种细胞都可
以直接把葡萄糖转化为能量。当人吃进大量的蔗糖后血液中
的葡萄糖含量就会立刻飙升，此时必须立刻分泌胰岛素将多
余的葡萄糖转化为糖原储存起来。如果在这个时候测量血液
中的胰岛素含量的话，会发现它出现了一个尖峰。多项研究

证明胰岛素的这种大幅度变化对于身体很不好，这就是为什么吃淀粉比吃糖更健康。淀粉是由很多葡萄糖分子首尾相连而成的长链，进入体内后这些葡萄糖分子是逐步被释放出来的，所以血液中的胰岛素水平不会大起大落，而是平稳地上升或者下降。

果糖与葡萄糖的代谢途径很不一样，不会导致胰岛素水平大起大落，从这一点来看要比葡萄糖稍好一些。但是果糖必须在肝果糖激酶（ketohexokinase，简称 KHK）的催化下才能转化为能量。这种酶有两个亚型，KHK-A 和 KHK-C，两者由同一个基因编码，只是因为后期剪切方式的不同而呈现出两种不同的形态。人体绝大部分细胞中出现的都是 KHK-A 型，催化效率较低。KHK-C 的催化效率极高，但通常情况下它只存在于肝脏中，所以人吃下去的果糖都要先运到肝脏中才能被消化。在肝脏 KHK-C 的催化下，果糖很容易转化成脂肪，所以果糖摄入量太高的话很容易得脂肪肝以及一系列和脂肪肝有关的代谢障碍。

这还不是故事的全部。2015 年 6 月 25 日出版的《自然》杂志刊登了一篇来自苏黎世联邦理工大学（ETH Zurich）的论文，该校细胞生物学教授威尔汉姆·科雷克（Wilhelm Krek）博士领导的一个研究小组通过对小鼠和人心肌细胞的研究，发现过量果糖还能导致心肌肥大，从而诱发心脏病。

通常情况下，当一个人患有高血压或者血管硬化等疾病时，心肌便会补偿性地增大，以便能提供更大的动力。但是肥大的心肌自己却常常会供血不足，从而导致心肌缺氧，诱发心脏病。为了防止出现这种情况，一旦发现氧气供应不足，心肌便会启动糖酵解模式，即在无氧条件下直接将单糖分子分解并产生能量。

如果缺氧心肌的糖酵解用的是葡萄糖，那么问题还不大，但如果此时给心肌提供大量的果糖，麻烦就来了。科雷克教授发现，无论是小鼠的心肌还是人的心肌，此时都会立即启动"果糖模式"，即通过一个名叫 HIF 的小分子改变 KHK 基因的剪切方式，不再分泌 KHK-A，改为分泌 KHK-C。这个过程没有负反馈机制，于是心肌很快就会改为大量利用果糖作为能源，变得像肝脏一样了。一旦发生这种情况，心脏便会变得越来越肥大，最终导致心脏病。科雷克教授强调说，这个变化只有在摄入了大量果糖后才会出现，一般人通过少量水果摄入的果糖没有问题。

那么，如何判断食物中含有的到底是葡萄糖还是果糖呢？除了看标签外，甜度是一个很方便的指标。果糖的甜度是葡萄糖的 2.3 倍，越甜的水果果糖含量往往也就越高。比如苹果和梨非常甜，其含有的果糖是葡萄糖的 2 倍。葡萄、香蕉和桃子甜度稍差，这三种水果中的果糖和葡萄糖含量几乎相等。

因为甜度高，果糖成了食品工业的最爱。加工食品和软饮料中含有大量人工添加的高果糖浆，即通过催化作用把普通淀粉分解后产生的一部分葡萄糖变为果糖。添加了高果糖浆的食品往往含有超量的果糖，最好少吃。

打鼾的新疗法

科学家发明了一种很炫酷的新方法用于
治疗打鼾，效果很不错。

　　打鼾俗称打呼噜，常被认为是一种只对同屋之人有害的行为。事实上，打鼾对打鼾者的危害更大，因为这是"睡眠呼吸暂停症"（sleep apnea）的前兆。据统计，仅在美国就有约 2500 万人患有此症，占打鼾者总数的一半。患有此病的人在睡眠时上呼吸道会发生阻塞，导致呼吸暂停。病情严重者一次阻塞的时间可以长达 1—2 分钟之久，每晚最多会阻塞 600 次以上！可想而知，这样的睡眠质量很差，患者白天感觉极度疲劳，严重影响工作效率。更糟糕的是，高频度的呼吸暂停会使病人的血液经常处于缺氧的状态，很容易诱发高血压、心脏病和糖尿病等诸多疾病，严重的甚至会窒息而死。

　　导致这一症状的主要原因在于患者的上呼吸道肌肉群失去弹性，不能维持扩张，或者患者过于肥胖，导致喉咙部位脂肪过度堆积，阻塞了气管。常用的治疗方法有扩张型鼻贴和喉管整形手术。前者通过物理方法扩张鼻腔，虽然操作起来很简单，价格也很便宜，但不太舒服，也不一定有效。后者虽然可以保证一定的疗效，但手术过程复杂，形成的创伤较大，病人需要很长的时间才能恢复，很多人不愿意做。

20世纪80年代有人尝试用"持续正压通气呼吸法"（continuous positive airway pressure，简称CPAP）治疗打鼾，即通过一个气泵持续向患者的呼吸道施加一定的压力，强行打通喉管。研究显示这是目前成功率最高的方法，如果使用得当的话，绝大部分患者的病情都可以得到极大的缓解。但问题在于，CPAP法需要患者在睡觉时头戴面罩，异物感很强烈，而且因为面罩外面需要插一根管子连接气泵，所以患者睡觉时不能随便翻身，很多人不习惯，所以有大约一半的患者在试用了几次后便放弃了，或者只在有人同屋时才戴上CPAP面罩，独自睡眠时便弃之不用了。

最好的治疗方法当然是用药根治，但迄今为止科学家还没有发明出有效的治疗药物，患者还需等待。最近有人尝试用屈大麻酚（dronabinol）和瘦素（leptin）来治疗打鼾，据说效果都不错，但均需经受严格的临床试验的检验才能被推广开来。在此之前，大多数医生都只能劝病人减肥，或者练习吹奏乐器以锻炼呼吸道的肌肉群，但显然这些方法都不能立竿见影。

2014年夏天，美国食品药品监督管理局（FDA）批准了一种新型的装置，很好地解决了患者依从性的问题。这种新装置名为"上呼吸道电子刺激仪"（upper-airway electronic stimulation），这名字听上去很炫，实际上也确实很炫。首先，医生通过一个小手术将一只微电极植入患者的下颌部位，贴近患者的舌下神经（Hypoglossal Nerve）。这根神经在适量的电刺激下会让患者的舌头肌肉收缩，顺便扩张喉管。之后，医生在患者胸肋处植入一个微型传感器，可以感知患者的呼吸状态，并在适当的时候向微电极发出指令，让后者发出电刺激。

这套装置的植入过程很简单，通常情况下患者第二天就可以出院了，但需要等一个月的时间让伤口愈合，之后才能开始使用。患者通过遥控器来控制这套系统，晚上睡觉前一按开关将其启动，便可安心入睡，早上起床后再一按开关将其关闭就行了。

医学界著名的《新英格兰医学杂志》曾经发表了一篇论文，称该法可以让患者的睡眠暂停频率减少三分之二，也就是从"严重"级别转为"轻微"级别。2015年6月出版的《科学美国人》杂志又针对这一新疗法写了篇综述，认为这是治疗打鼾领域的革命性新方法，效果相当不错。那些常年忍受打鼾之苦却又不愿总戴着个头盔睡觉的人有福了。

III

辑三

健康生活

加工食品与肥胖症

现代人的肥胖症很可能与深加工食品过多有关。

关于导致肥胖的原因，我们的理解发生了好几次转变。

一开始，我们认为肥胖是缺乏运动导致的。后来有人通过简单的推理得出结论说，肥胖是因为脂肪吃多了。再后来，又有人通过一系列大规模调查研究发现，脂肪的摄入量和肥胖之间的关系并不大，碳水化合物才是罪魁祸首。

美国国立糖尿病、消化系统和肾脏疾病研究所（NIDDK）的凯文·霍尔（Kevin Hall）博士认为上述说法都不靠谱，因为它们缺乏过硬的科学证据。

营养学研究最理想的办法就是招募大量志愿者进行对照试验，但大家平时吃东西的习惯千差万别，很难招募到一群只吃某一类食品或者不吃某一类食品的普通志愿者，所以这类研究的对照组很难找。曾经有不少科学家试图通过让志愿者自己汇报每天饮食的办法来做对照研究，但后来发现普通人对于自己每天吃下去的东西缺乏严格的记录，误报的概率非常高。所以，霍尔博士不相信这类大样本研究得出的结论。他曾经做过一个小范围实验，招募了19名体重超标的志愿者住进医院，每天严格控制饮食，结果发现低碳水饮食虽然可以显著降低志愿者的胰岛素水平，却不能增加脂肪细胞的新陈代谢速率，说明仅仅依靠不吃碳水很可能无法持续地减肥。

在霍尔博士看来，导致肥胖的真正原因不是某一种食物成分吃多了或者吃少了，而是食物中的总卡路里大于身体的需求。这就引出了一个关键问题：为什么有些人明明已经摄入了足够多的营养，却总是控制不住自己，还想再多吃一口呢？

霍尔博士猜测，问题很可能出在深加工食品上。

这里所说的深加工食品（ultraprocessed food），指的是蛋糕饼干、方便面、香肠、薯片、午餐肉、糖果曲奇和碳酸饮料等过度加工的"方便"食品，超市货架上装在塑料袋里的面包也属此类。相比之下，非加工或轻加工食品主要包括牛排烤肉，蔬菜沙拉，水果坚果，家庭自制的米饭、面条和原味酸奶等。

为了证明自己的假说，霍尔博士招募了20名身体健康的志愿者，让他们住进医院，所有饮食均由护士送进送出，这就保证了研究数据的准确性。

研究人员设计了两套食谱，一套全是深加工食品，另一套则全部都是非加工食品。志愿者被随机安排先吃其中一套，2周后换另外一套再吃2周，每顿饭吃多吃少不限，全由志愿者自行决定。研究结果发现，志愿者们吃深加工食品时每天要比吃非加工食品多摄入 500 卡路里的热量，2 周吃下来平均体重增加了大约 0.9 公斤。

霍尔博士将研究结果写成论文，发表在 2019 年 7 月 2 日出版的《细胞 / 新陈代谢》分册上。耶鲁大学神经科学系教授戴娜·斯莫尔（Dana Small）评论说，深加工食品之所以让人欲罢不能，很可能是和肠道神经元向大脑发出了错误的信号有关。人体有一套迷走神经系统，负责连接肠道神经和大脑中的纹状体（striatum），后者的主要功能就是做决定，比如到底是继续吃下去还是立刻放下筷子。深加工食品经常会诱使肠道神经发出错误的信号。比如，天然的碳水化合物通常总是伴随着大量纤维素，但深加工食品中的纤维素要么很少，要么和自然界的不是一个种类，人体肠道神经检测不到足够多的纤维素，就向大脑发出了继续吃的指令。

斯莫尔认为，深加工食品本质上就是现代人的毒品。食品生产厂家为了盈利，想出了各种办法增加食品的成瘾性，于是现代人就越来越胖啦。

电子烟不安全

迄今为止最大规模的一个流行病学研究显示，电子烟并不是无害的香烟替代品。

经过多年的宣传，吸烟有害健康这件事已经深入人心了。但最近几年冒出来的新型电子烟厂家却宣称他们生产的是一种安全低毒的香烟替代品，不但可以在禁烟的公共场所使用，还可以帮助吸烟者戒烟，理由是电子烟只有尼古丁，不含焦油等其他有害物质，所以是安全的。

这个理由听上去似乎很有道理，但这种事情不能只听厂商的一面之词，还得听听科学家怎么说，因为后者说话是有证据的，而他们的证据大都来自大规模的流行病学调查。事实上，凡是涉及公众健康的话题，多数情况下都应该进行这样的调查，因为很多病的发病原因非常复杂而且隐蔽，不做大规模调查是发现不了的。

比如电子烟有害这件事，此前曾经有过零星的报道，但都被电子烟厂家以证据不足搪塞过去了。自 2018 年开始，美国疾控中心（CDC）陆续接到来自美国各地的报告，称有人因为吸食电子烟而患上了严重的肺病。截至 2019 年底，

CDC 一共发现了 2409 个相关病例，其中 52 人死亡。

虽然这个数字已足够触目惊心了，但电子烟厂还是不认账，坚称可能是别的原因导致的结果。于是，大家都把目光集中到了美国加州大学旧金山分校的斯坦顿·格兰茨（Stanton Glantz）教授身上。六年前，他和他的团队决定做一次大规模的流行病学调查，彻底弄清电子烟和肺病之间的关联。研究人员招募了 3.2 万名事先没有肺病的成年人，自 2013 年起开始跟踪他们的生活和健康状况。四年之后，研究人员统计了他们当中患肺气肿、哮喘和支气管炎等肺病的比例，发现吸传统香烟的人患肺病的比例是不吸烟群体的 2.6 倍。

这个结论当然并不奇怪，但下一个结论就有意思了。科学家发现，即使那些只吸电子烟的人，患肺病的概率也要比不吸烟者高 30%，这说明电子烟并不像生产厂家说的那样是一种安全的香烟替代品。更糟糕的是，只有不到 1% 的吸烟者改吸电子烟后完全戒掉了普通香烟，绝大部分人变成了两者都抽的双料烟枪。调查显示，这样的人患肺病的概率是不吸烟者的 3 倍以上。

格兰茨教授将研究结果写成论文，发表在 2019 年 12 月 16 日出版的《美国预防医学杂志》（*American Journal of Preventive Medicine*）上。这是迄今为止规模最大的一个关于电子烟的流行病学调查，发表后引起了很大反响。一位从事戒烟工作多年的医生告诉记者，她此前曾经试图用电子烟来帮助烟民戒烟，但看到这篇论文后决定不再这么做了。

仔细看一下论文数据，不难发现问题所在。第一款电子烟是在 2009 年进入美国市场的，但早年的产品质量不高，尼古丁供给不足，还会在嘴里留有异味，吸食的人不多。转折点发生在 2015 年，以 JUUL 为代表的新一代电子烟厂崛起，开发出了好多款不同口味的电子烟，尼古丁供给量也有了大幅提高。据一家民意调查机构的统计，超过 80% 的美国青少年最初是因为喜欢某种口味而开始吸电子烟的，他们当中有超过半数的人不知道所有电子烟里均含有大量尼古丁，于是他们很快就成了这种高成瘾物质的奴隶，而这正是香烟厂商最想达成的目标。

此前早有研究显示，尼古丁会给正在发育阶段的大脑带来一定程度的损伤，导致吸食者无法集中注意力，自控能力显著下降。再加上电子烟那令人愉悦的口味使得青少年吸食电子烟时往往要比真烟吸得更深，更容易损害他们稚嫩的呼吸系统。

熬夜的危害

新的研究表明，熬夜的危害绝不仅仅是
影响注意力那么简单。

动物为什么要睡觉？这个看似简单的问题至今仍然没有
确切的答案，原因之一是睡觉这种行为似乎很不符合进化
论。你想啊，动物在睡觉时对外界刺激的反应极为迟钝，很
容易被天敌抓住，假如有动物进化出了不睡觉的能力，岂不
是会比那些需要睡眠的动物更有生存优势？可惜，这样的事
情似乎从来没有在陆生动物中发生过，即使生活在暗无天日
的地下洞穴中的动物也必须睡觉。

20 世纪 60 年代，美国加州圣地亚哥市的一位名叫兰
迪·加德纳（Randy Gardner）的高中生决定挑战一下人生，
看看自己究竟能坚持多久不睡觉。最终他在几位科学家的轮
番监督下保持清醒长达 264 小时零 25 分钟，创下了人类不
睡觉时间最长的世界纪录。据说最后那几天他出现了严重的
精神问题，头脑迟钝，注意力不集中，甚至还出现了幻觉，
就像吸毒一样。但是，实验结束之后他休息了两天就完全恢
复了，此后似乎也没有留下什么后遗症，以至于很多科学家

相信熬夜带来的损伤都是暂时性的，第二天好好睡一觉就没事了。

2003年，一家英国电视台曾经制作过一个真人秀节目，把10个志愿者关在一间废弃仓库里，比赛谁的熬夜能力最强。最终的获胜者是一位年仅19岁的女警官，她坚持了178个小时没睡觉，拿走了将近10万英镑的奖金。也许是因为有高额奖金的诱惑，或者是因为能上电视的缘故，参加比赛的这10个人心情都还不错。一位参加者甚至回忆说，熬夜的感觉很像喝醉酒，虽然脑子糊涂了，但感觉很幸福。不过，如今再也没有电视台敢制作这样的节目了，因为科学家发现了很多新证据，证明熬夜对新陈代谢、心血管和免疫系统都会带来显著的伤害，很难通过补觉来恢复。新的研究甚至发现，熬夜还能改变基因的表达方式，给熬夜者带来永久性的伤害。

但是，熬夜对大脑功能的影响却一直不甚明了，原因是心理学实验不太好做。此前有科学家根据少量研究得出结论说，熬夜对于大脑的影响有限，只会让人无法集中精力，其余的则问题不大。

美国密歇根州立大学（Michigan State University）睡眠与学习实验室的金伯利·芬妮（Kimberly Fenn）博士对这个结论有疑问，于是她申请了一大笔经费，和同事们一起招募了138名志愿者，进行了史上规模最大的一次熬夜实验。

研究人员把志愿者随机分成两部分，一部分人正常睡觉,另一部分人熬夜不睡。然后科学家分别在晚上(睡觉前)和第二天早上(睡觉后)测量志愿者们按顺序做事情(pacekeeping)的能力,即事先为他们安排一系列任务,但在完成任务的过程中经常打断他们,看他们是否还能继续完成任务而不出现差错,比如漏掉某个步骤等。

实验结果表明,两组受试者在晚上的出错率均为15%左右,睡觉组第二天早上的出错率仍然维持在这一水平,而熬夜组的出错率则骤升至30%,增加了一倍。

芬妮博士将实验结果写成论文,发表在2019年11月20日出版的《实验心理学》(*Experimental Psychology*)杂志上。科学家们评论说,这个结果表明熬夜绝不只是影响注意力那么简单,而是对人的整个大脑功能都有影响,必须格外小心。举例来说,如果某个熬夜者第二天需要从事一些顺序性强的工作,比如医生为病人做例行体检,虽然那些步骤已经操作过无数遍,但熬夜之后犯错的可能性会飙升,最好换别人来做。

又能愉快地吃肉了？

红肉和加工肉类吃多了有害健康，这个
结论仍然没有变。

十一长假期间，一则关于吃肉的新闻成了爆款。不少媒体宣称外国科学家的最新研究表明，红肉和加工肉类对健康无害，大家可以放心大胆地继续吃。

这则新闻的源头是 2019 年 9 月 30 日出版的正规医学期刊《内科医学年鉴》（*Annals of Internal Medicine*）上刊发的一组文章，质疑了此前流行的关于吃红肉和加工肉类有害健康的观点。作者得出结论说，绝大部分成年人可以继续放心大胆地吃肉，不会对健康造成危害。

这期杂志在国际学术界引发了轰动，一大批国际营养学领域的权威专家联合起来给该杂志写了一封抗议信，要求主编重新考虑这组文章是否适合发表。这封抗议信的签名者之一，斯坦福大学医学院营养学教授克里斯托弗·加德纳（Christopher Gardner）对媒体说："我对这组文章感到困惑，甚至有些愤怒。"

让加德纳感到愤怒的这组文章是由来自 7 个国家的 14

名科学家组成的一个专家委员会联合撰写的，领头者是加拿大达尔豪斯大学（Dalhousie University）社区健康系的副教授布拉德利·约翰逊（Bradley Johnston）。这 14 名科学家大都不是研究营养学的，但他们有一个共同点：都对营养学领域流行的研究方法感到不满，于是他们用另一套方法对这个领域现有的研究数据进行了重新分析，这组文章就是这次分析结果的汇总。

换句话说，这组文章并不像某些媒体说的那样是"营养学领域的最新研究"，而是对旧有数据采用了一种新分析法而已。这个新分析法的全名很长，英文简称为 GRADE。熟悉医学研究的人应该知道，这个 GRADE 分析法被认为是循证医学研究的最高标准，因为该法对不同来源的研究数据进行了加成。双盲对照实验得来的数据质量最好，所以加成最高。仅仅通过观察得来的数据则可信度较低，所以加成就低。这样一来，高质量数据的占比就会比低质量数据高一些，得出的结论也就更可靠。

GRADE 分析法最常用于新药的临床试验，如今所有上市的新药都必须过这一关。约翰逊领导的这个专家小组坚信营养学领域的研究也必须采用此法才能得出可靠的结论，所以用 GRADE 分析法对此前发表的大量关于红肉和加工肉类的论文进行了重新评估，得出了红肉和加工肉类对健康影响不大的结论。

但是，抗议信的另一位签名者，哈佛大学营养学系的系主任弗兰克·胡（Frank Hu）教授指出，营养学研究和新药研发不一样，后者很容易进行双盲对照试验，前者则几乎不可能。一来，像红肉这样的食品很难找到对应的安慰剂，双盲实验更是无法实现；二来，红肉本身也不是吃了就死的毒药，其健康影响可能需要等上几十年才能显现，没人做得起时间跨度这么长的双盲对照试验。所以，营养学研究领域惯常的做法就是通过对大样本群体的观察来得出结论，这才是最靠谱的研究方法。

除此之外，约翰逊教授也是个有前科的人。他此前曾经在同一本杂志上发表过一篇论文，质疑了含糖饮食对健康有害的结论，但后来发现他的资助者为一家大的食品企业，所以那篇论文得出的结论很不可靠。

至于这组论文，迄今为止还没有哪家权威机构予以承认。包括美国心脏病学会、美国癌症研究协会和美国联邦政府的营养指南编写委员会等机构都还认定红肉和加工肉类吃多了会增加心血管疾病和癌症的发病率，建议大家少吃。

钠太多，钾太少

中国人吃饭口味太重，对健康不利，需要做出根本性的修正。

2019年6月出版的《柳叶刀》杂志刊登了一篇重磅论文，分析了1990—2017年中国人的死亡原因，发现原本高居第一的呼吸系统癌症已经掉到了第三位，现在排名前两位的分别是中风和缺血性心脏病，两者加起来占到中国人死亡原因的近40%。

这两种疾病可以统称为心脑血管疾病，其发病率与遗传、年龄和性别等因素都有关系，但饮食不当无疑是其中最重要的诱因。我们甚至可以简单地说，心脑血管疾病的发病率之所以那么高，主要是因为中国人吃饭太咸了。

中国菜是公认的全世界最咸的菜系，但具体咸到什么程度一直有争议，因为群体饮食的含盐量非常难以统计。此前有人曾经根据居民自述的饮食习惯得出结论说中国人的口味正在逐渐变淡，但这种自述显然不够准确，该结论有待商榷。

英国伦敦玛丽女王大学的几位研究人员决定另辟蹊径，

从居民的尿液中分析中国人饮食的含盐量。从理论上讲，这个方法显然更加准确，但必须连续不断地收集 24 小时的尿液才能得出可靠的结论，难度还是很大的。所幸此前已有很多科学家做过类似的分析研究，发表了多篇论文。研究人员通过论文检索系统收集到了 1950 年至 2019 年 2 月发表的 169 篇相关论文，去掉那些分析方法不够严谨或者时间跨度不到 24 小时的论文，剩下 70 篇高质量论文符合要求。这些论文包括 890 名儿童和 25877 名成年人的尿液研究数据，时间跨度长达 70 年，可以说相当准确地反映了中国人这些年来饮食习惯的变化。

研究人员将这些数据汇总起来重新进行分析，得出了一个令人不安的结论：当前中国人饮食中的含盐量已经超过了每天 10 克的水平，是世界卫生组织（WHO）建议的最高值的两倍多。其中，中国北方居民的食盐摄取量高达每天平均 11.2 克，是全世界吃得最咸的人群。好在这一数字是从 20 世纪 80 年代的每天 12.8 克降下来的，说明中国北方居民的重口味这些年略有改观。这一变化可能与政府长久以来的健康教育以及新鲜蔬菜供应的日渐充足所导致的咸菜消费量下降有关。

相比之下，中国南方居民的食盐摄取量却在上升，从 20 世纪 80 年代的每天 8.2 克上升到了目前的每天 10.2 克。这一变化可能和南方居民越来越多地选择在外面吃饭有关，因为绝大部分饭馆为了吸引食客，往往会把菜做得偏咸。

研究人员将这一结果写成论文，发表在 2019 年 7 月 16 日出版的《美国心脏协会杂志》上。除了对食盐（氯化钠）摄入量进行了分析之外，这篇论文还顺便分析了中国居民饮食中的钾盐含量，发现情况同样很不乐观。已知钾盐对于人体的作用和钠盐正相反，能够缓解高血压的症状。但目前中国人饮食当中的钾盐含量只有 WHO 建议量的一半，同样有很大的改进空间。

　　WHO 出版的健康指南中把钠盐视为高血压的主要致病因素，钾盐则被视为钠盐的解药，所以我们应该重视这篇论文得出的结论，加大力度推广低钠高钾饮食。

　　这其中，降低钠盐的摄取量相对简单，只要尽量避免过咸的食物就行了。增加钾盐的摄取量难度要大一些，因为富含钾盐的食物包括三文鱼、金枪鱼、香蕉、石榴、牛油果和奶制品等，价格相对要高一些。

想怎么睡就怎么睡

睡眠模式有很多种，大家可以根据自己
的情况各取所需。

每年的 3 月 21 日——世界睡眠日这天，媒体都会爆出几条和睡眠有关的新闻。今年的爆款是关于周末补觉的，美国科罗拉多大学的科学家在 2019 年 2 月 28 日出版的《当代生物学》杂志上发表了一篇论文，认为"工作日熬夜，周末补觉"这种当代社会很常见的睡眠模式并不是一种有效的健康策略，甚至有可能比持续睡眠不足危害更大。

可以想象，这条新闻下面的评论区全是上班族的哀号之声。如今职场竞争激烈，白领们在工作日期间普遍睡眠不足，就指望着周末补觉呢。按照这个说法，补觉反而有害健康，这可如何是好？

先别着急，如果你再去网上搜搜，就会搜到瑞典斯德哥尔摩大学的科学家发表在 2018 年 5 月出版的《睡眠研究杂志》（*Journal of Sleep Research*）上的一篇论文，结论是周末补觉可以降低死亡风险。

到底听谁的呢？这就需要研究一下这两篇论文的细节了。

美国的研究属于小范围对照实验，研究人员找来36名身体健康的志愿者，把他们分成三组，分别尝试不同的睡眠模式，然后测量他们的身体指标，发现补觉组的某些健康指标比连续熬夜组的更差。很显然，这项研究的优点是身体指标明确可控，但缺点是数据量太小，时间也太短，结论不一定可靠。

瑞典的研究属于大数据相关性研究，涉及4.3万名瑞典人。研究人员先是通过调查问卷的方式拿到了这些人的睡眠模式数据，然后跟踪了他们十三年，统计了这些人的死亡率，发现在65岁以下的人群当中，如果每天都只睡5个小时的话，那么他们的死亡率和每天睡够7个小时的人相比增加了53%，这个结果说明睡眠不足真的会减寿。但是，如果这个人在工作日睡眠不足，但在周末补觉1—2个小时的话，那么他的死亡率就和每天都睡足7个小时的人没有差别了。很显然，这项研究的优点是数据量大，时间也足够长，缺点是变量太多，因果关系不够明确，所以结论也不一定可靠。

那么我们到底应该信哪个呢？其实如果我们仔细读一读论文的结语，不难发现两篇论文都认为每天都睡够7个小时才是最健康的模式，如果睡不够的话，即使周末补觉也无法完全弥补损失，但肯定还是会有帮助的。

这个结论当然也不新鲜，谁都知道睡觉是刚需，而且如果缺觉的话只能靠睡觉来弥补，其他任何方法都不管用，所以周末补觉几乎是必然会发生的。问题在于，我们能否灵活一点，不必每天晚上都连续睡上7个小时，而是见缝插针，有空就睡会儿呢？答案似乎是肯定的。

　　研究显示，目前的这种睡眠方式并不是人类唯一的选择，我们的祖先并不是这么睡觉的。早在打猎、采集时期，由于自然环境恶劣，猛兽时有出没，我们的祖先采取的就是这种见缝插针式的睡眠方式，每次只睡2—3个小时，晚上也会经常醒来。

　　当人类文明发展到一定阶段之后，安全有了保障，祖先们终于可以一觉睡到大天亮了。但是北欧人却并不是这么睡觉的，因为那里纬度高，冬季天黑得太早了，古人又没有廉价的照明设备，所以通常是天一黑就上床睡觉，夜里醒来后找点事情折腾几个小时，然后再睡到天亮。

　　热带地区的人也不是每天只睡一觉的，因为那里的中午时段天气太热，啥事也干不了，所以热带地区的人养成了早起晚睡的习惯，早上趁天气还凉快的时候起床干农活，中午睡个长长的午觉，等太阳快落山了再起床继续干活，晚上很晚才睡。

　　也就是说，古人的睡眠并不都是"单相式"（monophasic）的，而是有很多种不同的模式，既有热带那种早起晚睡外加午睡的"双相式"（biphasic）睡眠，又有打猎采集者那种随时睡随时醒的"多相式"（polyphasic）睡眠。现代人之所以觉得"单相式"睡眠是最标准的，只是因为我们白天都要去上班。

　　总之，最理想的睡眠就是沾枕头就着，醒来后神清气爽。只要能做到这两条，你想怎么睡就怎么睡。

幸福是把双刃剑

按照进化原则，幸福只是生存的一种手段，不是目的。

如今盛行励志文，很多这类鸡汤书都在教读者如何追求幸福，追到后又如何保持幸福。澳大利亚昆士兰大学的心理学家威廉·冯·希佩尔（William von Hippel）认为这些书大都不靠谱，因为幸福是一种不可持续的状态，这是由我们的基因决定的。他在 2018 年出版了一本名为《社会跃进》（*The Social Leap*）的书，详细解释了进化如何塑造了人类的幸福感。

希佩尔教授在书中提出了两个和幸福有关的问题。第一个问题是：一个人的收入和他的幸福感有关系吗？美国弗吉尼亚大学的大石茂弘（Shigehiro Oishi）博士早在 20 世纪 80年代就研究过这个问题。他招募了一批志愿者，让他们给自己的幸福感打分，然后跟踪他们的后续发展，看看最终到底是什么样的人挣得最多。

跟踪了十五年后，大石茂弘博士得到了两个有意思的结果：第一，当年自我感觉幸福的人平均下来要比不幸福的人挣得多；第二，挣得最多的是当年自我感觉比较幸福的那批人。相比之下，当年感觉最幸福的那批人挣得反而和当年感觉不幸福的那批人差不多。

第一个结果很好理解，毕竟自我感觉幸福的人往往更有活力，起点也很可能比不幸福的人高一些。第二个结果看似有些费解，大石茂弘博士给出的解释是：一个人如果自我感觉太幸福了，往往就没有继续拼搏的动力了。

希佩尔教授提出的第二个问题是：一个人的身体状况和他的幸福感有关系吗？

为了回答这个问题，希佩尔教授和他的学生们招募了一群志愿者，让他们看一堆不同主题的照片，然后测试他们对于这些照片的记忆能力，结果发现65岁以上的老年人更容易记住那些美好的照片（比如萌宠图），更善于忘记那些带有负面情绪的照片（比如飞机失事）。相比之下，年轻人则对这两类照片的记忆力一样好。

一年之后，研究人员把志愿者当中的那些老年人再次招进实验室，测量了他们血液中CD4+细胞的数量。这种细胞是免疫系统活性的一个非常可靠的指标，数量越多说明免疫系统越健康。测量结果表明，越是那些更容易记住美好照片的老年人，其CD4+细胞的数量就越多。

希佩尔教授相信，这两个问题都和进化有关。首先，进化的唯一目的就是让你想尽一切办法活下来，并成功地繁衍后代，进化根本不在乎你是否幸福。幸福只是达到目的的一种手段，让你更有动力去做有助于繁殖后代的事情而已，这就是为什么幸福感一定是不可持续的，否则你就再也没有动力去努力了。这方面的案例非常多，比如绝大部分中了彩票的人刚开始都很幸福，但从长远来看却不一定比中奖前更幸福，有的甚至更糟。换句话说，当美梦成真之后，我们很少能做到比成真前更快乐，"王子和公主从此过上了幸福的生活"这样的事情只能出现在童话里。

其次，幸福感确实能够促进一个人的免疫系统提高效率，这也是进化导致的结果。想象一下，当你遇到危机时——比如，树丛里突然蹿出一头老虎，你会从哪里获得逃跑所需要的额外能量？大脑的份额肯定不能动用，肌肉组织的能量供应肯定也必须保证，这两部分都是不能牺牲的。希佩尔教授认为，此时你唯一可靠的额外能量来源就是免疫系统。人类的免疫系统非常昂贵，需要很多能量来维持其运转。但这个系统是为了防止你将来得病，短时间内是可以被放弃掉的。这就好比一个国家突然遇到严重的天灾，此时军队是最容易立即动员起来参与救灾的力量，国防任务可以先放一放。

按照这个理论，只有当我们感到幸福的时候，我们的免疫系统才会处于最佳状态，这是最符合进化原则的生存策略。当我们年纪越来越大时，免疫系统的效率本来就会变低，此时就更需要我们保持快乐的心情，助它一臂之力。已有很多证据显示，如果一个老年人长期处于不快乐的状态，他的健康状况将会大受影响，小病小灾很容易将其击倒。

希佩尔教授甚至认为，对于一个 65 岁以上的老年人来说，即使为了和朋友聚会而不得不抽烟喝酒也比他宅在家里孤独终老要好很多，因为前者会让他感到幸福，从而刺激免疫系统更好地为他工作。

保健品神话的破灭

越来越多的证据表明，绝大部分保健品
都是无效的。

2018 年可以说是保健品神话全面破灭的一年，不仅国内的保健品企业多次被曝出违法乱纪，就连国外的保健品市场也因为一连串负面论文的发表而一蹶不振。

这里先不说那些本身就存疑的中医养生类保健品，单说维生素和矿物质这些似乎早已被证明有效的健康补充剂。它们被统称为"微量营养"（micronutrients），意指那些人体无法自身合成但需要量又不高的营养元素。

我们的老祖宗是不缺微量营养的，他们以打猎和采集为生，食物的来源非常丰富。农业的发明大大减少了食物的种类，但最新的研究表明，起码在农业的早期，农民仍然会采集野生植物来吃，微量营养肯定也是不缺的。农业发展到后期导致人口过剩，很多穷人都吃不饱时，人类社会才第一次出现了微量元素缺乏这种毛病。资本主义工业化的出现加剧了这一现象，因为那些以谋利为终极目标的食品制造商不断地通过精细加工来提升食品的口感，微量营养在加工过程中大量流失掉了。

不少人坚信，资本主义导致的问题，最终必须得靠资本主义来解决，保健品行业就是在这一背景下诞生的。这个新兴行业最初的想法是好的，即通过人工补充微量营养物质的办法来弥补现代食品工业的缺憾。很多因为工作太忙或者经济不宽裕而只能吃垃圾食品的人觉得自己有救了，只要再花钱买点维生素药片，就可以补充自己所需的微量营养。

为了让消费者吃起来更加方便，保健品厂商也和食品厂商一样，不断地对产品进行升级换代。以前各种维生素都是分开包装的，消费者可以各取所需，但如今市场上最流行的反而是那种复合维生素药片，号称里面啥都有，让你一次补个够。

可惜的是，营养学家陆续发现了很多新证据，表明事情并不像大家想象的那么简单。先是 2018 年初出现了几篇论文，证明定期服用维生素药片并不能增进健康，也无法预防各种慢性病。这里所说的维生素包括了 A、B、C、D 和 E 等几乎所有常见的种类，无一幸免。接着年中时又出现了一篇综述性文章，证明就连一直被视为神药的鱼油胶囊（富含 Omega-3 脂肪酸）对于预防心血管疾病也没有帮助，更不能延缓衰老。所有这些论文都发表在同行评议的正规科学期刊上，说明它们都是有一定水准的，必须加以重视。

为什么会这样呢？一种解释是，如今大部分普通人的饮食当中都已经包含了足够多的微量营养，多吃无益。另一种解释是，药片中所含的维生素不容易被人体吸收，效果远不如食补。这两种解释都涉及一个问题，那就是维生素可以分成水溶性和脂溶性这两种，前者无法在身体里储存，当天吃当天用，多余的就随着尿液排出体外了；后者则可以在脂肪中被富集，浓度高到一定程度后反而会对身体有害。

维生素 A、D 和 E 类都属于脂溶性维生素，它们会溶于食物中普遍含有的脂肪，通过这个渠道被人体吸收。如果只吃复合维生素药片的话，其中含有的脂溶性维生素很难被吸收，等于白吃，所以这类药片最好和食物同吃。再者，脂溶性维生素不能过量，比如维生素 D 服用过量会导致血钙浓度过高，甚至会让人呕吐，严重的还会造成肾脏病变。维生素 E 服用过量则会导致动脉阻塞，增加前列腺癌的风险。

除此之外，像铁、钾、锰、硒和锌等矿物质也不是多多益善，而是够用就好。研究显示，对于大部分生活在中等富裕国家的普通人来说，食物中含有的矿物质都已足够，不用再花冤枉钱买补品吃。

当然了，保健品对于一些特殊人群来说还是有用的。目前比较肯定的大致有三类：第一类是孕妇，最好补充一点叶酸，而且要在怀孕之前就开始补；第二类是婴儿，最好补充一点钙质，因为母乳中钙质相对缺乏；第三类是老年人，尤其是那些不经常晒太阳的老年人，最好补充一点维生素 D，能够预防骨质疏松症。

脂肪：朋友还是敌人？

关于脂肪，营养学家们意见不一。

20 世纪全球知名度最高的饮食建议是什么，少吃盐还是多吃蔬菜？答案很可能是低脂。无论端上来的是一盆红烧肉还是一锅水煮鱼，大部分人的第一反应大概都是"虽然好吃但不健康"，由此可见，脂肪有害的宣传已经深入人心了。

其实这个建议的历史并不长，大约开始于 1977 年出版的一份特别报告。这份报告是由美国参议院的一个特备委员会起草的，它用美国前总统艾森豪威尔的心脏病猝死作为案例，建议美国人要少吃脂肪，代以碳水化合物。这份报告很快引起了各方的关注，最终促成美国公共卫生部门出台了一系列相关政策，鼓励食品制造商研发低脂食品，其结果就是美国人日常饮食中的脂肪含量从 20 世纪 70 年代的 42% 下降到了现在的 34%。

据说，当年那份特别报告的背后并没有足够坚实的科学依据，一批营养学家曾经表达过不同的意见。事实证明，他们的担心是有道理的，最近这四十年里美国人的平均体重逐年增加，心血管疾病的发病率也一直在上升，平均寿命自 20 世纪初的大流感以来首次出现了下降的趋势。这些事实让不少人开始反思美国的低脂政策。一些科学家在动物和人身上试验了高脂肪、低碳水的所谓"生酮饮食",证明起码在中短期内对于减肥和控制糖尿病来说效果都要比低脂肪、高碳水的饮食法要好。

于是,这股风潮迅速扭转了过来。最近,亚马孙网站最畅销的十本关于减肥的书当中,有四本都是关于生酮饮食的。

难道脂肪真的被平反了吗? 2018年底出版的《科学》杂志刊登了一篇论文,四位美国主流科研机构的营养学专家从正反两方面分析了脂肪和碳水的利弊,为读者提供了一个全景式的综述。

根据这篇综述,碳水的好处主要有以下三点。第一,碳水的氧化效率要比脂肪高,所以人类的新陈代谢是偏向碳水的。也就是说,如果两者都有,那人体肯定先消化碳水,而把脂肪存下来。从这个角度来看,脂肪似乎应该比碳水更容易让人发胖。

第二,研究证明脂肪酸会引发炎症反应,增加细胞癌变的概率。另外,脂肪的消化过程需要胆汁,而胆汁的重要组分胆汁酸进入消化道后会诱发直肠癌。

第三,因为脂肪比碳水贵,所以农业国家的穷人往往以碳水为主食。但很多案例表明,当这些穷人移民到富国,改变了饮食习惯之后,往往会很快发胖,糖尿病和心血管疾病的发病率也会迅速增加。

与此同时,脂肪派则提出了自己的证据,证明脂肪比碳水好，主要理由也可以总结为以下三点。

第一，脂肪不仅是能量的来源，其中含有的 Omega-3 和 Omega-6 脂肪酸还是人体所必需的营养物质。如果饮食中含有的脂肪太少，很可能会出现营养不良的情况。

第二，好多种类的癌细胞都是依靠糖酵解来获取能量的，如果减少血液中的葡萄糖含量，这些癌细胞将会被饿死，所以生酮饮食有抗癌的功效。

第三，在农业诞生之前，人类依靠打猎和采集为生，生酮饮食才是祖先们的日常状态。很多案例表明，当那些以打猎为生的原住民（比如因纽特人和某些海岛渔民）进入现代社会，改以碳水为主食后，他们的体重都会迅速增加，健康状况则会有明显的下降。另外，在胰岛素被发现之前，医生都是靠生酮饮食法来治疗糖尿病的，所以这种饮食方式并不是什么新鲜事，适应起来完全没问题。

两派似乎都有道理，到底应该信哪边呢？

这篇论文的作者认为，也许我们的关注点错了。无论是脂肪还是碳水，数量都不如质量更重要。对于脂肪来说，非饱和脂肪要远比饱和脂肪健康得多，所以应该多吃植物油，少吃肥肉。对于碳水来说，则应该尽量避免吃精加工的碳水，多吃糙米和全麦食品。因为精米、精面中含有的营养物质极少，还很容易导致血糖升高，是最不健康的碳水。最后，也是最重要的一点，那就是无论是碳水还是脂肪，都不应吃太饱。如果你每顿饭都吃到撑，那无论怎么吃都是有害健康的。

被杠精改变的世界

日常生活中的杠精越来越多了，这些人
甚至改变了全球的政治格局，我们即将
被迫生活在一个被杠精改变了的世界里。

凡是在个人社交网站比较活跃的人恐怕都有这样一种感觉，那就是喜欢抬杠的网民越来越多了。这类人在民间通常被称为"杠精"，心理学家则喜欢用"对抗型人格"（antagonism）来形容他们。

心理学界有"五大人格"的说法，大意是说有五种特质可以涵盖绝大部分性格特征，即开放性（openness）、责任心（conscientiousness）、外向性（extraversion）、宜人性（agreeableness）和神经质（neuroticism）。每一种特质都是一个谱系，在人群当中呈钟形正态分布，大部分人处于中间位置，走极端的人属于少数。

举例来说，宜人性这一特质的两极分别是"随和"与"对抗"。前者通常表现为待人接物有礼貌，公开场合注意自己的行为举止以及富有同情心等性格特征。后者则正相反，喜欢和别人作对，侵略性强，共情能力差，经常把人得罪了却不自知，杠精就属于这一类。

神经生物学方面的研究证明，这两种性格是有生理基础的。随和型大脑的"默认网络"（default network）比较活跃，具有这样神经结构的人更善于在大脑中模拟别人的心理活动，共情能力强。与此同时，这样的人控制神经冲动的能力也更强一些，在社交情景当中善于控制负面情绪，显得更有礼貌。另外，随和的人体内的催产素含量相对较高，而具有对抗性格的人则是睾酮占优，这就是为什么后者男性偏多的原因。

但是，我们不能简单地说随和就一定好，对抗就一定坏，因为随和的性格虽然有助于社群团结，但这样的人往往更容易被骗，其生存优势不一定就比对抗性格的人强，所以对抗性格并没有被进化淘汰，对抗基因仍然存在于人类基因组当中。

必须指出，这两种性格和政治上的保守派与自由派不是一回事。美国哥伦比亚大学的心理学家斯考特·考夫曼（Scott Kaufman）博士在《科学美国人》杂志官网上撰文指出，保守派非常注重礼貌（politeness），自由派更看重同情心（compassion），两者在"宜人性"谱系当中都位于随和那一端，双方在性格上其实是很相似的，只是政治理念不同而已。

这个谱系中的对抗那一端所对应的则是民粹主义（Populism），这一政治派别的核心诉求就是"人民对抗权力"，民粹主义者普遍相信政治精英都是腐败的魔鬼，他们要把权力从这些坏人手里夺过来，还给人民。但是人民这个概念却又是模糊的，谁也无法给出准确的定义，所以民粹主义既可以很左（如查韦斯），又可以很右（如特朗普）。换句话说，民粹主义不是一种具体的政治主张，而是一种特定的性格，可以简单地归结为杠精。

早已有研究显示，在西方民主政体当中，杠精型政治家更容易获得媒体的报道，也更容易在民选中获胜。杠精型选民则普遍不相信政治，更容易相信阴谋论，更倾向于投票支持分裂主义。这两类人结合在一起力量非常强大，因为同种性格的人往往会相互吸引，杠精型选民的情绪很容易被杠精型政治家煽动起来，而情绪往往比理智更能决定选票的归属。

社交媒体的流行让越来越多的具有对抗型人格的网民有了发声的机会，他们的存在感越来越强。考夫曼认为，造成这一现象的根本原因是 20 世纪 60 年代开始的平权运动让更多的人接受了良好的教育，这些人对于平等的诉求越来越强烈，对政治家的要求越来越高，越来越相信自己比那些"政治精英"更懂政治。

从历史的角度看，这一转变是件好事，民粹主义也未尝不是一种政治进步。但问题在于，如今的民粹主义者们只喜欢批评别人，自己却提不出建设性的政治主张，或者不愿意亲身参与其中做点什么。换句话说，他们的选择更多的是基于对抗性格，而不是对具体政策的不满，其结果很可能事与愿违，最终选出的只是一些和他们性格相投的杠精型政治家而已。而这些杠精型政治家为了维护自己的权力，肯定会不断地煽动选民们的对立情绪，最终导致一个被撕裂的社会。

滴酒不沾最健康

新的研究表明，酒精饮料没有安全剂量这一说，只要喝了就有害。

哪个国家的男人最能喝酒？答案既不是所谓的"战斗民族"俄罗斯，也不是盛产大老爷们的东三省，而是罗马尼亚。罗马尼亚男人平均每人每天要喝82克的纯酒精，大致相当于4两白酒的量。请注意，这是所有人的平均值，该国肯定有人是不喝酒的，喝酒的也不一定每天都喝，所以罗马尼亚酒鬼们的真实酒量肯定要比这大得多。

哪个国家的女人最能喝呢？答案是乌克兰。乌克兰女性平均每人每天要喝42克纯酒精，大致相当于4杯红酒的量。

这两个数字来自2018年8月23日出版的《柳叶刀》杂志，该期杂志刊登了一篇关于酒精饮品与健康关系的重磅论文。作者是一个由美国华盛顿大学科学家牵头的"全球疾病负担"（Global Burden of Diseases）研究小组。该小组调阅了来自全球195个国家和地区的694个酒类消费数据库，终于得出了上述结论。

这篇论文还发现，全世界有三分之一的人平时有饮酒的习惯，但各个国家和地区之间的差异极大。其中最喜欢喝酒的国家是丹麦，97.1%的丹麦男人和95.3%的丹麦女人经常喝酒。最不喜欢喝酒的男人来自巴基斯坦，只有0.8%的巴基斯坦男性有饮酒的习惯。最不喜欢喝酒的女性来自孟加拉国，饮酒率只有0.3%。当然，这篇论文的主要目的肯定不是调查酒精消费现状，而是研究酒精饮品对于健康的影响。为了达到这个目的，研究人员从庞大的数据库中检索到了592篇相关论文，然后将这些论文的数据整合到一起，用最新的统计方法重新进行了研究，修正了过去的错误结论，得出了一批新的结果。

研究显示，酒精饮品是全世界15—49岁年龄段人群最大的致死因子，这个年龄段的人有五分之一的死亡原因可以归结为饮酒。如果把所有年龄段的人都算上的话，那么饮酒在所有死亡原因中排名第七位。仅以2016年为例，全世界就有280万人死于酒精引发的各种事故，包括车祸、疾病和自残行为等。

这其中，饮酒和疾病之间的关系肯定是大家关注的重点。这个问题争议很大，因为此前虽然有很多证据表明酒精害处很多，但同时也有不少研究证明适量饮酒对心血管系统的健康有好处。虽然后者所需经费有很多都是酒厂提供的，但世界各国的卫生部门还是给酒精饮品开了个口子，只对最低饮酒年龄做了限制。

这个口子开得有多大呢？只要和香烟的待遇比较一下就

知道了。目前已经找不到任何关于香烟可能对健康有益的论文了，所有研究无一例外全都证明香烟有百害而无一利，再加上香烟还有个"二手烟"的问题，所以全世界几乎所有的国家都制定了严格的控烟法案。比如，不准烟草公司做广告，公共场所禁止吸烟等。

但是，这篇论文颠覆了此前的看法，酒精饮品并没有所谓的"安全剂量"，少量饮酒虽然对心血管系统有一定的好处，但同时也有更多的坏处，比如致癌。研究表明，酒精是明确的致癌物。大于50岁的人群当中，27.1%的女性癌症和18.9%的男性癌症都是喝酒引起的，仅此一项带来的坏处就大过好处了。因此，如果一个人想要健康长寿的话，那么他最好滴酒不沾。

据说很多人听到这个结论后的第一反应就是赶紧喝一杯压压惊，酒腻子们纷纷表示喝酒可以让人高兴，指责写这种论文的人都是死脑筋，看不到酒的精神价值。其实这些人会错意了，科学家们当然知道喝酒能让某些人感到愉悦，这篇论文不是写给酒腻子看的，而是写给那些误以为每天一杯红酒对健康有益并因此强迫自己喝酒的人看的。

更重要的是，这篇论文是写给政府机构看的。作者呼吁各国政府改变宣传口径，号召民众戒酒，起码不应再宣传"小酌有益"了。不过，酒鬼们不必对此过分担心，因为喝酒不像抽烟那样会对旁观者有害，所以酒精饮品是永远不会像香烟那样被踢出所有公共场所的。

长跑与情商

长跑是一项对脑力要求很高的运动项目，跑者的情商对于提高成绩有着至关重要的作用。

很多业余跑者都有这样的经历，那就是每次自己一个人跑的时候都累得不行，但如果有人陪跑，尤其是当对方还是个好看的异性的时候，往往就能超水平发挥，甚至可以比平时多跑一倍的距离。

这种经历是长跑的专利，换成短跑就不成立了，因为短跑成绩几乎只和个人能力有关，再怎么打鸡血都不管用。

当然了，精神的力量肯定是有限的。一个人的生理指标，比如最大心率、乳酸代谢率、肺活量和肌肉类型等硬指标才是决定长跑成绩的主要因素。但是，当这些指标达到一定水平之后，精神力量的重要性就显现出来了。因为面对同样的生理指标，不同的神经系统会做出不同的反应，到底是继续还是放弃，往往就是一转念的事情。

意大利帕多瓦大学（University of Padova）的心理学家恩里克·鲁巴特利（Enrico Rubaltelli）博士决定研究一下精神的力量到底有多强大。他设计了一个调查问卷，让237

名第二天就要参加半程马拉松比赛的运动员认真填写，由他来打分，以此来判断这些人"特质情商"（Trait Emotional Intelligence）的高低。第二天，拿到运动员比赛成绩后，他发现"特质情商"的分数和比赛成绩之间的关系极为密切，甚至比运动员的训练状态和以往比赛成绩更重要。

鲁巴特利将研究结果写成论文，发表在 2018 年 7 月 1 日出版的《个性与个体差异》（*Personality and Individual Differences*）杂志上。文章认为，决定长跑比赛成绩的最关键因素并不是冲刺阶段的咬牙坚持，而是漫长的途中跑。任何人在这一阶段都要面对持续的不适甚至痛苦，只有那些毅力强大的人才能坚持下来。"特质情商"衡量的正是一个人处理自身负面情绪的能力，"特质情商"高的人往往比较乐观和自信，只有这样才能更好地克服生理上的不适感，坚持跑下去。

这套理论有一个著名的案例，那就是著名的意大利登山家莱茵霍德·梅斯纳尔（Reinhold Messner）在 1978 年完成的壮举。他不靠氧气瓶的帮助登上了珠峰，是第一个做到这一点的人。事后大家都认为梅斯纳尔的身体结构肯定和别人不一样，于是有科学家专门去研究了一下，发现他的生理指标和普通人差不多。比如，他的最大耗氧量（VO$_2$ max）仅为 49/ 毫升 / 公斤 / 分钟，和一个健康的普通人差不多。要知道，顶级耐力运动员的这个数值甚至可以达到 80 以上。

但是，熟悉梅斯纳尔的人都知道，这人最大的特点就是不服输，他似乎永远在争第一，而且有股子不达目的誓不罢休的劲头。也许正是这种特殊的心理素质帮助梅斯纳尔完成了这一壮举，精神力量很可能起到了关键的作用。

不过，情商和智商一样，都需要消耗脑力，脑力耗光之后，毅力再坚强的人也会崩溃。事实上，即使是简单的跑步动作也需要大量的神经细胞的支持，因为这个动作对身体协调性的要求非常高，运动神经元的计算量相当大。机器人技术发展到现在，人类工程师仍然无法制造出能和人一样跑步的机器人，仅此一点便足以证明跑步这个看似简单的动作本质上有多么复杂。

为了节省能量，长跑者往往会把负责抽象思维的前额叶皮质关闭，这在医学上被称为"暂时性前额叶功能低下"（transient hypofrontality）。前额叶皮质是"理性思维"的所在地，这部分脑组织会对所有的输入信息进行细致的分析，试图从中寻找规律。人类当然离不开理性思维，但如果这部分脑组织太过发达，对任何细微的小事都要分析半天，人就会陷入一种死循环，能量都耗在这上面了。

事实上，抑郁症和强迫症这两种常见的精神性疾病都和前额叶皮质的过度兴奋有关。也就是说，如果将前额叶皮质的功能抑制住，人就会放松并高兴起来，这就是"跑者愉悦"（runner's high）产生的原因之一。

会跑步的人往往很擅长让自己进入这种状态，这也是情商高的表现。

黑巧的黑暗面

巧克力真的有益健康吗？答案不是你想象的那样。

就在 2018 年 5 月，一些主流媒体的科学版不约而同地刊登了一篇报道，称美国科学家最新研究结果显示，食用黑巧克力有助于减压和消炎，还可以增强记忆力和免疫力，甚至还能让人心情愉悦。

消息见报后立刻引来巧克力爱好者的欢呼。他们仿佛在说，这事我们早就知道啦，这就是我们喜欢黑巧的原因。他们口中的"黑巧"指的是可可含量超过 70% 的黑色巧克力，真正的巧克力爱好者都喜欢用这个昵称来显示自己的品位。

不过，如果你仔细阅读这篇报道，不难发现其中有些地方不太对劲。比如，这个研究结果不是以论文的形式发表的，只是某个食品科学研讨会上的海报，属于那种尚未经过同行评议的初步结果。再比如，研究人员也并非来自某个著名的研究所或者一流大学，而是来自加州的一所名不见经传的"洛玛林达大学"（Loma Linda University）。

另外，该报道的英文原版特别指出，只有适量地食用某些品牌的黑巧克力才有效，因为真正有药效的是可可粉中含有的类黄酮（flavonoids）。这些报道没有告诉读者的是，为了平衡可可粉的酸度、带出丰富的巧克力味道，市面上主流的巧克力品牌在生产过程中都添加了一定比例的碳酸钙，这种工艺会大大减少类黄酮的含量，吃这种巧克力是没效果的。

如果你把上述疑问转述给巧克力爱好者，他们肯定是不会认错的，而且会找出一大堆已经在正规学术期刊上发表过的论文，证明还有很多科学实验也都站在了巧克力这一边。

那么，问题究竟出在哪里呢？纽约大学营养学教授玛丽安·内斯特（Marion Nestle）认为，问题就出在研究经费上。很多这类研究都是由生产巧克力的食品公司赞助的，结论的公正性存疑。虽然科学家拒绝承认这一点，相信他们虽然接受了食品公司的赞助，但在做实验的时候仍然会抱着公正的心态。但内斯特教授认为，食品公司对于研究结果的影响是潜移默化的，接受资助的科学家不知不觉间就产生了偏见。

这个说法是有一定的根据的。有人曾经统计过在正规期刊上发表的 206 个针对非酒精饮品（软饮料、果汁和牛奶）的研究，发现由食品公司出钱赞助的研究得出正面结果的概率是其他中立研究项目的 6 倍。

即使不是由食品公司赞助的研究也有疑问。内斯特教授写过一本书，指出了这个研究领域真正的问题所在。首先，食品研究是很难进行双盲实验的，受试者肯定知道自己吃到的是巧克力而不是安慰剂，没法杜绝心理作用的影响；其次，报名参加食品研究的志愿者往往都是一些对这种食品很感兴趣的人，比如参加巧克力实验的志愿者大都是巧克力爱好者，他们的喜好肯定会对实验结果产生微妙的影响；再次，很多这类研究都采用了"元分析法"（meta-analyses），即把已发表的同类研究得到的所有结果汇总在一起，统一进行数据分析。但内斯特教授认为，一般学术期刊不大会发表没有效果的研究论文，所以那些证明某种健康食品无效的研究很难被发表出来，因此也就不会被纳入"元分析法"的范畴之内。

巧克力属于高档食品，上述所有因素都会影响到巧克力健康研究的公正性。除此之外，巧克力的特殊历史也对这件事起到了不好的作用。众所周知，可可最早是南美原住民喜欢的一种饮料，传入欧洲后被改良成了巧克力。巧克力中含有大量的糖和牛奶，这是巧克力好吃的主要原因。但如今消费者越来越重视健康，巧克力的销量受到了很大影响。于是，食品公司决定改头换面，推出了可可含量高的黑巧克力品种，争取把那些对健康问题敏感的消费者拉回来。这一招果然有效，巧克力产业又回来了。

可惜的是，越来越多的事实证明黑巧的健康功效是有疑问的，这是食品企业操纵科研的结果。不过如果你真的好这一口，但吃无妨，只要别贪嘴就行。要知道，即使是黑巧里面也是含有不少糖分和脂肪的。

健康指标

握力和步频是很好的健康指标，可以用
来判断一个人的身体状况。

你新交了个朋友，想知道他的身体状况，除了偷看对方
的病例记录之外，还有什么好办法呢？

大部分人首先想到的肯定是"气色"，但这个词就和很
多中医词语一样，太虚了，很难下个准确的定义。也有不少
人会根据对方的体重指数（BMI）做出判断，但在实际生活
中，大胖墩或者骨瘦如柴的人其实是很少见的，大部分人都
是中等身材，体重指数所能传递的信息非常有限，而且也不
怎么可靠。

那么，有没有简单的办法可以大致判断出对方的健康状
况呢？答案之一是和对方握个手，感觉一下对方的握力，越
有劲说明身体状况越好。

一个人的握力大小不是由一组肌肉决定的，而是和很多
因素都有关系，包括许多组小肌肉群的力量、骨骼和关节的
状况以及心血管系统的功能等，因此握力可以大致反映出这
个人的身体处于一种什么样的状态。

很早以前就有医生根据病人的握力来判断对方的健康状况，甚至用它来检验治疗效果。现代医学诞生之后，不少人做过严格的大样本研究，试图找出握力和健康状况之间的关系。其中最有名的一篇论文发表在《美国医学会杂志》上。一群来自德国的科学家找到了6089名身体基本健康的中年志愿者，测量了他们的握力，然后跟踪了他们二十五年，发现他们中年时的握力和二十五年后的身体状况呈现强烈的正相关性。文章建议各国医生通过测量握力筛选出体弱的病人，提早进行适当的人工干预，防止他们早衰。

有趣的是，我们的祖先很可能早就意识到握力可以用来作为健康指标了，甚至已经进化出了对握力的性选择机制。2018年5月21日出版的《群体健康》(SSM-Population Health)杂志刊登了一篇来自美国哥伦比亚大学的论文，发现握力强的男人结婚率要比握力弱的人高，说明握力很可能是女性择偶的重要标准之一。

问题是，如果没机会和对方握手，或者对方出于礼貌等原因不愿意使劲儿怎么办呢？还有一个办法可以用来粗略地估算出对方的健康状况，那就是看他的步频，越快说明身体就越好。

这里所说的步频不是指一个人短时间内所能达到的最快步频，而是对方习惯的步频，或者可以维持很长时间的走路速度。大家在日常生活中肯定会遇到一些走路特别快的人，即使在逛街时也走得比别人快。另外一些人则走路总是很慢，即使沿途没什么可看的风景也快不起来。

　　和握力一样，步频也不是某几个简单因素所能决定的，而是全身肌肉、骨骼和心血管等许多组织和器官一起努力的结果。很早就有医生相信，步频的差别可以反映出一个人的身体状况，甚至可以用来预判他的寿命。

　　为了验证这一说法，一群科学家找来了5万多名身体基本健康的英国中年志愿者，让他们自我评判一下自己的步频，然后跟踪了他们长达三十年。在除去了意外死亡等因素后，科学家发现步频和寿命呈现显著的正相关性。无论是死亡率还是心血管等致命疾病的发病率，走路快的人平均都要比走路慢的人好20%以上。

　　科学家将结果写成论文，发表在2018年6月出版的《英国医学杂志》上。研究人员相信，对于大多数普通中年人来说，每小时6—7.5公里的速度就算是非常快的了。如果一个中年人能够维持这个走路速度，那么他的身体状况就属于优秀级别，可以傲视群雄了。

鱼油管用吗？

保健品的疗效从来都是有争议的，鱼油
也不例外。

鸿茅药酒事件再次暴露了保健品市场的乱象。事实上，科学界对于保健品的疗效一直是有争议的，就连鱼油这种名声一直很好的保健品也不例外。下面就以鱼油为例，讨论一下市场上的保健品通常都会出现哪些问题。

大家熟悉的鱼油产品指的是富含 Omega-3 脂肪酸的药丸，这类脂肪酸是哺乳动物神经系统发育所必需的营养物质，对心血管系统的健康也有一定的好处，甚至还能抑制炎症反应。更重要的是，这些功效都是已经被大量科学研究证明过的，这一点和鸿茅药酒有着本质的不同。

自然界的 Omega-3 脂肪酸主要有三种，EPA 和 DHA 是起作用的两种，主要存在于深海鱼类的脂肪中，因此越肥的鱼含量越高，像三文鱼、金枪鱼和沙丁鱼等都是 EPA 和 DHA 的绝佳来源。人体不能合成 EPA 和 DHA，只能从食物当中获取，所以这两种脂肪酸被称为人体必需脂肪酸。另外一种 ALA 则大都存在于植物油和坚果中，人体可以把 ALA

转化成 EPA 和 DHA，但转化效率有限，只能满足一部分需求，这就是世界卫生组织把深海鱼类列为健康食品的主要原因。

但是，好吃的深海鱼类大都非常贵，一般人吃不起，于是有人把一些产量大但口味不怎么好的深海鱼类加工成了深海鱼油药丸，迅速成为保健品市场的宠儿。

很多科普作家相信药补不如食补，建议大家多吃鱼少吃鱼油。这个说法在大多数情况下是有道理的，但在这里却并不一定适用，因为深海鱼类的肉中普遍含有大量的有害化学物质，比如汞、二噁英和多氯联苯（PCBs）等，不宜多吃。如果鱼油生产厂家能够在生产过程中把这些有害化学物质去掉的话，就可以扬长避短，更好地达到保健的目的。

类似的案例还有维生素药片和蛋白粉，前者普遍存在于各类食品当中，一般人只要吃得健康，是不必额外补充维生素的，但是对于某些特殊人群，比如孕妇或者常年晒不到太阳的中老年妇女来说，适当补充叶酸或者维生素 D 就显得很有必要了；后者同样广泛存在于各类食品当中，但是对于那些健美运动员来说，他们的身体所需要的蛋白质要比常人多很多，蛋白粉就成了一个相对廉价的选择。

就这样，鱼油的销量节节上升，目前全球市场的年销售额已经超过了 10 亿美元。关于鱼油疗效的研究也层出不穷，但结果却不像大家想象的那样好，有相当多的研究给出了模棱两可的结论，这是为什么呢？哈佛大学医学院的普雷斯顿·梅森（Preston Mason）教授在 2016 年发表过一篇论文，指出原因很可能是市面上的鱼油产品质量不稳定，很多鱼油丸中含有的 Omega-3 脂肪酸已经变质了，消费者吃进去的很可能只是普通的脂肪而已。

原来，Omega-3 脂肪酸极易氧化，常温条件下几个小时内就会被分解，从而失去其特殊的功效。鱼肉当然也是如此，但如果鱼肉变质的话是会发出臭味的，我们很容易就能闻到，然后就不再去吃它了。鱼油生产商为了增加利润，会用除味剂来消除其臭味，消费者闻不到，还以为自己吃下去的是好东西呢。

事实上，这就是保健品和药品最大的不同。制药厂对药品生产过程的监管要比保健品严格得多，其有效成分的含量不能多也不能少，杂质也会被严格控制在一定的水平之下。但保健品的生产就没那么严格了，因此，同样都是鱼油丸，不同品牌中含有的有效成分 Omega-3 脂肪酸可能会差出好几倍，其功效自然也就不稳定了。

总之，鱼油还是管用的，前提是一定要买到高质量的产品。问题在于普通消费者并不知道鱼油产品的质量到底怎样，这就是市场上大部分保健品的最大问题。

饮食的中庸之道

在这个各种饮食理论满天飞的年代，我们应该如何健康地吃饭？

最近又有一篇关于喝酒致癌的科学论文在社交媒体上刷屏了。原文刊登于 2018 年 1 月 1 日出版的《自然》杂志，作者为剑桥大学教授克坦·帕特尔（Ketan Patel）博士和他领导的研究小组。读完关于这篇论文的各种解读文章后，围观群众分成了两派，一派说自己再也不敢喝酒了，另一派说这种文章读得多了，已经无所谓了，自己该干吗干吗。

确实，如果你平时关注这类话题的话，会发现科学界关于饮食问题的争论非常激烈，经常会发生大反转。比如，以前大家普遍认为低脂饮食最健康，就连喝牛奶都要喝脱脂的，进一步研究却发现脂肪并没有大家想象的那么罪大恶极，糖反而成了人民公敌。再比如，以前大家认为像阿巴斯甜这样的人造甜味剂有助于减肥，但后续研究却发现代糖吃多了也会让人发胖，而且还会增加患糖尿病的风险。

严格来说，这篇关于喝酒致癌的论文算不上大反转，过量饮酒对身体有害这件事很早就被坐实了。但这篇论文找到了喝酒致癌的罪魁祸首，不是酒的主要成分乙醇，也不是最终的代谢产物乙酸，而是中间代谢产物乙醛。研究人员用一种被敲除了乙醛代谢关键酶ALDH2的小鼠来做实验，发现这种小鼠体内聚集的乙醛会破坏染色体，最终导致癌症。东亚人体内普遍缺乏ALDH2酶，这就是很多亚洲人一喝酒脸就红的原因，所以这类人喝酒肯定对身体有害。

但是，如果体内ALDH2酶供应充足，喝酒不脸红呢？答案就不那么绝对了。这样的人体内的乙醛很快就会转变成无害的乙酸，所以喝酒的危害就没有那么大，但乙醛毕竟短暂地存在过，同样会对染色体造成伤害，所以如果从致癌的角度考虑，这样的人最好也是滴酒不沾。问题在于，另有一些研究证明少量饮酒对身体有益，比如2016年发表的一篇论文发现少量饮酒对心血管系统的健康有好处。研究人员在分析了6万多人的生活经历后发现，每天喝一点酒的人得心脏病的概率比不喝酒的人低三分之一。

如此自相矛盾的结论，普通消费者应该怎么做呢？

让我们再来看看另一个案例。经过多年的科普宣传，很多人都知道高盐食品会诱发高血压。两者之间的关系最早是在1904年被一名法国医生发现的，此后又有不少研究证明饮食口味比较重的民族得高血压的概率也比较高。但后续研究发现这个结果很可能与不同民族的整体饮食习惯或者生活方式有关，不一定是盐惹的祸，因为很多在同一民族内部进行的研究并没有发现高盐饮食和高血压之间有任何联系。

不过最终倒盐派还是占了上风，于是各国政府纷纷修改了饮食指南，对盐的摄入量加以限制。比如美国政府就建议成年人每天的钠摄入量不超过 2300 毫克，换算成盐的话大约是 6 克，也就是一小汤勺的量。

但是，最近不断有人质疑这项标准的合理性。比如有人曾经统计了 1979—2014 年在正规科学期刊上发表过的 269 篇关于盐的论文，发现 54% 是反盐的，33% 是支持盐的，另外 13% 持中性态度，这个结果说明学术界对这个问题其实是相当矛盾的，并没有达成共识。

另一个有趣的发现是，大多数论文都倾向于只引用支持自己结论的那类论文，这说明关于盐的问题已经形成了水火不相容的两派，彼此间少有共识。

作为普通消费者，我们大概没有资格参与这种科学讨论。所以，在科学界最终达成共识之前，中庸一点应该是没错的，那就是尽量吃得杂一点，但什么都别吃太多。就拿盐来说，不咸不淡正合适最好。其实一般人做饭时肯定不会加一汤勺的盐，但加工食品中往往含有很高的盐分，所以只要尽量少吃加工食品就行了，其他情况按自己的口味来吧。

古法的新生

> 对古法的崇拜限制了人们的创造力,是
> 时候打破这一魔咒了。

去希腊旅行的人肯定都会去参观古希腊圆形剧场,这是古人为我们留下的文化瑰宝,绝对值得一看。其中位于埃皮达鲁斯(Epidaurus)的圆形剧场是比较有名的一座,它最多能容纳 1.4 万名观众,以今天的眼光来看并不算多么出众,但导游肯定会告诉你,这座剧场的声学性能超强,舞台上掉下一根针的声音都能被坐在最高处廉价看台上的观众听到。

这个说法由来已久,是这座剧场的最大卖点。荷兰埃因霍温理工大学(Eindhoven University of Technology)的康斯坦特·哈克(Constant Hak)教授几年前慕名前往参观,却失望地发现剧场的声学效果并没有导游说的那么神奇。后来他申请了一笔经费,带领一个研究小组专程前往希腊进行研究。研究人员在埃皮达鲁斯剧场内的不同位置安装了 20 个麦克风,然后用摆放在舞台上的音箱发出不同频率和音量的声音,录制了 2400 段音频,输入电脑进行分析,结果证明这座剧场的音响效果并没有导游推崇的那么好。舞台上掉硬币的声音虽然都能听见，但只有前半场的观众能够听清楚这是什么声音。演员的窃窃私语更糟，只有前几排的观众能够听清。

哈克团队又测试了另外两个素来以音响效果好著称的古希腊圆形剧场，结论也差不多。英国索尔福德大学（University of Salford）的声学博士布鲁诺·法森达（Bruno Fazenda）在评价这一研究结果时指出，那些推崇古希腊圆形剧场音质的人很可能忽略了一个事实，那就是古希腊的戏剧演员都是经过训练的，发声方式非常独特，他们还会用特定材质的面罩来增强效果，也许这才是古希腊圆形剧场声效好的原因。

法森达博士还认为，这个关于古剧场声效的传说流传得如此之广，部分原因在于很多人相信老祖宗掌握了某种今人不知道的秘诀。这种观点在很多其他领域都能见到，比如对古法酿酒的推崇甚至比圆形剧场更加厉害。今天电视上的白酒广告几乎都在夸自己如何继承了传统酿酒方式，提到的古人越老似乎这酒就越好喝。

这种崇古的宣传套路在国外酒业更加普遍。比如，法国葡萄酒厂就最喜欢说自己的年头有多么多么老。苏格兰威士忌也是如此，恨不得就连烘麦芽的炉子都是古人用过的。

苏格兰威士忌的生产工艺至今依然沿用古代的方法，其中对陈年的要求甚至比古代更加严格。如今市场上的单麦芽威士忌很少有短于十年的，消费者已经习惯于把威士忌陈年的时间等同于酒的质量。但是，十年陈酿就意味着一款酒必须等上十年才能拿出来卖，对于厂家来说是个不小的负担。如果能想办法缩短陈酿的时间，将会大大减少酿酒成本，对于双方来说都是好事。可惜的是，对于古法的崇拜使得欧洲的威士忌酒厂不愿意尝试新方法。最终还是一位来自美国硅谷的酿酒师不信这个邪，采用现代科技模仿陈年过程，取得了成功。

此人名叫布莱恩·戴维斯（Bryan Davis），原本是一个教艺术的老师。他认为酒的风味一点也不神秘，无非就是里面含有特殊的芳香物质而已。陈年的作用就是让酒精和酒桶的木制内壁发生酯化反应，以前的古人不知道如何加速这个反应，所以只能靠时间取胜。戴维斯采用现代化学手段加速了这个反应，大大缩短了所需时间。

之后，戴维斯又用分析化学常用的仪器设备分析了好酒的化学成分，并和自己的酒做比较，多退少补，进一步缩小两者之间的差距。最终他生产出的两款酒分别在2018年版的《威士忌圣经》中获得了93和94的高分，击败了95%的竞争对手。

这两款酒的酿造时间只有六天，相比之下，古法酿酒至少需要十年才能达到相同的效果。不信邪的戴维斯在现代科技的帮助下战胜了古人，让古法酿酒重获新生。

预防流感的新武器

一种新型紫外灯有可能彻底改变公共场所的卫生消毒习惯。

冬季是流感等呼吸系统传染病的高峰期，这个冬天的疫情尤其严重。据报道，2017年12月18日至24日这周内仅是北京一地就报告了5298例流感病例，较上周上升了81.44%。

像流感这类呼吸道传染疾病主要通过空气、飞沫和身体接触传播，所以人群密集的公共场所是最容易传染的重灾区。对于个人来讲，最好的预防措施是出门前事先戴好专业的防流感口罩以及回家后先洗手再干别的。但并不是所有人都有条件做到上述这两点，有没有可能由政府的卫生部门出面，对公共场所进行消毒呢？

喷药是目前广泛采用的方式，但效率显然太低了，于是纽约哥伦比亚大学医学中心的大卫·布伦纳（David Brenner）博士决定试试紫外灯。他原来是放射科的一名研究人员，和传染病没什么关系，但四年前他的一个好朋友死于传染病，这让他下决心把研究方向转到预防传染病上来。

经过一番考量，他决定利用自己的专业知识改进现有的紫外灯，使其兼具灭菌和安全的功能。

紫外灯很早就被用于卫生消毒，因为紫外波段的光子具有很高的能量，能够破坏化学键，会对 DNA、RNA 和蛋白质等长链有机分子带来致命损伤。再加上光线消毒的覆盖面广，作用持久，特别适合对密闭空间的空气进行消毒。但是，目前最常用的紫外灯发出的光线波长为 254 纳米，能够轻松穿透人体皮肤，诱发皮下组织癌变。这个波段的紫外线还能穿透人眼的晶状体，导致白内障，所以目前的紫外灯只能用于无人空间的消毒，比如夜晚的医院或者生物实验室的超净台等，不适合在白天的公共场所使用。

根据物理学原理，光波的波长越短，穿透力也就越差。于是布伦纳决定试试波长为 222 纳米的紫外灯。初步实验证明这个波长的紫外线可以杀死物体表面的病菌，却无法穿透人体表皮和晶状体，因此对人类来说是很安全的。

接下来，布伦纳又试验了这种波长的紫外线对于藏身于空气飞沫中的病菌的杀伤力。研究人员首先模仿人类打喷嚏的过程，将流感病毒制成飞沫，使之充满整个密闭空间，再用这种波长的紫外线照射这个空间，然后收集空间内的液体，喷洒在狗的肾脏细胞上，结果证明这种波长的紫外灯对于空气的消毒作用是明显的。

布伦纳将实验结果写成论文，于 2017 年 12 月 28 日登在了生物学论文的预印网站（bioRxiv）上。虽然该文尚需经过同行评议的检验才能正式发表，但因为这项成果在公共卫生领域潜力巨大，《科学》杂志率先做了专题报道。报道指出，这项实验之所以能够进行，关键一点就是灯具制造技术的进步。波长为254纳米的普通紫外灯技术成熟，造价低廉，很容易普及，但波长为222纳米的紫外灯就比较复杂了。好在治疗近视眼的LASIK手术需要用到波长在207—222纳米的准分子灯，技术已经很成熟了，布伦纳只需在这种灯的外面蒙上一层滤膜，就能获得波长为222纳米的短波紫外线。

目前一盏这样的短波紫外灯造价已经降到了1000美元以下，如果大规模普及的话，其造价有可能进一步下降。如果最终被证明可行的话，像地铁和办事大厅这样的公共场所就可以通过紫外灯来对空气进行即时消毒，这将大大降低流感病毒的传染率。

这个案例说明，物理学新技术很有可能在生物学领域大放异彩。比如具有悠久历史的癌症放疗技术已经随着放射性技术水平的提升而变得越来越精准。众所周知，放疗最大的好处就是无须手术就能做到对恶性肿瘤的定点杀灭，但此前科学家对于放射性的控制不够精准，影响了这一技术的普及。但目前的放疗技术已经可以把照射精度提高到毫米级，这就为实体肿瘤的治疗提供了新的可能性。

西红柿该不该放冰箱？

食品保存是一门学问，需要用到不少科
学知识。

蔬菜和水果最好吃新鲜的，这是很多人都知道的常识。
但是如今大家工作都很忙，街边的小菜摊又都被关了，很多
人只能选择隔几天去一次正规的菜市场，买一大堆蔬菜水果
带回家慢慢吃，于是问题就来了。这些蔬菜水果到底是应该
放在阳台上，还是放在冰箱里？

英国一家专门研究食品浪费问题的非政府组织
（WRAP）在 2017 年底刚刚公布了新版的食品存放指南，建
议大家把土豆、洋葱、地瓜、香蕉和菠萝放在室温条件下保
存，其余的水果蔬菜如果不是当天吃的话，都应该尽快放入
冰箱，保存在 0—5℃的条件下。

这份指南颁布后，细心的读者立刻发现了一个问题：为
什么没有把西红柿列入不能冷藏的食品清单？此前几乎所
有的食品专家都建议西红柿绝不能放冰箱，否则就会影响
口感。

确实，在网上搜一下"西红柿保存法"，几乎所有的文

章都建议大家一定不要放冰箱，因为西红柿里的风味物质会被低温破坏。这可不是随便说说的，而是有科学实验为证。原来，西红柿之所以好吃，除了里面的糖分和酸性物质外，还有一大类西红柿特有的风味物质也很重要。低温会破坏这些物质，把西红柿变得风味全无。

更糟糕的是，这种破坏是不可逆的。美国佛罗里达大学的丹尼斯·提耶曼（Denise Tieman）博士2016年所做的一项研究表明，低温会破坏西红柿的风味基因，使之彻底失活。因此，即使是在吃之前从冰箱里拿出来放至室温，这些风味物质也不会得到恢复。

当然了，低温保存的西红柿更不容易变质，这样做可以减少浪费，也许这就是WRAP建议大家把西红柿放冰箱的主要原因。问题是，也许会有更多的人因为西红柿变得味同嚼蜡而将其扔掉，这样不就得不偿失了吗？

针对这个问题，英国《新科学家》杂志发表了一篇文章，为WRAP的新建议正名。文章认为，如果是刚从园子里摘下来的新鲜西红柿，家里的温度又不是特别高，当然是室温保存比较好。但如今我们在超市买到的西红柿大都已经在运输或者储存过程中经历过低温了，其中的风味基因已经失活，再用室温保存也救不活了。另外，如果是盛夏季节，家里的温度超过30℃的话，室温保存也不见得更好。所以如果家里有条件的话，最好的办法是把西红柿保存在7—10℃的环境里，否则的话放冰箱也没错。

这篇文章提醒我们，食品的保存是一门大学问。通常情况下，保持风味和保鲜是两个相互矛盾的诉求，很难两全其美。比如面包，低温会让面包更容易变得不新鲜，应有的香气全无，所以 WRAP 建议面包应该在室温下保存。不过室温保存的面包更容易发霉变质，所以如果短时间内吃不完的话，最好的办法是把面包用塑料袋密封起来放在冷冻室里，吃之前拿出来再用微波炉加热一下，大部分风味还能恢复。

那么，有没有办法两全其美呢？答案是肯定的，这就是生物技术。英国诺丁汉大学的生物学家格拉姆·塞缪尔（Graham Seymour）博士利用最新的基因修饰技术（CRISPR）培育出了一个西红柿的新品种，可以在常温下保存两个星期而不变质。塞缪尔将结果写成论文发表在 2016 年出版的《自然 / 生物技术》（*Nature Biotechnology*）分册上，但由于公众对基因工程技术的盲目反对，这类新品种很难获得批准。

这个案例告诉我们，育种专家之所以选择生物技术来培育新品种，不一定是因为传统品种不好，而是因为现代生活方式产生了很多特殊的需求，只能通过新技术来满足。

喝酒会长胖吗？

酒不但热量很高，还有两个特殊的原因
使得喝酒更容易让人发胖。

一转眼又到年底了，这是节日扎堆的季节，圣诞节、新年、春节排着队等着我们去过。过节就意味着亲朋好友大聚会，免不了喝上几杯。喝酒会长胖吗？这是个问题。

酒的主要成分是酒精，这是酒的精华所在。人类常见的四种食物其脂肪、酒精、碳水化合物和蛋白质的能量比大致为 9：7：4：4，也就是说酒精仅次于脂肪排在第二位，可以说是相当高了。当然了，没人敢喝纯的酒精，所有的酒类都是酒精稀释后的产物。饶是如此，酒里面含有的热量也是很高的。

因为稀释方法的不同，每种酒的单位热量差别很大。其中白酒最高，一般 40 度的白酒每两大约含有 100 大卡的热量。红酒次之，一大杯普通干红含有大约 150 大卡的热量。啤酒最低，但一瓶 330 毫升的普通啤酒也含有大约 110 大卡的热量，不算低了。

不过，酒是个特殊食品，不能这么简单地计算。白酒度数太高，一般人只能按两喝，最多半斤到头了。啤酒则是对瓶吹，几个小伙伴一晚上干掉一箱啤酒是常事。算下来，喝啤酒摄入的总热量往往会更高，所以民间才会有"啤酒肚"的说法。

酒精虽然热量高，但其代谢方式非常特殊，导致的结果很不一样，值得细说。酒精进入消化系统之后，经过几步简单的酶反应就会变成乙酸，这是一种热效率非常高的能量分子，极易被身体吸收利用。所以我们的身体一见到乙酸就会立刻如获至宝，将其作为主要的能量来源迅速消化掉，于是脂肪就被晾在一边了。

有人研究过一个人喝酒之后的代谢反应，发现酒精下肚几分钟之后脂肪的代谢率就会立即直线下降，说明人体对于酒精的吸收利用速度是相当快的。事实上，进入血液循环系统的酒精绝大部分都会被立即消化掉，并不会转化成脂肪。喝酒之所以会长胖，主要是因为酒精代替了脂肪成为燃料，我们体内原有的脂肪被保护起来了。

相信不少人见过那种很瘦的酒鬼，这是因为他们嗜酒如命，只要有酒喝，饭都可以不吃。但是这种人大都营养不良，因为他们的能量来源几乎全部来自酒精，而酒精里除了热量外几乎没有别的东西了。

不过，真正很瘦的酒鬼是很少见的，大部分酒鬼都是胖子，因为他们只要一喝上酒，饭量立刻见长。这件事同样值得细说，因为大部分富含热量的食物往往会抑制我们的食欲。比如，如果我们晚餐时吃了一块大肥肉，肯定就不会再对饭后甜点那么感兴趣了，这是正常的反馈机制在起作用，防止我们一次吃得太多，对身体有害。

那么，酒精为什么反而让我们食欲大开呢？伦敦大学学院的莎拉·凯恩斯（Sarah Cains）教授找到了答案。原来，哺乳动物下丘脑中有一类名叫 AgRP 的神经元，其作用就是促进食欲。凯恩斯教授证明，小鼠脑袋里的 AgRP 神经元对酒精非常敏感，只要实验人员往小鼠体内注射一定量的酒精，立刻就会让小鼠食欲大开，吃个不停。

不过，人类的情况和小鼠有所不同。一般人在开派对的时候才会大量喝酒，这时候人的情绪肯定是很高的，会不会是因为酒精促进了人与人之间的交流，这种交流才是促进食欲的真正原因呢？为了排除这个原因，凯恩斯教授在做实验时一直把小鼠关在单间里，避免它和同伴有任何接触。不但如此，研究人员还对酒精处理过的小鼠的脑子进行了解剖，找到了 AgRP 神经元被酒精激活的直接证据。

凯恩斯教授将研究结果写成论文，发表在 2017 年 1 月 10 日出版的《自然通讯》上。专家们评论说，这个实验漂亮地解释了为什么人一喝酒就容易贪吃，即使是一个人自己在家喝也会如此。

穷碳水，富蛋白

虽然肌肉组织每天所需的蛋白质总量是
有限的，但我们不妨多吃一点蛋白质。

农业国家有个普遍规律，那就是一个人的富裕程度和碳水化合物的摄入量成反比，和蛋白质的摄入量成正比。换句话说，人越穷，食物中的碳水化合物的比例就越高，蛋白质的比例就越低，反之亦然。

从环保角度讲，蛋白质的生产过程往往要比碳水化合物的生产过程对环境影响更大，如果地球上每个人都放弃碳水化合物改吃蛋白质的话，地球环境恐怕就要吃不消了。但是，很少有人会为了环保而改变自己的饮食结构，大家更看重的肯定是自己的健康。正是在这样的背景下，有人开始研究蛋白质到底吃多少才算够。

学过生物化学的人都知道，蛋白质既可以用于人体组织的构建，又可以作为燃料为生命提供能量。虽然人体组织中含有的蛋白质每天都需要更新，但这个需求毕竟是有限的，多吃下去的蛋白质只能作为燃料使用，和廉价的碳水化合物功能相似，这就有点不划算了。

那么，接下来一个很自然的问题就是，一个人每天最多需要多少克蛋白质用于组织更新呢？ 2009 年发表的两篇重要论文为这个问题提供了一个大致的思路。其中一篇论文研究的是正在健身的青壮年，他们需要长肌肉，对于蛋白质的需求量应该是最大的，但是研究表明，这些人每次健身后只需吃下 20 克蛋白质就可以让肌肉的增长速度达到峰值了，如果每次锻炼后吃下 40 克蛋白质的话，肌肉增速并不会因此而增加。换句话说，这些人的肌肉组织每天只能有效利用 20 克左右的蛋白质，其余的都被当作燃料消耗掉了。

另一篇论文研究了不同年龄段的普通人对于蛋白质的利用情况，结果发现，每顿吃下 30 克蛋白质的受试者其肌肉蛋白合成速率的增幅便已达到最高值了，无论是年轻人还是老年人都是如此。如果这些人每顿吃下 90 克蛋白质的话，其肌肉蛋白质的合成速度并不会继续增加，而是维持在同一水平。

综合两项研究结果，我们可以得出一个有意思的结论，那就是一个正常人从每顿饭中摄取的蛋白质最多只有大约 30 克可以被用于肌肉组织的更新，多出来的部分没法被肌肉组织利用，只能作为燃料被消耗掉。

因为这两篇论文，很多相关机构修改了自己的健康饮食指南，把每顿饭的蛋白质摄入量控制在 30 克以下。但是这个思路有一个重大缺陷，那就是蛋白质不光可以作为构建人体组织的原材料，还有很多其他功能，比如免疫系统就是由蛋白质组成的，需要不断更新。

关于蛋白质的健康功效，最近还有很多其他案例可供参考。比如英国东英吉利大学的科学家在 2015 年 8 月 27 日出版的《营养学杂志》上发表论文指出，高蛋白饮食有助于减少心血管疾病的发病率。研究人员通过对 2000 名志愿者所做的研究发现，植物蛋白有助于降低血压，动物蛋白则有助于增加血管壁弹性，两者都对心血管系统的健康有帮助。

再比如，2017 年 8 月 3 日出版的《科学》杂志刊登了美国华盛顿大学医学院的科学家撰写的一篇论文，发现高蛋白饮食有助于减少肠道炎症反应。原来，哺乳动物肠道免疫系统有两类功能完全不同的细胞：第一类是杀手型免疫细胞，负责清除食物中的有害病菌，但这一过程会导致肠道炎症反应；第二类是平衡型免疫细胞，它们会提高肠道免疫系统对外来细菌的忍耐力，从而减少炎症反应。研究人员在实验小鼠中发现了一种肠道菌群，能够促进第二类免疫细胞的生长。这种肠道菌群最喜欢高蛋白饮食，如果小鼠吃了高蛋白食物，那么这种菌群就会更加活跃，从而抑制肠道炎症的发生。

人类的肠道免疫系统与小鼠的非常相似，也能发现这种菌群，因此科学家建议那些患有肠道炎的人多吃蛋白质，兴许可以减轻症状。

总之，每顿饭 30 克蛋白质的上限并不一定正确，多吃点蛋白质确实是有好处的。

马兜铃酸与肝癌

马兜铃科植物是很多中草药的主要成分，最新研究发现，它不但能伤肾，还能伤肝。

马兜铃科植物是很多中草药的原材料，比如龙胆泻肝丸的有效成分关木通就是其中之一。20 世纪 90 年代初期，一名比利时医生首先发现马兜铃科植物含有的马兜铃酸能够导致肾病，这个发现促使西方国家全面禁售含有马兜铃酸的草药。中国卫生部也于 2003 年正式禁止了这类中草药的制造和销售，但中国人太喜欢吃中药了，这个市场太过庞大，依然有很多马兜铃科的中草药混入其中，防不胜防。

2017 年 10 月 18 日，《科学 / 转化医学》分册以封面故事的形式发表了新加坡和中国台湾的科学家联合撰写的一篇论文，又把马兜铃酸和肝癌挂上了钩。

已知马兜铃酸是强致癌物，它会和 DNA 分子牢固结合，干扰 DNA 链的复制过程，从而诱发基因突变。所有这类突变都会有一个固定模式，可以将其视为马兜铃酸的指纹。只要在致癌基因中找到这个指纹，我们就可以肯定地说这个癌症是被马兜铃酸诱发的。

研究人员调查了全世界1498例肝癌患者，从他们的癌细胞中寻找马兜铃酸的指纹，结果发现中国台湾地区的肝癌患者当中有高达78%的人含有这个指纹，中国大陆肝癌患者中的比例是47%，同样很高。相比之下，欧洲和美国的这个数字分别为1.7%和4.8%，几乎可以忽略不计。

台湾地区之所以有近八成的肝癌都和马兜铃酸有关，主要是因为台湾人出了名地爱吃中药。事实上，因为马兜铃也能伤肾，台湾人做肾透析的比例全球第一，甚至有个"透析之都"的绰号。还有一个次要原因，那就是台湾人患乙肝的比例较低。乙肝是肝癌的另一大诱因，大陆的肝癌发病率之所以那么高，原因就是这个。不过，这次研究发现即使在大陆，也有将近一半的肝癌是由马兜铃酸引起的，这不能不引起大家的警觉。

也许有人会问，中国卫生部不是已经禁了马兜铃科的中草药了吗？为什么比例还是那么高？答案除了执法不严外，还可能和一种美食有关，这就是很多人都尝试过的鱼腥草。已知鱼腥草中含有马兜铃内酰胺，这是马兜铃酸在人体内的代谢产物，同样能够导致肾病和肝癌，其毒性甚至比马兜铃酸还强。

读到这里也许又有人会问，如果我只是偶尔吃上一次，应该没事的吧？确实，这个想法相当普遍。中国科普界流传着一句话，叫作"谈毒性不谈剂量等于耍流氓"。这句话在很多情况下确实是有一定道理的，但并不是绝对真理，起码在马兜铃酸这个案例里就不是，因为马兜铃酸分子和DNA分子的结合非常牢固，你吃下去的每一个马兜铃酸分子都会永久地结合在DNA上面，持续不断地带来伤害。因此我们可以负责任地说，马兜铃酸是没有安全剂量的，一点都不要吃。

鱼腥草戒起来应该不难，但中草药就是另一回事了。至今仍有不少人认为中草药是大自然的恩赐，即使没有疗效也不应该有害。这个想法真是太天真了，来自大自然的毒药实在是太多了！要知道，植物在遇到天敌时是没法逃跑的，因此绝大部分植物都进化出了好几套防御措施，其中就包括分泌毒药。事实上，天然植物当中除了那些故意要让动物来吃的果实和种子之外，其余部分都有一定的毒性。目前人类吃到的粮食和蔬菜大都经过了多年的定向培育，毒性已经弱化甚至消失了。

吃饭倒时差

....

研究发现，吃饭可以帮助我们倒时差。

刚刚去国外度完国庆假期的朋友们，有两个消息等着你们。坏消息是，倒时差不但会很痛苦，而且有害健康。好消息是，2017年度的诺贝尔生理学或医学奖颁给了三位研究时差问题的美国科学家，他们发现了生物钟的生理机制，可以帮助我们更好地倒时差。

这三位科学家通过对果蝇的研究，找到了控制其昼夜节律的基因。该基因负责编码一种周期蛋白质（PER），该蛋白每天晚上都会被合成出来，到了白天再慢慢地被降解掉。这个PER蛋白本质上就是一种基因调控因子，能够影响很多基因的功能，果蝇就是通过它来调控昼夜节律的。

科学家此后又在很多生物体内找到了类似的生物钟基因，人类的版本主要在大脑中的一个名为视交叉上核（Suprachiasmatic Nucleus，简称SCN）的地方起作用。该基因编码的人类版PER蛋白能够影响至少一半的人类基因的活性，生物钟的重要性由此可见一斑。

解剖学研究发现，从人类的 SCN 处延伸出两组神经束，一组神经束和视网膜相连，太阳光每天都通过它来对人类生物钟进行校准。如果你想尽快倒时差的话，可以每天早上去户外走走，让眼睛接受强光的刺激。另一组神经束和大脑中的松果体相连，后者在接收到相应信号后会分泌褪黑素（melatonin），人类就是通过它来调节睡眠节律的。同理，如果你因为时差的关系睡不着的话，可以试试蒙上眼睛，或者吃点褪黑素。

早年的科学家相信 SCN 就是人体内唯一的生物钟，它就像交响乐团的总指挥一样控制着每个乐手，也就是人体内各个不同的组织和器官的昼夜节奏。但后续研究表明，几乎每个人体细胞内部都有自己的生物钟基因，它们虽然原则上都受 SCN 的控制，但这种控制有个滞后效应。于是，当我们跨时区旅行归来后，SCN 可以迅速通过光照强度的改变而被校准，但其他组织或器官则要滞后一段时间，导致人体内的各个生物钟出现不一致的情况，这就是倒时差会让我们感到难受的原因所在。

换句话说，如果人体内的所有生物钟步调一致，只是缺乏睡眠的话，问题倒也不大。就怕各个生物钟步调不一致，有的想睡觉，有的想起床，问题就来了。

要想将人体内的各个生物钟迅速校准到同一时间，我们就必须找到除了光线之外的另一种生物钟校准机制。日本山口大学的生物学家佐藤美保猜测食物就是能够影响生物钟的因素之一，或者更准确地说，进食后大量分泌的胰岛素很可能也具备校准生物钟的功能。

为了验证这一假说，佐藤教授和她的同事们研究了培养皿中的小鼠细胞，发现一部分细胞确实会对胰岛素有反应。之后，研究人员又用活小鼠进行了研究，发现如果用一种药物抑制小鼠的胰岛素分泌，那么这种小鼠倒时差的速度就会变得很慢。相比之下，胰岛素没有被抑制的对照组只需四天就完全倒过来了。

佐藤教授将研究结果写成论文，发表在著名的《细胞》杂志的子刊《细胞通讯》上。佐藤教授表示，如果人类也和小鼠一样具备这种功能的话，那就说明我们可以通过吃饭来倒时差。比如，如果你刚刚从欧洲回来，那么你的生物钟将比北京时间晚6—7个小时，佐藤教授建议你可以早饭时多吃点，促进胰岛素的分泌，这样倒起时差来可能会更快。

天然不等于正确

很多人相信天然的东西一定是正确的，
这个思路得改改了。

榆林产妇自杀事件背后的原因有很多，其中很重要的一条就是某些医生过于迷信自然分娩的好处，没有意识到这个所谓的"天然"过程对于一些孕妇来说是极为痛苦的，甚至是危险的。

当然了，大部分天然的东西或者做法延续了那么久肯定是有原因的。比如，母乳在营养和帮助孩子提高免疫力等方面肯定要比配方奶粉更出色，前提是母亲身体健康。如今之所以有那么多身体健康的母亲不愿意亲自喂奶，大都是因为工作太忙或者美容需求，不宜提倡。

不过，如果前提条件发生了改变，天然的就不一定都是正确的了。这方面的一个最经典的例子就是吃。人饿了都要吃饭，而且大都喜欢吃高热量的食物，这是最最天然的一种人类行为，我们的祖先就是靠这种天性活下来的。不过这种习惯是在食物匮乏的时代培养出来的，如今粮食过剩，如果再一味纵容这种天性，势必会导致各种疾病，得不偿失。

人类的分娩方式是另一个经典案例。由于人类婴儿的头太大，绝大部分自然分娩过程都会给孕妇带来很大的痛苦。19世纪中期，英国科学家发现氯仿能减轻这种痛苦，却被欧洲教会拒绝使用，因为神父们相信女人生孩子所遭受的痛苦是一种"自然规律"，违背不得。

　　事实上，他们这么想的真正原因来自《圣经》，因为《圣经》上说，当初正是夏娃鼓动亚当吃下了智慧果，人类这才被逐出伊甸园。后来，英国维多利亚女王在生她的第六个孩子的时候使用了氯仿，英国教会这才不得不批准了氯仿的使用。此后，科学家又发明了很多更有效、更安全的麻醉剂，无痛分娩终于在西方国家普及开来，解救了无数孕妇。

　　除此之外，像产钳、真空吸引术、外阴切开术和剖宫产等新的助产技术的发明更是大大提高了分娩过程的安全性。据统计，在这些助产技术发明之前，人类自然分娩的死亡率约为十万分之一千五，这个比例显然是不可接受的。

　　无数类似这样的技术进步彻底改变了人类的生活方式，一些人适应不了这个变化，开始反其道而行之，盲目推崇一切天然的东西。可惜无数事实证明，这个想法是禁不起推敲的。

　　就拿分娩来说，20世纪40年代有人写了一本书，大力推崇自然分娩。英国皇家助产士学会（Royal College of Midwives）受此风潮影响，鼓励英国孕妇尽量采用自然分娩的方式生孩子。这家机构还鼓励旗下的助产士在遇到难产等情况时耐心等待，相信孕妇自身的力量能够帮助她们克服困难。如果孕妇实在扛不过去，助产士也不必立刻去找专业的妇产科医生来处理，而是要相信自己的本能和经验。

这家学会的政策导向极大地影响了英国的生育政策，因为大部分英国妇女都是在助产士的帮助下生孩子的，这些人有权决定孕妇采取什么样的分娩方式。由于这些助产士过分拘泥于自然分娩，导致一些婴儿出现了脑损伤的情况，甚至出现过一些不必要的死亡案例。

据统计，2015年英国有1136名婴儿死于分娩，或者在分娩过程中出现脑损伤，这其中有四分之三的案例都是由于分娩方式选择不当导致的，都有可能通过更加科学的方法加以避免。比如，由于英国助产士过分执着于自然分娩，导致了12名婴儿的死亡。

迫于压力，英国皇家助产士学会于2017年5月悄悄修改了政策，不再鼓励孕妇自然分娩了。近期出版的英国《新科学家》杂志发表文章支持这项修改，但同时也建议这家学会应该公开站出来承认错误，好让更多的人知道此事，尽可能地保障孕妇和婴儿的安全。

这篇文章最后总结说，任何医疗政策的制定都应该基于医学证据，而不是某种信仰或者理念。

祖传夜猫子

....

人类的睡眠习惯之所以千差万别，很可
能与祖先的生活方式有关。

飞马哲水蚤（*Calanus finmarchicus*）是一种非常辛苦的
桡足类海洋浮游生物，它们主要以单细胞藻类为食，后者只
能生活在海洋的表层，因为再往下光线就太暗了，没法进行
光合作用。因此，飞马哲水蚤必须浮到海面觅食。海洋鱼类
自然也知道这个秘密，所以这些捕食者也会聚集到海洋表
面，靠捕杀飞马哲水蚤为生。

如何才能既吃到海藻又逃过猎杀呢？一部分飞马哲水蚤
"想出"了一个解决办法。它们白天躲在几百米深的海底，
那里漆黑一片，鱼类抓不住它们。到了晚上它们才会浮上水
面，在夜幕的掩护下放心大胆地进食。

人类直到一百多年前才发现了这个很可能是地球上规模
最大的动物迁徙事件，只不过这种迁徙是垂直方向的，而且
是以小时记的，每 24 小时为一个周期。

科学家曾经认为飞马哲水蚤是依靠太阳光来定时的，这
在低纬度地区没有问题。但是，随着全球气候变化愈演愈

烈，飞马哲水蚤开始往地球的两极迁徙。高纬度地区的光照条件会随着季节的变化出现大幅度波动，甚至会出现极昼和极夜现象，飞马哲水蚤能否适应这种变化呢？

来自德国和苏格兰的一群科学家决定研究一下这个问题。他们在实验室里饲养了一群飞马哲水蚤，让它们在完全黑暗的条件下生活很多天。实验结果让人惊讶，这些飞马哲水蚤完全不必依靠阳光信号的刺激就能精确地调整自己的生物钟，每天晚上都会在同一时刻浮上去吃饭，清晨也会在同一时间沉下去睡觉。

科学家将研究结果写成论文，发表在2017年7月24日出版的《当代生物学》杂志上。这项研究表明，生物钟完全可以依靠DNA来控制，不受任何环境因素的影响，人类要是学会了这个本事，那就不用担心睡不着觉了。

不过，飞马哲水蚤毕竟是一种非常简单的浮游生物，只需要知道什么时候吃、什么时候睡就行了。人类的生活方式要比它们复杂得多，人类的生物钟相应地也会比它们更复杂。比如有的人天生就喜欢晚睡晚起，生物钟总比别人慢半拍，这个差别到底是如何形成的呢？

加拿大多伦多大学的大卫·桑姆森（David Samson）博士猜测，这和人类祖先的生活方式有很大关系。我们的老祖宗是一群打猎采集者，居无定所，时刻需要有人负责放哨，所以大家的生物钟必须要错开一点，才能保证集体的安全。

为了证明这个假说，桑姆森博士专门去了趟坦桑尼亚，跟踪研究了一个至今仍然过着打猎采集生活的哈德扎（Hadza）部落。这个部落有20多人，各个年龄段的人都有。桑姆森和助手们连续跟踪观察了他们20多天，发现其中只有18分钟是全部落所有人都睡着了的。平均算下来，在这20多天里的任何时段都有8名成年人处于清醒状态，这就保证了整个部落不会被猛兽袭击。

这项发现还解决了另一个世纪难题，那就是为什么人类要活那么长。世界上绝大部分动物一过生育期就会迅速死亡，不再占用宝贵的自然资源，人类是很少见的一种过了更年期还会活很久的哺乳动物，这是为什么呢？

此前有个"祖母假说"，认为老年人可以帮助儿女哺育下一代，这就是他们之所以还活着的主要原因。桑姆森博士认为，睡眠的错峰也可能是原因之一。年轻人大都是夜猫子，到了后半夜往往会睡得很沉。老年人则正相反，夜里睡不安稳，早上也起得很早，但这种睡眠习惯正好和年轻人错开了，这就保证了人类部落始终都有几个醒着的人。

桑姆森博士把"睡不好的老年人"这一假说写成论文，发表在2017年6月27日出版的《英国皇家学会会报B卷》（*Proceedings of the Royal Society of London B*）上。这项研究的独特之处在于，这是实地考察的结果，而其他大多数关于人类睡眠习惯的研究都是在实验室里进行的，缺乏说服力。

健身的后续效应

健身结束后，身体会持续发热一段时间，
这种后续效应对减肥有帮助吗？

很多喜欢健身的人都有一个体会，那就是大热天出去健身，往往在跑的时候还不怎么出汗，跑完后反而会大汗淋漓，好像跑步时身体有意积攒了很多水分，直到停下来之后才会一股脑儿地释放出来。

冬天健身也有类似的效果，那就是跑的时候不怎么热，跑完后却感觉自己的身体一直在发热，甚至连羽绒服都不想穿了。有时候这种感觉会持续好几个小时之久，这感觉会让跑步者感到欣慰，觉得自己仍然一直在消耗更多的卡路里，减肥计划应该可以提前完成了。

关于健身和减肥的关系，一直存在两种相互矛盾的理论。一种理论认为健身时消耗的卡路里数量虽然不高，但健身会提高身体的基础代谢率，使得健身结束后身体仍然在加速燃烧卡路里，减肥效果就是这么来的。但是，另一种理论却认为，光健身不节食是减不了肥的，因为一个人的新陈代谢率会自动保持平衡，健身时消耗了更多的卡路里，休息时身体便会自动调节基础代谢率，减少能量的消耗。

这两种理论的关键就在于如何解释健身后身体持续发热的现象，这种后续效应到底是怎么回事呢？

加拿大渥太华大学的格兰·肯尼（Glenn Kenny）博士决定从散热的角度研究一下这个问题。他花了上百万美元制造了一台仪器，能够准确地测量一个人在不同情况下的散热效率，而且可以精确到分钟。

研究发现，一个人在健身结束后体温确实会维持在一个较高的水平上，但并不是因为肌肉还在燃烧卡路里，而是因为身体里蓄积的热量散不出去。不知出于什么原因，人一旦停止锻炼，身体散热机制的工作效率就会立即降低。肯尼博士虽然也不清楚这里面的原因到底是什么，但他猜测这可能和心血管系统的变化有关系。

身体在散热时是不会消耗多余的卡路里的，因为此时的新陈代谢率并没有增加。换句话说，虽然你在运动结束后感觉自己的身体仍然在发热，但这并不等于说你消耗了多余的脂肪，锻炼的减肥效应在你结束锻炼之后很快就消失了。

来自南澳大利亚大学的约瑟夫·拉夫吉亚（Joseph LaForgia）博士也对这个问题感兴趣。和肯尼不同的是，拉夫吉亚博士的研究对象都是一些准专业运动员，习惯了高强度的训练。他在研究了这些人的新陈代谢率之后，发现他们在每一次大运动量训练结束后，基础代谢率确实会有所上升，有时甚至会在一个较高的位置上维持七个小时之久。这个结果说明，起码对于准专业运动员来说，锻炼的后续效应是真实存在的。

问题在于，当拉夫吉亚博士认真计算了这些运动员的代谢率之后，发现锻炼结束后增加的卡路里消耗量只相当于高强度训练时多燃烧的卡路里的十分之一。换句话说，健身结束后的减肥效果其实很一般啦。

如果只是中等强度的健身运动，那么锻炼结束后多燃烧的卡路里所占比例就更低了。再加上中等强度的健身运动本身也不会多消耗太多的卡路里，因此中等强度的锻炼对于减肥来说好处是非常有限的。

那么，为什么准运动员的健身后续效应比一般人强呢？拉夫吉亚博士认为，这些人在结束训练后的身体持续发热有可能是因为他们体内的免疫细胞正在努力修复因高强度训练而受到损伤的肌肉细胞。不过，这种修复过程本身并不会消耗太多的卡路里，减肥效果同样很一般。

对于我们这些普通人来说，只要记住一件事就够了，那就是健身对于减肥来说意义并不大，要想瘦下来，必须管住嘴。

科普的负面效应

......

> 正是因为科普越来越通俗易懂，才使得
> 老百姓越来越不相信科学了。

近日，一个名为"关注疫苗安全"的微信公众号发文称："为了孩子的健康，请远离疫苗！"此文引来了很多不明真相的读者的关注和转发，让不少医疗科普工作者暗自慨叹，自己辛辛苦苦写了那么多科普文章，却被一个谣言公众号轻而易举地击败了。

中医、疫苗、气候变化和转基因等热门领域已经成了科普的重灾区。科普作家们写了无数关于这几个话题的科普文章，却没能改变公众的错误看法，这是什么原因呢？

德国明斯特大学（University of Muenster）的心理学家丽萨·莎瑞尔（Lisa Scharrer）及其同事们设计了一个心理学实验研究了这个问题，他们得出了一个让人困惑的答案：正是因为科普越来越通俗易懂，才使得老百姓越来越不相信科学了。

研究人员招募了一群普通志愿者，分别让他们阅读一篇专门针对大众而创作的科普文章以及一篇以科学家为读者的专业科学论文，然后让他们对一些有争议的科学问题做出判断。结果发现，阅读完科普文章后，志愿者们会更加倾向于相信他们自己的判断，同时低估了他们在面对复杂问题时对专家意见的依赖。其实，"术业有专攻"的道理他们都是懂的，但在阅读了一篇通俗易懂的科普文章后，他们却更愿意相信自己的判断力，不再把专家的话当回事了。

莎瑞尔博士将研究结果写成论文，发表在2016年底出版的《公众理解科学》（*Public Understanding of Science*）杂志上。英国牛津大学自然历史博物馆的一位古生物专家马克·卡纳尔（Mark Carnall）在《卫报》上发表了一篇评论文章，对这个奇怪的现象给出了自己的解释。在他看来，科普文章的最大特点就是把复杂的科学问题简单化了，否则不利于文章的转播，那就不叫科"普"了。但是，这么做导致的结果就是外行人会以为科研是一项简单的任务，科学家是一群谨小慎微、说话模棱两可的家伙，远不如科普作家来得那么干脆。

他举了一个案例：如果你想知道恐龙生活在哪个年代，科普作家会告诉你，它们生活在距今2.3亿—6600万年。事实上，自然历史博物馆里的恐龙展厅里就是这么写的，参观者很容易把这个答案当成一个简单的事实来看待。

但是，如果你问一位研究恐龙的专家，他会这么告诉你：目前已经发现的、确认属于恐龙的化石是帕氏尼亚萨龙（*Nyasasaurus parringtoni*），科学家们通过分析与帕氏尼亚萨龙分布在同一地层中的其他动物化石，知道了与它同时代的动物究竟是何种类，然后再在世界其他地方找到了类似的动物化石，并采用钾氩测年法分析了这些化石周围的长石晶体的年代，得出了 229 ± 5 和 227.8 ± 0.3（单位：百万年）这两个数据。但是，世界上最早出现的恐龙极有可能并没有留下化石，因此上述年代只是目前已知的恐龙出现的最早年代，有人估计恐龙很可能早在 2.4 亿年前就已经出现了。恐龙家族中的一支，也就是鸟类，目前仍然还生活在地球上，非鸟类恐龙家族估计是在距今 6600 万—6590 万年灭绝的，灭绝的原因很可能是一次彗星或者陨石撞击地球事件而引发的全球气候剧烈变化。

上面这段文字读起来拗口得多，但这才是对这个问题的准确描述。科学家们并不能完全肯定恐龙到底生活在哪个年代，他们只能给出一个大致的范围，而且这个范围很可能会因为新化石证据的出现或者新测年技术的突破而被改变。这层意思在简写版中是无法体现出来的，读者会被科普文章中言之凿凿的文字所迷惑，以为事实就是这么简单。于是，他们会觉得科学不过如此，自己也能轻易地理解复杂的科学。

具体到转基因问题上，转基因育种技术并不像某些科普文章中说的那样一无是处，也不像某些科普作家声称的那样百分之百安全，只是目前尚未发现一例有害的证据而已。事实上，所有的新技术都是如此，转基因并不特殊，这就是为什么所谓"只有吃过三代证明无害我才吃"的说法是不成立的。如果你真的这么想，那么市面上很多食品都没法吃了。

近视的原因

科学家们找到了导致近视的视网膜细胞，
为预防近视提供了新的思路。

严格来说，近视眼算不上一种病，却能严重影响人们的生活。目前中国中小学生当中的近视发病率高居世界前列，不少大城市的中小学当中竟有超过一半的学生都是近视眼，不能不引起家长们的重视。

过去大家普遍认为近视是用眼过度造成的，教育部因此出台了很多针对这一点的预防措施，比如，不要躺在床上看书，不要在摇晃的车上看书，看书时应该经常抬起头来看看远方等。1963年，当时的北京医学院体育教研室主任刘世铭根据经络理论自创了一套眼保健操，并在政府的帮助下向全中国的中小学校强行推广。但是，没有任何可靠的证据表明这套眼保健操真的能够预防近视。事实上，中国是全世界唯一推行眼保健操的国家，但中国却是全世界近视发病率上升得最快的国家。

那么，近视到底是什么原因造成的呢？曾有媒体报道说，复旦大学的科学家研究发现，遗传因素在近视眼的形成中大约起了 60% 的作用，还有 40% 取决于环境因素的影响。但是，只要稍微琢磨一下就可以知道这个说法是无稽之谈。在没有发明出眼镜的古代，近视几乎意味着死亡，如果真有近视基因，那它应该早就被淘汰了，怎么会如此流行呢？再说了，世界各国的近视眼比例差别巨大，同一个国家的城市和农村的近视率差别也不小，遗传因素是解释不通的。越来越多的证据表明，遗传只占近视原因的很小一部分，绝大部分近视眼都是后天因素导致的。

在解释近视的发病原因之前，让我们先来看看近视眼的发病机理。研究表明，近视就是晶状体和眼球本身的发育不同步造成的。除了少数因特殊疾病导致的近视外，绝大多数近视都是因为眼球的前后距离过长，导致光线聚焦不到视网膜上。一个人在生长发育的过程中，眼球一定会逐渐变大变长，但与此同时晶状体也会逐渐拉长变薄，从而把光线的聚焦点逐渐往后移，始终维持在视网膜的位置上。只要这两者的发育保持同步，近视就不会发生。一旦两者的发育过程中出现脱节的现象，即眼球仍然在继续变长，晶状体却停止了生长，其结果就是近视眼。

于是，这个问题就变成了寻找眼球和晶状体生长的调控机制上来。

眼睛是光的探测器，已知眼睛的发育过程与光刺激的种类和强度有着密切的关系。有人受此启发，研究了儿童户外活动的时间和近视眼的发病率，发现两者有着紧密的联系，儿童待在屋内的时间越长，将来得近视眼的概率也就越高。这个假说很好地解释了为什么大城市儿童的近视眼发病率远比农村孩子高，却没能解释室外光和室内光到底差别在哪儿。在缺电的年代，室内光线往往较暗，但如今正规学校的教室采光都做得不错，为什么仍然没能解决这个问题呢？

美国西北大学（Northwestern University）的格雷格·施瓦兹（Greg Schwartz）教授研究了这个问题，他在小鼠的视网膜中找到了一种特殊的感光细胞，能够控制眼球的生长发育。这种细胞有点像相机中的对焦探测器，能够感知图像是否对焦。如果对焦不准确，它就会发出相应的指令，让眼球继续发育或者停止生长。

这种细胞对不同颜色的光会产生不同的反应。通常情况下，室内光线的红／绿比比室外光线高，于是这种感光细胞被过度刺激了，不断发出信号命令眼球继续生长，其结果就是眼球越长越长，最终导致近视。

施瓦兹教授将研究结果写成论文，发表在 2017 年 2 月出版的《当代生物学》杂志上。如果这个结果在人眼中也被证明的话，将有助于科学家找到预防或者治疗近视眼的方法。当今社会的生存压力巨大，孩子们毕竟要花很长时间读书，家长很难让自己的孩子整天在外面玩。

光靠锻炼减不了肥

人类之所以会发胖，不是因为偷懒，而
是因为贪吃。

一说到减肥，多数人都会首先想到锻炼，尤其是跑步骑
车爬楼梯这类有氧运动，更是被几乎所有的专家认为是减肥的
最佳方法。在大家的心目中，锻炼就是做功，做功需要消耗能
量，能量来自食物，吃下去的食物消耗不掉就会转化成脂肪，
人就是这么胖起来的。这条逻辑链相当清晰，不可能有错。

但是，很多人坚持锻炼了一个月，上秤一称却还是老样
子，不免有些气馁。再上网一查，发现一罐可乐的热量需要
跑 2 公里才能消耗掉，一个普通汉堡相当于跑 4 公里，一大
包薯条更是需要跑 6 公里才能耗尽。于是，这些人很快就破
罐子破摔，不再锻炼了。

这个过程相信很多人都经历过，也让很多人开始怀疑锻
炼的减肥功效。越来越多的研究表明，这些人的怀疑是有道
理的，光靠锻炼减不了肥，因为一个人每天消耗的卡路里总
数是相对恒定的，和运动量大小没什么关系。

测量动物每日能量消耗的标准方法叫作"双标水法"

（double labeled water），发明于20世纪80年代。实验人员让动物饮用含有两种同位素标记的水，然后分析尿液中同位素的含量，就可以直接测出动物每天产生的二氧化碳总量，从而精确地知道动物每天所消耗的卡路里到底是多少。

为了研究不同生活方式对能量消耗总量的影响，美国纽约城市大学亨特学院（Hunter College）的人类学家赫尔曼·庞泽（Herman Pontzer）教授及其同事们专程去了一趟坦桑尼亚，和住在那里的一个原始部落共同生活了一段时间。这个部落至今仍然保留着传统的狩猎采集生活方式，男人每天都在外打猎，女人则留在家里采集野果和植物根茎。研究人员发现，这种生活方式是相当艰苦的，一点也不像某些学者描述的那样悠闲。如果仅从表面上来看的话，这种生活方式肯定需要消耗更多的能量。

但是，双标水法的测量结果让科学家大吃一惊，这个部落的成年男性每天平均消耗的热量只有2600大卡，女性则为1900大卡，和欧美发达国家的平均值没有区别。如果排除了体重、年龄和性别差异后，科学家得出了一个让人惊讶的结论：这群整日在外奔波的坦桑尼亚原住民每天消耗的能量和整天待在办公室里的发达国家居民没有任何区别。

庞泽教授将研究结果写成论文发表在专业期刊上，又在2017年2月出版的《科学美国人》杂志上对这个结果做了通俗解读。在他看来，能量守恒是动物界一个相当普遍的现象。比如，曾经有几位澳大利亚学者研究了圈养和野外环境下生活的绵羊和袋鼠，发现两种情况下的能量消耗完全相同。甚至连中国国宝大熊猫也是如此，中国科学家研究过动物园的大熊猫和保护区的野生大熊猫的能量消耗，结果同样证明两者没有差别。

综合上述研究，庞泽教授只能得出一个看似违背常识的结论：动物们每天的能量消耗都是恒定的，和生活状态无关，人类也不例外。人和其他动物一样，似乎具备一种自动调节能量代谢水平的能力。换句话说，人类之所以会发胖，不是因为偷懒，而是因为贪吃。

接下来一个很自然的问题就是，运动肯定会多消耗能量，这是物理定律决定的，这部分能量消耗是从哪里来的呢？庞泽教授告诉我们，科学家对这个问题尚没有肯定的答案，但很多证据表明动物是通过降低其他方面的能量消耗来弥补损失的。比如，有研究显示，每天运动的小鼠得自体免疫性疾病的概率比整天不动的小鼠要低，原因就是每天运动的小鼠为了节省能量，减少了免疫系统的不必要的活动，比如炎症反应。

既然光靠锻炼减不了肥，是不是就不用锻炼了呢？答案是否定的。锻炼虽然不能减肥，但有很多其他好处，包括提高心血管系统的健康水平，增强免疫力，增加脑部供血，提高神经系统的工作效率等，所以坚持锻炼仍然是很有必要的。庞泽教授认为，人类在一万年前仍然是狩猎采集者，我们的身体习惯了运动，习惯了在这种条件下分配能量。如果我们不运动，那么多出来的能量就会被用到一些不该用的地方，比如让免疫系统过分活跃，导致炎症反应和过敏等各种自体免疫性疾病。

世界上真的有健康的胖子吗?

这个世界上是否真的有健康的胖子?这是个问题。

肥胖和健康,听起来似乎是一对矛盾的概念,但确实有一些科学家相信健康的胖子是存在的。这些科学家不遗余力地在大众中普及这个概念,其目的肯定不是鼓励胖子们自暴自弃,而是要他们相信一些身体没毛病的胖子没必要不惜一切代价地减肥,这样有可能反而把自己的身体搞垮了。

这个想法当然不错,也得到了一些研究数据的支持。比如,曾经有人测量了美国胖子们的身体指数,包括血压、心率、胆固醇含量和胰岛素敏感度等,发现大约有三分之一的胖子各项指标均属于正常范围,光看这些指标的话根本分辨不出哪些人是胖子、哪些人体重正常。

美国华盛顿大学医学院的几位科学家曾经做过一个大胆的实验,让一群体重正常的人和一群胖子一起增肥,然后对比增肥前后身体各项指标的变化,结果发现指标原来就差的人增肥后依然很差,而指标原来就很好的人,无论是否肥胖,增肥后各项指标依然很好。也就是说,增加的那些脂肪和受试者的身体状况没有关系。

　　但是，与此同时也有一些实验质疑了这个说法。英国伦敦大学学院的科学家们曾经做过一个长达二十年的跟踪研究，研究人员分析了 2521 名志愿者在这二十年里身体各项指标的变化。结果发现，一开始就很胖的那些人虽然有的指标还不错，但随着时间的推移，这批人的各项指标下降得非常快；一开始体重正常的那些人各项指标虽然也有下降，但下降幅度要远低于那些胖子。于是英国科学家得出结论说，健康的胖子也许只是一个暂时的现象，他们的身体状况会很快变糟，所以说还是应该减肥。

　　这两派相互争论了很久，谁也说服不了谁。2016 年 8 月 18 日发表在《细胞》杂志的子刊《细胞通讯》上的一篇论文为否定派增添了一块重要的砝码。这篇论文的作者是瑞典卡罗林斯卡学院（Karolinska Institute）的营养学家米克尔·赖登（Mikael Ryden）博士和他率领的一个研究小组。科学家们说服了 50 位正准备去做减肥手术的胖子参加了该项实验，又找来 15 名体重正常的人作为对照组。

　　首先，研究人员测量了这 50 名志愿者对胰岛素的敏感程度，这项指标被认为是判断一个人是否会得糖尿病的最为关键的证据。具体来说，研究人员向志愿者的血液中注射了一定量的葡萄糖和胰岛素，2 个小时后再测量一次血糖含量，结果发现有 21 人的血糖已经降到了正常水平，说明他们对胰岛素是敏感的，另外 29 人的血糖含量仍然维持在一个较高的水平，说明他们对胰岛素不再敏感了，属于糖尿病的前期症状。

如果只看这个数据，说明那 50 个胖子当中有 21 个人属于健康的胖子，可以不必着急做手术了。但是，接下来研究人员又从这些胖子的腹部皮下脂肪中提取出一些样本，分析了脂肪细胞在胰岛素刺激之后的基因表达状况，发现所有胖子的表达模式都是一样的，和他们对胰岛素是否敏感无关，也和其他一些相关指标（比如腰臀比、血压和心率等）无关。与此相对应的是，对照组的基因表达模式和肥胖组完全不一样，仅从基因表达模式即可分辨出谁胖谁瘦。

赖登博士认为，虽然这项实验只测量了皮下脂肪组织，而且所选取的试验对象都是正准备做减肥手术的重度肥胖者，但实验结果说明肥胖这件事本身已经足以改变一个人对于胰岛素刺激的基因反应模式了。换句话说，他相信这个世界上不存在健康的胖子，所有的胖子都有潜在的健康风险，即使暂时没有表现出来，将来迟早有一天也会发作。

赖登博士打算继续这项研究，看看做完减肥手术后的胖子们的基因表达模式是否会变得和瘦子们一样，让我们拭目以待吧。

精子危机

最新的研究显示，环境污染物能够影响狗的精子质量，人类同理可证。

如今生不出孩子的夫妻越来越多，其中最重要的原因就是丈夫的精子质量欠佳。很多研究显示，人类男性的精子质量呈逐年下降的趋势，这一趋势和工业化的程度密切相关，因此有人猜测罪魁祸首就是环境中的有害化学物质。

不过，也有不少人质疑这个结论，因为精子质量的判定是一件非常主观的事情，受到很多因素的影响，很难标准化，得出来的结论不怎么可靠。

为了解决这个问题，英国诺丁汉大学（University of Nottingham）兽医学院的准教授理查德·里亚（Richard Lea）博士想出了一个变通的办法：研究狗的精子。一来，这家研究机构和英国一家专门培育导盲犬的种狗饲养中心有合作，可以很方便地取到样本；二来，狗被誉为是人类最好的朋友，很多狗都是和人一起生活的，正好可以作为人类的"验毒器"。

里亚博士及其研究团队于1988年开始了这项研究。在这之后的二十六年里，研究人员每年对42—97只狗进行采样，加起来一共有 232 只种狗接受了检查，包括拉布拉多、金毛猎犬和德国牧羊犬等五个最常见的种类。研究人员一共采集了 1925 个精液样本，并在显微镜下观察精子的活动情况，统计健康精子所占的比例。为了保证统计的准确性，里亚博士在这二十六年里只用过三个实验员，从精液采样到样本制作再到显微镜观察、统计等全都使用同一套程序，这就避免了人类精子质量研究中实验程序不规范所带来的问题。

研究结果显示，1988—1998 年这十年里种狗的精子质量一直在下降，健康精子所占的比例平均每年下降 2.4%。之后那几年，由于一些种狗年纪大了，数据不太可靠，没有计算在内。饶是如此，新换的一批种狗在 2002—2014 年的精子质量仍然在下降，只不过下降的速度有所减缓，平均每年下降 1.2%。

里亚博士将研究结果写成论文，发表在 2016 年 8 月 9 日出版的《科学报告》杂志上。作者还分析了种狗精液和睾丸的化学成分，从中发现了好几种自然界常见的有害化学物质，包括日用化工产品中最常见的多氯联苯（PCBs）以及常用的塑化剂邻苯二甲酸酯（Phthalates）等。这些化学品很早就被怀疑与人类精子质量的下降有关，但一直缺乏直接的证据，毕竟科学家是没法拿人来做实验的，只能靠推测。

但是，科学家可以通过动物实验间接地找到导致人类精子质量下降的原因。一个来自瑞士的研究小组研究了环境污染对于蜜蜂精子质量的影响，发现一种常用的新烟碱类杀虫剂能够显著减少雄蜂的精子数量。这项研究是在可控的实验室条件下完成的，研究人员让一组蜜蜂暴露在新烟碱环境中，其浓度和自然环境中常见的杀虫剂浓度相似，另一组作为对照的蜜蜂在干净的环境中生活同样一段时间，然后比较两组蜜蜂的精液质量，得出了上述结论。

接下来一个很自然的问题是，按照这个下降速度，是否有一天狗的精子数会降到某个阈值，导致狗这个物种彻底灭绝了呢？里亚博士认为问题应该不会这么严重，但他认为精子质量降低会导致新生小狗出现健康问题，这才是值得关注的重点。研究人员发现，用那些质量下降的精液繁殖出来的小狗当中患隐睾症（cryptorchidism，睾丸不能正常地下降至阴囊）的比例逐年增加，小狗成年后患睾丸癌的比例也一直在增加，这说明环境中的化学污染物很可能以某种方式影响了睾丸组织的正常生理活动，导致精子发生了基因变异。

对于人类来说，男性精子质量的下降在可预见的未来大概也不会导致人类这个物种的灭绝，但对于每一个生不出孩子的家庭来说，这都是很严重的问题，足以引起大家的重视，更不用说新生儿可能出现的健康问题了。

至于说蜜蜂，这才是真正应该引起人类重视的问题。蜜蜂是一种分工非常明确的昆虫，如果因为精子质量差导致某个亚群体数量下降，整个蜜蜂种群的数量都会受到影响，甚至有可能导致整个蜜蜂种群的灭绝。如果没有蜜蜂，农业将会遭到重创。如果未来真的出现了这种情况，人类即使还能生出孩子，也没有粮食去养活他们了。

新时代的健康指南

互联网改变了健康知识的传播方式，来自权威机构的健康指南受到了前所未有的挑战。

2016 年 6 月 15 日，大名鼎鼎的国际癌症研究机构（IARC）又一次上了新闻头条。这个曾经宣称红肉可能致癌的研究机构宣布把咖啡从致癌物名单里拿掉，但太烫的饮料却被认为很有可能致癌。

什么？咖啡居然曾经被列为致癌物质？

没错，IARC 曾经于 1991 年将咖啡列为 2B 类致癌物质，也就是"可能"致癌。这可真不是开玩笑，IARC 隶属于世界卫生组织（WHO），是一家严肃的科研机构。他们是在分析了上百篇论文后才得出那个结论。问题在于，当年大多数研究咖啡致癌性的论文采用的都是"病例对照研究"（Case-control Studies），即从结果（是否得癌症）倒推回去的研究过程（是否喜欢喝咖啡）。这样的研究所需时间较短，但可靠性不高，比如没有考虑到喜欢喝咖啡的人当中抽烟的人往往更多这一事实。

流行病学领域的另一种常用的研究方式叫作"队列研

究"（cohort studies），即事先随机挑选两组人群并跟踪多年，比较他们的发病率，再和生活方式做对比，从中寻找相关性。这样的研究所需时间较长，成本很高，但准确性也比较高，是公认的研究生活方式和健康关系的最佳方法。IARC正是在综合了大量基于"队列研究"的结果后才推翻了先前的结论，为咖啡正了名。

与此同时，IARC宣布将"太烫的饮料"列为2A类致癌物质，即"致癌可能性较高"。该机构的科学家们认为，温度高于65℃的饮料会诱发消化道产生炎症反应，从而导致癌症。这个理由是说得通的，已有很多证据表明炎症反应是癌症的一大诱因。

根据IARC提供的材料，这次关于烫饮料的结论是基于有限的研究得出来的，但媒体并没有在这一点上做过多的纠缠，因为这属于没有风险的健康指南，即使将来有新的证据证明烫饮料并不能致癌，老百姓也不会吃亏。但是咖啡和红肉就不同了，如果消费者相信了IARC的这两个结论，就必须改变生活方式，代价太大了。

不过，这两个案例最有趣的地方并不是其科学性，而是应用性。虽然咖啡早在1991年就被列为可能的致癌物，但消费者显然并没有因此而不喝咖啡。同样，没有任何数据显示老百姓吃红肉的热情降低了，大家似乎不再受这类研究机构的影响了，哪怕像WHO这样的权威组织也不行。

这方面最经典的案例就是碳水化合物和脂肪之争。20

世纪 50 年代，科学家通过研究发现心脏病和脂肪的摄入有关，于是全世界几乎所有的医疗机构都建议民众减少脂肪的摄入，代之以米面和土豆之类的碳水化合物。很多医生还将这个思路用于糖尿病和肥胖病人，建议他们少吃肥肉，改吃粗粮和水果蔬菜。但最近的一系列研究均显示，科学家们也许错了，真正的罪魁祸首并不是脂肪，而是碳水化合物。于是很多国家的健康指南来了个 180 度大反转，放松了对脂肪的限制。

如果你年纪足够大，经历过这样的大反转，你会怎么想？

事实上，很早就有人对老版的健康指南提出了质疑，美国营养学家罗伯特·阿特金斯（Robert Atkins）就是其中比较著名的一位。他早在 20 世纪 70 年代就开始提倡阿特金斯减肥法，即严格控制碳水化合物的摄入量，但对脂肪和蛋白质则不做限制，吃饱为止。

阿特金斯减肥法在北美一直不温不火，但在 2003 年突然火了起来。据说，每 11 个北美成年人就有一个试过此法，比例相当高。这次大流行与其说是因为阿特金斯本人于 2003 年去世，不如说是因为 21 世纪初期互联网开始普及，健康知识的传播开始了去中心化的过程，像 WHO 这样的国际组织的权威性在这个过程中受到了前所未有的挑战。

英国医生戴维·尤恩（David Unwin）认为这是件好事，他相信互联网正在通过民主的方式帮助医生收集更多的数据，得出更为可靠的结论。2015年11月，尤恩医生将一个经过改良的阿特金斯减肥法细则免费放到网上，迄今为止已有11万人通过他的官方网站加入了他的减肥计划，其中有8万人成功地完成了为期10周的减肥课程。这些人当中有很大一部分人同时还是糖尿病患者，半年后的一次抽样调查显示，服用降糖药的患者比例从减肥之前的70%降到了60%。虽然这个数据并不可靠，需要更严格的实验加以验证，但它确确实实提高了一部分患者的生活质量，这就是成功。

互联网时代的家长羞辱

互联网改变了人际关系的模式，社交媒体的便捷性、匿名性和飞快的传播速度让很多普通人瞬间成为全国乃至全世界关注的焦点。

2016 年 5 月 29 日，美国辛辛那提市动物园发生了一起惨剧，一名年仅 3 岁的小男孩不慎掉进了关大猩猩的兽笼。为了保障小孩的生命安全，公园管理方下令开枪射杀了一头 17 岁的雄性大猩猩。

此事迅速引爆了全球的社交媒体，很多人质疑公园管理方不该轻易开枪，但更多的人则把矛头对准了那个孩子的父母，纷纷在网上留言指责两人失职，应该被关进监狱，孩子由政府代为照管。有个别极端的网友甚至要求政府给孩子的母亲做绝育手术，禁止她再生孩子，还有人扬言要枪杀孩子的父母，替大猩猩报仇。

"这件事对我而言一点也不奇怪，因为人类很久以前就一直在这么做了。"辛辛那提大学社会学系助理教授丽缇莎·贝茨（Littisha Bates）评论说，"我感兴趣的是现代人开始利用社交媒体来做这件事，这就让这件事的后果变得更加严重了。"

贝茨教授所说的"这件事"指的就是"家长羞辱"（parent-shaming）。顾名思义，这个词的意思是说，人们以各种方式羞辱其他孩子的家长，让对方感到难堪，以此来干预别人家孩子的养育方式。

人是群居动物，血缘相近的人喜欢聚居在一起，相互扶持。原始部落中任何一个女人生的孩子都会被认为是属于整个部落的，大家一起帮忙抚养。西方有句俗语叫作"养育一个孩子需举全村之力"（It takes a village to raise a child），说的就是这个意思。

正是在这样的环境下，我们的祖先养成了对其他孩子品头评足的习惯。这个习惯一直保留了下来，变成了一种文化现象。如今全世界几乎每一个传统部落都有属于自己的养育孩子的方式，每一个民族的孩子在长大成人的过程中基本上都会遵循同一个理念。如果有哪家的小孩敢于标新立异，比如，到了年纪不读书，整天在外面疯玩，这孩子的家长必定会遭到邻居们的耻笑。

随着社会的进步，养育孩子的方式和理念也在不断变化。过去家长体罚孩子的情况相当普遍，但如今任何一个家长都不敢公开打骂自己的小孩了，一旦被人看到结果肯定不会太好。过去，农村里四五岁的小孩便可以独自在田里玩了，如今大城市里的小学生上课都要父母接送，如果哪个孩子的妈妈胆敢让孩子自己走路回家，一定会被贴上"不负责任"的标签。

如今，地球越变越平，养育孩子的方式不但越来越同质化，而且涉及的范围也越来越广。大到母亲是否应该辞职在家照看孩子，小到是否应该坚持母乳喂养，或者是否应该给孩子打疫苗，等等，都有了不成文的惯例。不但如此，所有这些养育方式正变得非此即彼、黑白分明，以前存在的很多灰色地带都已消失殆尽了。

　　有意思的是，不少聪明的厂商利用人类这个古老的风俗，通过家长羞辱的方式宣传自己的产品。比如，雀巢公司早在 1915 年就打出广告说，如果做父母的舍不得用雀巢公司生产的配方食品喂养自己的小孩，孩子长大后就会出现各种各样的毛病，这样的家长就会被别人耻笑。

　　问题在于，从前的"家长羞辱"往往只局限于本地村镇，无论是范围还是时效性都有限。互联网时代的到来，尤其是社交媒体的兴旺，使得"家长羞辱"扩散到了更大的社区，甚至全世界。在这种情况下，家长羞辱很可能变成一场灾难，给涉事家庭造成永久性的伤害。

　　就拿这次大猩猩死亡事件来说，孩子父母的所有个人信息都被发到了网上，他俩以后恐怕很难找到像样的工作。那个小孩年纪太小，目前应该还不会留下太大的心理阴影，但互联网保存了关于此事的所有信息，孩子长大后肯定会知道自己小时候曾经导致一头大猩猩的死亡，这件事将跟随他一辈子，想忘都忘不掉。

　　更让人警惕的是，以前这类事件往往只会发生在名人身上。比如，贝克汉姆曾经发了一张 4 岁女儿叼安抚奶嘴的照片，结果很多人到他的社交网站上留言，指责他不是个好父亲，理由是这么做会导致孩子长大后出现语言障碍。小贝是个名人，对这类指责早已司空见惯，应该不会对他产生多大的影响。但辛辛那提的那对父母是普通人，他们肯定不习惯这样的走红方式，由此产生的后遗症肯定会更严重。

婚姻中的相对论

研究表明，一个人对于婚姻的满意程度
更多地取决于其配偶在婚姻市场上的相
对地位，和对方的绝对条件关系不大。

据说，每个人在结婚前脑子里都会有一个理想配偶的形象，身高、相貌、年龄、学历、家庭、收入等条件都有非常具体的指标，就像征婚广告里常常列出的那样。大部分红娘网站也都是按照这些硬性指标来进行配对的，除此之外也想不出其他好办法。问题在于，如果配偶真的满足了这些条件，你一定会幸福吗？

换句话说，一个人真实生活中的配偶和理想中的情人在一些硬指标上的契合度是否是衡量婚姻幸福程度的唯一标准呢？这是人类进化心理学领域的一个重要问题，因为婚姻是仅次于觅食的第二重要的人类行为，衡量婚姻幸福程度的不同指标决定了配偶关系的牢固程度，从而改变了人类进化的模式。

现有的理论认为，决定婚姻幸福程度的最重要的指标就是实际配偶和理想情人之间的差别，差别越小就越幸福。但有不少人对这个理论表示怀疑，其中就包括美国得克萨斯大学奥斯汀分校（University of Texas at Austin）的心理学教授丹尼尔·康罗伊－比恩（Daniel Conroy-Beam）博士。为了研究这个问题，康罗伊－比恩博士和他领导的一个研究小组从社会上招募了 119 名男性和 140 名女性志愿者，这些人平均结婚时间为七年半，已经过了所谓的"七年之痒"，应该说对于婚姻是很有发言权的。

研究人员给每位志愿者发了一份调查问卷，里面列出了 27 个最常见的择偶指标，比如智商、健康程度、相貌、收入和花心程度等。志愿者被要求在这 27 个指标上为自己和配偶分别打分，并列出自己心目中的最佳伴侣在这 27 个选项中的理想得分。研究人员可以通过这些打分，判断出一个人理想中的情人是什么样子的，以及每位志愿者在婚姻市场上的地位，或者说抢手程度。

之后，研究人员又要求每位志愿者为自己现实生活中的婚姻关系打分，并描述自己为了维护这段婚姻关系所做的努力，比如是否经常给配偶买东西，冲突时是否主动让步，以及是否经常注意打扮自己以取悦对方等。

研究人员对这两份表格进行了比较研究，发现一个人在婚姻生活中的满意程度基本上可以通过两人在婚姻市场上的地位判断出来。如果一个人的配偶比自己更抢手，那么无论对方是否满足了自己对于婚姻的想象，他／她都会很满意。只有当一个人嫁／娶了一个不那么抢手的配偶时，他／她的满意程度才会和对方的硬指标有关系。

另外，一个人对婚姻的满意程度直接决定了他／她为了维护这段婚姻而进行的努力。也就是说，一个人的婚姻越幸福，他／她就越愿意为了保卫这段婚姻而牺牲自己的个人利益。

康罗伊－比恩教授将研究结果写成论文，发表在2016年4月出版的《进化与人类行为》(*Evolution and Human Behavior*) 杂志上。他认为这个结果和现有的理论不相符，说明人类在衡量婚姻关系时并不总是追求完美，而更多地采用了一种现实主义的态度，只要对方是可能的伴侣当中条件较好的一个就可以满足了。

仔细想想，这个结论确实比原先的那个理论更加合理。不仅是婚姻关系，人类在很多方面都有类似的实用主义精神。比如，一个人对于生活的满意程度基本上取决于物质生活的富裕程度，但这里所说的贫富不是一个绝对的概念，而是相对的。如果仅仅比较物质生活的绝对富裕程度，如今，随便一个普通人都能随时享受到来自世界各地的美食，使用抽水马桶和暖气、空调，出门可以坐汽车甚至飞机，还能享受到先进的医疗服务，无论是生活的舒适度还是人均寿命都比古代的王公贵族好得多，但现代人的幸福程度并不一定比古代王公贵族们强，原因就在于过去的贵族们生活在一个普遍更加贫穷的世界，他们是相对的富人，自我感觉会更好些。

只有明白了这一点，才会理解为什么每个时代都有阶级斗争，这才是人类历史的主旋律，至今仍然如此。

人为什么爱喝酒？

从生存的角度看，酒精有百害而无一利，
既然如此，人为什么爱喝酒呢？

头晕、恶心、呕吐、失忆……这是大部分人喝醉后的常见症状，想想就难受。微醺也好不到哪里去，不但会影响人的运动和平衡能力，还会让人丧失警惕性和判断力，对于一个猎手来说属于致命缺陷。既然如此，为什么我们的猎人祖先们喜欢上了喝酒呢？

一种常见的说法是，酒精可以助性。电影里男女主角都喜欢在酒吧里堕入情网，鸡尾酒往往也会取个性感的名字，比如"石榴裙下"之类的。报纸杂志上经常可以读到关于喝酒有助于提升性能力的文章。曾经有位著名的西方性学专家在专栏中列出了喝酒助性的四大理由，包括提高性欲、增加勃起的硬度以及延迟射精时间等，都是男人们最希望获得的能力。

且慢端起酒杯！如果你稍微留意一下的话，会发现绝大多数这类文章都没有相应的科学论文作为支持，即使有的话也是发表在三流期刊上的质量很低的论文，而且相当一部分都是由酒厂赞助的项目。

即使论文本身抓不住把柄，这类研究也很不可靠，因为凡是涉及性的研究都非常难做。人类的性行为是一个相当复杂的过程，绝不仅仅是生理反应而已。酒精在性生活中的作用和喝酒的方式很有关系，实验室是重复不出来的。性反应的强度也很难测量，只能依靠受试者自己的回忆来打分，其准确性可想而知。

既然饮酒既不能提高生存率，又不能增加繁殖力，人类为什么仍然爱喝酒呢？答案要从酒精（乙醇）分子在人脑中的作用机理去寻找。研究显示，酒精可以作用于大脑中的四种分子，通过它们改变人类的精神状态。

第一，酒精可以提高大脑中 γ－氨基丁酸（GABA）的水平，这是一种常见的中枢神经抑制剂，水平越高人就会越放松，其作用类似于神经科医生常开的安定（Valium）和安诺（Xanax）等镇静剂。服用这类镇静剂的患者常常出现头痛、嗜睡、乏力、行走困难和言语含糊不清等副作用，和醉酒很像。

第二，酒精可以降低大脑中谷氨酸（glutamate）的水平，这是一种中枢神经兴奋剂，和 GABA 的作用正相反。酒精正是通过对这两个分子的调节，抑制了中枢神经的活动。其中，主要负责理性思维的前额叶皮质被抑制后反而会让人失去理智，做出冲动的决定，这是因为被抑制的前额叶皮质失去了来自其他部位的约束，只会专注于自身，这就是为什么有些喝酒的人反而会觉得自己的头脑很清醒，虽然在外人看来事实正相反。

第三，酒精可以增加多巴胺（dopamine）的含量，这是调节大脑中"奖赏回路"的主要分子。毒品之所以让人上瘾，和多巴胺很有关系。一些人之所以会喝酒上瘾，也是因为酒精提升了多巴胺水平的缘故。

第四，酒精会促进大脑释放脑啡肽（endorphin）。脑啡肽又名内啡肽，是一种属于阿片类（opioids）的小分子。懂英文的朋友从这个词的词根就可以猜出，它和鸦片有点关系。事实上，这就是酒精会让很多人感觉舒服的主要原因。

广义上说，这四种小分子都属于介导性的神经递质，来自外部的、与生存和繁殖有关的信号（比如食物、水和性伴侣等）必须通过这些小分子的介导才能作用于大脑，让大脑产生兴奋、抑制和喜悦等各种不同的感觉，并以此来指导身体，做出相应的反应。经过多年的优胜劣汰，这套反应系统已经进化得十分完善，身体所做的反应都是对自己的生存有利的。酒精直接作用于介导分子，这就相当于劫持了这套反应系统，让人可以在没有看到食物的时候就产生和吃到美食同样的喜悦，这就是为什么酒虽然对提高生存率没有帮助，人却喜欢上了喝酒。

远古时期的人类并未掌握酿酒的技术，只能在腐烂的水果里尝到一点点酒的味道，问题还不大。随着农业的诞生以及科学技术的进步，人类具备了大规模酿酒的条件和能力，酒精的威力这才显现出来。从实际效果来看，真正喝酒上瘾的只占很小一部分，大部分人还是能分辨出什么是真正的喜悦，什么是被劫持的喜悦。但对于那些分不清两者区别的人来说，喝酒的后果往往很严重，必须引起重视。

基础代谢与减肥反弹

千万不要忽视基础代谢，这是保持减肥
成果的关键所在。

尽管专家们多次警告说，减肥是一个漫长的过程，欲速则不达，但大多数人，尤其是被称为"胖子"的那些人，都希望尽快完成任务，在最短的时间内达到预设的目标。其中不少人是受了某个特殊事件的刺激才开始减肥的，比如男（女）朋友的嫌弃，或者被查出得了某种病。于是，他们加入了减肥班，或者在家人、朋友的监督下开始控制饮食。一段时间后，目标达到，皆大欢喜，于是防松了警惕，好不容易减掉的肥肉不知不觉间又偷偷地长了回来。

这样的事情大家不陌生吧？到底是什么原因导致减肥容易保持难呢？

美国国立卫生研究院（NIH）下属的一家研究机构的凯文·霍尔（Kevin Hall）博士打算研究一下这个问题。他找到了一个绝好的实验素材，那就是美国 NBC 电视台于 2004年开播的《超级减肥王》（*The Biggest Loser*）。这个节目让一群体重超标的人参加减肥营，通过锻炼和节食减肥，最终谁减得最多谁就获得一笔丰厚的奖金。2009年，霍尔和NBC电视台签约，跟踪调查第八季的16名参赛者。这些人在入营之前的平均体重为144.9公斤，节目录制期间平均每天减重0.4公斤，节目录完后平均每个人减掉了58.2公斤体重，其中80%以上是脂肪，可以说圆满完成任务。

节目播出后，霍尔继续对这16名参赛者当中的14人进行定期的随访。六年之后，其中的13人体重有了不同程度的反弹，更有4人甚至比参加节目之前更重了。这个结果虽说并不奇怪，但这些人体重反弹的速度之快、程度之大还是很让人震惊的，为什么会这样呢？

霍尔发现，秘密就在基础代谢上。这些人在节目开始前的基础代谢水平都属于正常范畴，基本上和他们的体重成正比。节目完成后，随着他们体重的逐渐反弹，基础代谢率并没有随之上升，反而越来越低了。

所谓基础代谢，指的是安静状态下的新陈代谢水平。也就是说，一个人即使不做任何运动，在床上躺一天，也要消耗一定的卡路里。一个健康成年人的基础代谢率在1200—2000大卡/天，具体数值与这个人的体重、性别、年龄和健康状况等很多因素都有关系。霍尔认为，每个人在其人生的每个阶段都有一个"标准体重"，他不需要怎么费劲就能维持这个标准体重。如果由于某种原因导致实际体重偏离了这个标准值，身体便会不自觉地改变新陈代谢率，以便能尽快恢复到这个标准体重。

具体到《超级减肥王》这个案例，参赛者录制节目之前体重超标，说明他们的标准体重比一般人大很多。减肥营的训练和节食让他们的体重在短时间内迅速下降，大幅度地偏离了标准体重，他们的身体误以为主人遇到了某种危险，比如赶上了饥荒，于是便通过降低基础代谢率的办法保命，其结果就是摄入的热量更多地被转化成了脂肪储存起来，体重反弹也就在所难免了。

　　霍尔将调查结果写成论文，发表在2016年5月出版的《肥胖》（*Obesity*）杂志上。虽然此项研究的样本数量有限，但得出的结论早已被很多类似的研究间接地证明过了，可信度还是很高的。

　　霍尔认为，这个结果解释了体重反弹的原因，但并不能证明减肥成果就一定无法维持。现实生活中有很多减肥成功并维持了很久的案例，这些人无一例外地都有着超强的毅力，足以对抗身体的本能反应。如果自认为毅力不够的话，不妨动员亲戚朋友都来监督，或者加入减肥俱乐部，抑或成为健身房的会员，这些外部刺激都可以帮助减肥者巩固减肥成果。

　　这篇论文从另一个侧面告诉我们，制定减肥计划的时候一定要把基础代谢考虑进来。很多人只会计算运动消耗的卡路里，没有考虑到运动对于基础代谢的影响。很多实验证明，体育运动以一种目前尚不为人所知的方式增加了基础代谢的水平。一个经常运动的人即使在休息的时候也比不运动的普通人多消耗卡路里，这才是运动有助于减肥的根本原因。

人为什么会认床？

大多数人在陌生的地方都睡不好觉，这是有原因的。

很多平时睡眠不错的人每次出差睡旅馆都睡不好，中国人通常将这种现象称为"认床"，这个说法有一定的道理。但是，现在那些四星级以上的旅馆床上设施都非常棒，甚至好过自家的床，为什么还是睡不好呢？或者再多问一句，到底是床的哪个方面会让人如此"认"呢？

科学家相信，"认床"不单只是不喜欢新床而已，而是代表了一种更加普遍的现象，心理学界称之为"第一晚效应"。从这个词就可以看出，心理学家不认为旅馆的床是真正的原因，起码不是唯一的原因。人们睡不好觉的真正原因是不适应陌生环境，而这种不适感往往只在头一天晚上才会表现出来，到了第二天晚上就自行消失了。

美国科学家早在 1966 年就研究过这个问题，但当时的实验技术有限，没能得出任何可靠的结论。半个世纪之后，美国布朗大学的神经生物学家佐佐木柚香（Yuka Sasaki）博士和她领导的一个研究小组终于利用更为先进的仪器解开了这个谜团。

研究人员招募了35位平时睡眠正常的志愿者，让他们在实验室这个陌生环境里睡了几觉。睡眠过程中，研究人员利用脑磁图测量仪、结构性核磁共振成像技术和多频道睡眠记录仪等仪器设备对志愿者的脑电波活动和相应的肌肉运动做了细致的测量，并把重点放在了慢波活动（1—4赫兹）的测量上，因为这一波长是目前已知的测量睡眠深度的最好指标，甚至可以说是唯一的指标。

结果显示，在实验室睡的第一个晚上，志愿者的两个脑半球表现出了截然相反的状态。右半球的慢波指标正常，说明右半球顺利地进入了深度睡眠状态，但左半球的慢波活动却要活跃得多，说明左半球没有进入真正的深度睡眠。更有意思的是，这一现象在第二晚就消失了，这说明左半球才是"第一晚效应"的罪魁祸首。

研究人员将实验结果写成论文，发表在2016年4月21日出版的《当代生物学》杂志上。作者认为，这个结果表明人类大脑在陌生环境下很可能像一部分鸟类和哺乳动物一样，采取了左右脑交替睡眠的方式。这种方式可以让动物更好地躲避捕食者的夜间偷袭，对于那些自卫能力不足的动物，比如海豚来说尤为重要。大海中没有障碍物，海豚平时只能依靠自身的速度躲过鲨鱼的攻击，如果睡眠时海豚不能及时发现正在逼近的鲨鱼，就会导致灭顶之灾。

人类的处境和海豚非常类似，我们的祖先在一个陌生的地方也需要时刻保持警惕。为了证明人类的这种换脑睡眠方式真的是出于警戒的目的，科学家还专门测量了志愿者对于声音刺激的反应。具体来说，研究人员在志愿者睡眠时一直不停地播放某个低频的声音，每秒钟响一次，让志愿者熟悉这个声音，并在这个声音中安然睡去。然后研究人员故意插播几声高频的音节，果然发现活跃的左半球对这个异常的声音产生了反应，不但脑电波出现异常，而且志愿者本人也经常会因此而惊醒。但是志愿者的右半球则没有反应，自始至终都处于深度睡眠的状态。

为什么是左脑而不是右脑醒着呢？研究人员没有给出答案。事实上，这项研究针对每一位志愿者只进行了90分钟的测量，说不定后半夜会换过来，让左脑休息，右脑负责警戒，就像海豚所做的那样。

这个案例再次说明一个道理，那就是进化的力量是非常强大的。人类虽然已经掌握了很多现代化的知识和工具，但本质上仍然只是一种高级的裸猿而已，很多看似奇怪的行为都可以用进化论来解释。

顺着这个思路，我们可以想出一些办法来解决这个问题，比如在出差时带一个自己平时习惯的枕头，或者自己卧室里经常使用的香水。总之，一定要通过各种方式让自己打心眼里相信这个旅馆和自己的家一样安全，只有这样才能让大脑防松警惕，安然入眠。

早餐真的那么重要吗？

最新研究表明，早餐的重要性似乎被夸大了。

早餐要吃好，午餐要吃饱，晚餐要吃少。这是一句流传甚广的顺口溜，无论是家长、老师还是报纸的健康版都谆谆告诫大家，早餐是一天中最重要的一顿饭，不吃早餐更容易发胖，一顿高质量的早餐会提高上午的工作效率。

如果用"早餐的重要性"作为关键词去检索科学期刊，你会找到一大堆论文证明不吃早餐不但不利于减肥，还可能增加血液中的胆固醇水平，提高心血管和糖尿病的发病率。几年前，英国巴斯大学（University of Bath）营养学系的詹姆斯·贝茨（James Betts）教授决定研究一下这些论文的实验细节，结果让他大吃一惊，几乎所有的实验都是观察性的，既缺乏对照组，又缺乏机理研究，得出的结论并不那么可靠。

具体来说，如果一个经常不吃早餐的人得了心脏病，这一事实只能说明两者有可能存在某种关联，不能证明两者之间有因果关系。比如，一个人选择不吃早餐，最可能的理由是早上要上班，时间太紧来不及吃早餐。这样的人很可能因为家离单位太远而经常睡眠不足，或者工作压力过大，这些因素同样是导致心脏病的原因，和吃不吃早餐没有直接关系。

于是，贝茨决定采用更加科学的方法研究一下早餐和各种健康指标之间的关系，结果出人意料，早餐的重要性似乎没有大家想象的那么大。比如，为了研究早餐和减肥之间的关系，贝茨找来两组体重超标的志愿者，将他们随机分成两组跟踪了一段时间，发现两组志愿者的体重变化和吃不吃早餐没有关系。后来他又用同样的办法研究了体重正常的志愿者，得出了同样的结论。

那些认为不吃早餐反而会增肥的人相信，如果一个人饿了一上午，午饭肯定会大快朵颐，从而摄入更多的热量。贝茨的研究结果发现事实正相反，不吃早餐组的志愿者午饭确实会多吃一点，但并不能弥补早餐的热量，一天算下来总的热量摄入值要比吃早餐组的更低。

贝茨又研究了志愿者体内饥饿素（ghrelin）的变化情况，发现吃过早餐后血液中饥饿素的含量确实会下降，但过了一段时间后便会快速增加，到了该吃午饭的时候两组志愿者体内的饥饿素水平便趋于一致了，这就很好地解释了为什么不吃早餐组在吃午餐的时候并不会吃得太多。

但是，吃早餐组在上午时段的运动量确实要比不吃早餐组更多一些，只不过两者的差别相当微妙。为了准确地统计出运动量的差别，贝茨给每位志愿者安装了心率测量仪和运动传感器，这样就可以精确地测出志愿者的很多小动作，比如抖腿、胳膊的随意摆动以及身体不自觉的摇晃等。这些小动作都不能算作"运动"，但累计下来还是会对一个人的卡路里消耗量带来影响。

贝茨教授认为这个现象很容易解释。古人最经常的状态是饿肚子，因此我们的祖先进化出一套精确的调节系统以保存能量。如果肚里没食，就让主人"变懒"，尽量减少肢体的小动作，以此来节约能量。

贝茨团队通过几年的研究发现，不吃早餐除了不利于控制血糖（因此容易诱发糖尿病）之外，并没有其他那些被宣传了很久的好处。那么，我们对于早餐的迷信究竟是怎么来的呢？《新科学家》杂志经过调查后发现，最早提出早餐有益健康这个概念的是美式早餐麦片的发明者约翰·哈维·凯洛格（John Harvey Kellogg）。他是个虔诚的基督徒，他隶属的"基督复临安息日会"（Seventh Day Adventist）相信吃天然的、未经深加工的食物有助于减少手淫，于是他发明了玉米麦片，并在美国大肆宣传吃早餐有益健康。这个概念听上去很有道理，于是很快便流行开来，成为很多营养学家的金科玉律。

这个例子说明，营养学是一门复杂的学问，很多听上去相当"合理"的说法，如果找不到可靠的科学证据，都应该存疑。

少吃肉就能救地球吗？

畜牧业的确是温室气体的一大来源，但完全禁止畜牧业并不能保护环境。

2015 年真是肉食爱好者的衰年。先是世界卫生组织（WHO）旗下的国际癌症研究机构（IARC）在 10 月底发布报告，把加工肉类列为一级致癌物，把新鲜红肉列为二级致癌物。接着，联合国年底在巴黎召开气候谈判大会，畜牧业作为重要的温室气体来源被一再提及，甚至有人建议提高肉类产品的消费税，以此来提高肉价，抑制消费。

肉食真的有那么糟糕吗？让我们先来看一组数据吧。联合国粮农组织的调查报告显示，随着人口总数的增加和生活水平的提高，全球肉类食品的总产量从 1963 年时的 7800 万吨增加到 2014 年的 3.08 亿吨。目前全球大约有三分之一的可耕地被用于生产畜牧业所需的饲料，畜牧业的温室气体总排放量占到人类活动排放总量的 15%。其中最主要的来源是牛胃里释放出来的甲烷，其温室效应是二氧化碳的 23 倍。

畜牧业不仅产生了大量的温室气体，其对水资源的消耗量也是十分可观的。据统计，每生产 1 公斤牛肉需要消耗

10公斤饲料，如果再把牛本身需要消耗的水算进来，每生产1公斤牛肉需要消耗1.55万升水，几乎相当于一个小的私人游泳池的水量了。猪肉的转化率稍好，每生产1公斤猪肉需要的饲料量只是牛肉的一半，鸡肉的转化效率最高，平均下来只是猪肉的一半左右。所以，如果仅从温室气体的角度来看，禽类好于猪肉，猪肉好于牛肉。

但是，肉类真的这么糟糕吗？也不见得。加拿大马尼托巴大学（Manitoba University）的瓦克莱夫·斯米尔（Vaclav Smil）教授认为不能简单地计算饲料消耗量，还要把饲料的质量考虑进来。他在一本书中指出，确实有大片土地被用于畜牧业，但其中相当一部分土地本来就不适宜耕作，最合适的处理方式就是种草，然后放养牛羊。牛羊这类反刍动物可以消化杂草中的纤维素，其他动物（包括人）不可以。如果管理得当的话，畜牧业完全可以变成一种可持续的农业生产方式，对环境的好处远大于将那些土地开发成农田。

除此之外，农作物收割后剩下的残渣，比如秸秆和糠麸等都可以用来喂牛，只要稍加处理就行了。猪和鸡鸭虽然不会吃草，但它们消耗的往往是人类不吃的食物残渣（比如泔水），同样属于变废为宝。换句话说，我们可以把牲畜看作是能量转换器，它们把那些不能被人类利用的能量形式转化成了可以被人类利用的能量形式，并在这一过程中为人类创造了价值。

至于说到红肉致癌，即使这是真的，也不能掩盖红肉带给人类的其他好处。牛肉是非常优质的蛋白质来源，一个成年人每天需要吃进至少 50 克蛋白质，如果依靠牛肉的话他只要吃 200 克就可以了，相当于 407 卡路里的热量。如果改用鸡蛋的话，他需要吃掉 9 个鸡蛋，相当于 566 卡路里的热量。素食当中蛋白质含量最高的是豆类，如果他改吃芸豆的话就需要吃掉 600 克豆子，相当于 762 卡路里的热量才能满足一天的蛋白质需要。

除了蛋白质含量高之外，牛肉中含有的蛋白质的质量也是最高的，所有人体必需的氨基酸全有，而且比例也合适。不但如此，牛肉中还含有大量的铁和锌等人体必需的微量元素，以及维生素 B_6 和 B_{12} 这两种重要的维生素，后者在几乎所有的植物类食物当中都相当缺乏。

综上所述，少吃肉确实对环境有好处，但也不能完全不吃肉，纯粹的素食不见得就是最环保的。事实上，根据斯米尔教授的计算，如果我们完全采用可持续的放养方式，辅以适当的农作物废弃物（秸秆和糠麸），就能生产出现有产量三分之二的肉。对于大部分中国人来说，日常饮食中减掉三分之一的肉类还是很容易做到的。

沙拉真的有益健康吗？

沙拉是个好东西，但我们在实际生活中吃到的沙拉并不一定有益健康。

人类爱吃的很多种食物都有健康问题，白米饭缺乏营养，红烧肉脂肪含量太高，方便面盐太多，巧克力热量太高……唯独沙拉名声一直特别好，想减肥的人觉得沙拉热量低，想健康的人觉得沙拉营养价值高，沙拉仿佛是一位冰清玉洁的仙女，人人都想亲近她。

沙拉真的有那么好吗？

先说热量。沙拉的热量不见得比普通食物低，原因在于很多厨师为了让沙拉更好吃，往里添加了很多高脂肪、高热量的肉块或者沙拉酱。这里面的道理很容易理解，但问题并不那么容易解决，因为光吃生蔬菜很难让人产生饱腹感，吃完跟没吃一样，没几个人能吃得惯。

再说营养。很多人之所以喜欢吃沙拉，就是因为生蔬菜比煮熟的蔬菜含有更多营养。这个想法从理论上讲是没错的，但大多数蔬菜并不适合生吃，尤其不符合中国人的口味，于是饭馆里卖的沙拉往往只含有少数几种比较适合生吃的蔬菜，可惜这些蔬菜的营养价值往往是最低的。

曾经有人统计了常见食品当中含有的 27 种人体必需的营养元素的含量，排名最低的五种蔬菜当中有四种都是制作沙拉的常见原料，包括黄瓜、小萝卜、生菜和芹菜（另外一种是茄子）。这四种蔬菜当中，生菜（iceberg lettuce）的营养价值最低，但沙拉里却用得最多，因为生菜不但便宜，而且很占地方，视觉效果也更好。

这四种蔬菜之所以营养价值低，最大的原因就是含水量太高了。就拿生菜来说，其含水量高达 96%，和瓶装水相当。瓶装水当中的 4% 是塑料瓶的重量，生菜当中的 4% 则是营养物质的唯一来源。当然了，大部分蔬菜的含水量都很高，96% 并不奇怪，可问题在于生菜这 4% 里面含有的营养物质也太少了。据统计，超市或者饭馆里提供的一份正常大小的以生菜为主的沙拉只含有大约 1 克的食物纤维，只相当于一只中等大小的苹果的四分之一。生菜中含有的维生素 A 和 C 也很少，一份生菜沙拉只能提供一个成年人每天需要量的十分之一，难怪一位《华盛顿邮报》的记者把生菜定义为"一种把冷冻的水从农田运到你家餐桌的运输工具"。在她看来，种植生菜需要消耗大量的水，运输生菜也需要消耗大量的化石燃料，其结果却只相当于运水，实在是得不偿失。

生菜的另一个显著特征就是味道中庸，没有明显的苦味或者异味，对于不同口味的消费者的适应性非常广。饭馆和食品厂家最喜欢这样的品种，农作物育种家自然也会朝这个方向努力，这就是今天的蔬菜越来越没有"味道"的主要原因。蔬菜中的这些苦味大都来自植物特有的小分子化合物，吃多了有可能中毒。植物之所以进化出这些小分子就是为了自卫，而人类觉得它们苦，也是一种进化出来的自我防御机制。

但是，有越来越多的证据表明，微量的苦味物质反而有利于健康，原因在于它们往往具有抗氧化的特性。抗氧化物质的健康功效近年来遭到了一些质疑，但主流科学家还是相信它们能够消除炎症、杀死癌细胞以及防止血管硬化，因此它们被统称为"植物营养素"（phytonutrients），这是蔬菜有利于健康的主要原因。

换句话说，当沙拉中的蔬菜变得越来越好吃时，其营养价值也就越来越低了。

读到这里也许有人会问，既然植物营养素有益健康，人类为什么反而进化出讨厌苦味的偏好呢？这是因为植物营养素的好处往往需要等到年纪大时才能体现出来，此时人类早已完成了生育任务，而苦味物质一旦有毒的话就会杀死任何人，尤其是体重较轻的小孩子，这就影响到了人类的繁殖，而繁殖才是决定进化方向的唯一要素。一种优良性状如果不能影响繁殖，那就很难被进化出来。

这个思路同样可以用来解释人类为什么喜欢吃煮熟的蔬菜，经过高温处理的蔬菜不但更易于消化，而且其中含有的病菌也会在高温中被杀死，吃起来更加安全。虽然这么做破坏了蔬菜中的一些营养成分，但这个缺点对于原始人来说没那么重要。

事实上，这就是沙拉的另一个问题所在。据统计，美国在1998—2008年发生的食物中毒案例中有22%源自不干净的沙拉。

总之，沙拉从理论上说确实是个好东西，但我们在实际生活中吃到的沙拉真不一定有益健康，各位吃货就不要盲目崇拜沙拉了。

被改变的道德标准

实验表明，一个人的道德标准一点也不
稳定，而且很容易发生改变。

人类道德的核心要素就是避免伤害他人。一个人越是不
愿意让别人受伤害，他的道德标准也就越高，这样的人越
多，社会往往也就越和谐。反之，如果一个人失去了这种对
别人的同情心，他就很容易成为一个反社会的叛逆者，严重
时甚至会堕落成罪犯。

心理学家发明了很多标准化的心理学小测验，用来衡量
一个人的道德标准到底有多高。一个比较典型的方法是让志
愿者接受电击，电压调整到刚好让他感到明显的不适却又不
至于让他受不了或者留下什么后遗症。然后，实验人员将电
击的控制权交给一位受试者，看他愿意出多少钱来减少自己
或者他人接受电击的次数。多次实验表明，正常情况下受试
者愿意出更多的钱让他人免遭电击之苦，说明人类的本性还
是善良的。

问题在于，这种状态到底有多稳定呢？换句话说，人类
的道德标准是否会被一些小事轻易地改变呢？英国牛津大学

的心理学家莫莉·克罗克特（Molly Crockett）博士决定研究一下这个问题。她招募了175位身体健康的志愿者，将他们随机分成两组，分别试验一种常用的精神科药物，看看它是否会改变人的道德标准。

第一组一共89人，试验的是一种治疗抑郁症的常用药西酞普兰（Citalopram）。这种药能够提升服药者血液中的五羟色胺水平，这也是治疗抑郁症的常见方式。克罗克特教授将这89人随机分为两组，一组服用单一剂量的西酞普兰，另一组服用安慰剂，然后让他们分别控制电击开关，看看每个人愿意出多少钱来阻止自己或者他人遭受电击之苦。结果表明，西酞普兰明显提升了受试者拒绝电击的决心，服药者平均愿意出将近两倍的价格来阻止自己和别人遭受电击之苦。更重要的是，他们愿意为减少别人的痛苦而出的钱比减少自己的痛苦而出的钱要多，说明他们比对照组更富有同情心，道德标准更高。

剩下的86人被分到第二组，试验一种治疗帕金森病的常用药左旋多巴。这种药能够提高血液中多巴胺的水平，这同样是治疗帕金森病的常用思路。和上一组一样，克罗克特教授将这86人分为用药组和安慰剂组，用药组也是只服用单一剂量的左旋多巴，然后通过电击测验测量受试者的道德标准是否发生了改变。结果和第一组完全相反，服药者不再愿意为减少别人的痛苦而多付钱，说明他们的同情心少了，道德标准也随之降低了。

克罗克特教授将实验结果写成论文，发表在 2015 年 7 月 2 日出版的《当代生物学》网络版上。这篇论文提出了一个很重要的问题，那就是我们应该如何衡量精神科药物的疗效。西酞普兰和左旋多巴都属于治疗心理疾病的常用药，医学界在评价这类药物的疗效时往往只看它们对特定适应证的治疗效果，忽略了它们对服药者心理状况和行为模式的潜在影响。比如，此前有研究显示帕金森病患者在服药后变成了赌徒，甚至性瘾者，说明治疗帕金森病的药物能够改变一个人的行为，结果无法预料。

但是，这篇文章更大的价值在于挑战了人类对于道德标准稳定性的假设。克罗克特教授在这篇论文的最后讨论中指出，单一剂量的精神科药物就能让一个身心健康的正常人的道德标准发生变化，说明人的道德标准远不像我们想象的那样坚固，而是经常发生摇摆的。

当然了，这项研究中的受试者并没有因此而变成罪犯，他们的道德标准只发生了轻微的变化，尚不至于性情大变，从一个慷慨大方的人变成一个自私鬼。不过，一个人的日常行为就是由一个个看似细微的选择组成的，这些细微的选择无一不受到道德标准的影响。因此，道德标准的细微变化累计起来完全可以改变一个人的行为模式，从而改变整个社会的状态。

轻断食

轻断食真的有效果吗？初步实验得出了
肯定的结论。

节食能长寿，这是已经被证明过很多次的真理。如果用
科学术语重复一遍的话，那就是适当减少热量摄入可以延长
寿命。事实上，这是迄今为止唯一已被证明有效的长寿秘
诀，其他方法都不靠谱。

美国南加州大学的沃尔特·朗格（Valter Longo）教授
是这一领域的领军人物，一直致力于研究节食与长寿的关
系。他发现节食不但可以延寿，还能提高健康水平，改善生
活质量。但他也意识到这样的研究只有理论上的意义，很难
被公众效仿，因为严格的节食需要很强的毅力，普通人很难
坚持，发多少篇论文都没用。

无奈之下，朗格教授决定另辟蹊径，看看有没有比较容
易执行的替代之法。于是，他想到了轻断食。顾名思义，这
个方法只要求执行者阶段性地减少饮食，比那些只允许喝水
的严格节食法要容易得多。

轻断食有没有效果呢？当然要做实验才能知道。朗格教

授把这个实验分为三个阶段，分别用酵母菌、小鼠和人类志愿者作为实验对象。酵母菌是单细胞生物，可以用来研究轻断食在分子层面的作用。小鼠和人一样都是哺乳动物，但小鼠的平均寿命只有两年，一直是长寿研究的模型动物，可以用来研究轻断食的健康效果。人自然不用说了，所有这类研究最后都需要在人身上试一试。

第一阶段的酵母菌研究已经完成了，结果证明轻断食不但延长了酵母菌的寿命，还有助于提高酵母菌应对压力的能力。而且这种功效和酵母菌体内已知的几个所谓"长寿基因"没有关系，显然有另一套机制在起作用。

2015年6月18日出版的《细胞/新陈代谢》分册上刊登了朗格团队的论文，汇报了第二阶段的研究成果。朗格为实验小鼠设计了一个进食程序，平时随便吃，但每两个月抽出四天时间尝试轻断食，即每日摄入的卡路里总量只相当于平均值的三分之一到一半。食物的成分经过了严格细致的搭配，保证碳水化合物、蛋白质、脂肪和微量元素一样不缺。

实验结果表明，如果从中年开始轻断食的话，实验小鼠的寿命增加了，健康状况也有了明显的改善，腹部脂肪减少了，癌症的发病率降低了，免疫系统强健了，骨密度也提高了，甚至连皮肤都变好了。如果从老年开始轻断食的话，实验小鼠的脑细胞数量增加了，脑力也有了明显的提升，血液中的类胰岛素生长因子 IGF（insulin-like growth factors）的水平也下降了不少。这种生长因子是哺乳动物发育期所必需的，但成年后却能加速衰老，甚至有可能和癌症有关。

这个实验有意思的地方在于，实验组的能量摄入总量和对照组是一样的，科学家观察到的效果并不是减少热量摄入带来的，而是轻断食所产生的阶段性饥饿刺激的结果。

轻断食显然比严格的节食更容易操作，也更容易坚持。但是，这个方法对人有效吗？这就必须用人来做实验才能知道。研究人员招募了19名志愿者，做了一个初步的研究。志愿者们平时正常吃饭，不加任何限制，但每个月抽出五天时间实行轻断食，结果和小鼠实验类似，志愿者身体的各项指标都有了明显好转。

"轻断食相当于一次重新编程，让身体进入一种降低衰老速度的模式，同时开启了基于干细胞的再生模式。"朗格评论说，"这不是以前那种严格的节食，你不需要一直坚持这么做，却能产生类似的效果。"

朗格认为，以前那种只喝水的严格节食法有危险，只能在有专业医生指导的医院里进行。轻断食则简单得多，除了一些需要依靠打胰岛素针治疗糖尿病的患者，以及体质指数（BMI）小于18的瘦子外，其余的人完全可以自己在家进行，只要得到家庭医生的允许即可。对于大多数健康状况正常的人来说，甚至只需每3—6个月做一次就能有效，那些体重过胖的人则可以尝试每个月做一次，甚至每半个月做一次。

当然了，这只是初步实验得出的结论，还需进行大规模的人体实验才能大面积推广。朗格本人一直是节食运动的坚定支持者，他得出的结论也不能全信，最好等其他科学家重复出来后再去照着做。据说，大规模人体实验正在进行中，我们很快就能知道结果了。

冥想的另一面

> 冥想是一种技术含量很高的活动，弄不好很容易出乱子。

冥想（meditation）在当今一部分都市白领阶层当中相当流行，不少人认为此法可以减轻工作压力，提高身体机能，甚至能够治疗抑郁症。这个看法还得到了不少科学家的支持。2015年4月20日出版的《柳叶刀》杂志上就刊登了英国心理学家撰写的一篇论文，得出结论说冥想可以代替抗抑郁药，减少抑郁症的复发概率。

这篇论文的作者招募了424名符合一定条件的抑郁症患者，将他们分成两组，一组吃专门的抗抑郁药，另一组则在心理学专家的指导下练习冥想，结果发现两者都有一定的效果，没有显著差异。但是，英国考文垂大学的心理学家米格尔·法里亚斯（Miguel Farias）却警告说，这项研究所观察到的治疗效果很可能来自心理学家的专业指导，属于世俗的心理疗法的范畴。相比之下，宗教意义上的冥想反而会带来意想不到的副作用，必须提高警惕。

法里亚斯和另一位英国心理学家凯瑟琳·维克霍姆

（Catherine Wikholm）合写了一本名叫《佛祖药丸：打坐冥想真的能改变你吗？》（*The Buddha Pill: Can Meditation Change You?*）的书，通过大量案例证明，冥想是一个中性的东西，其结果可能好也可能坏，取决于冥想者本人的精神状态。美国加州大学欧文分校的心理学家大卫·夏皮罗（David Shapiro）发现，有7%的人在冥想的过程中会出现明显的负面效果，包括焦虑、恐慌、恶性幻觉和抑郁等，严重的甚至会导致精神错乱。

在维克霍姆看来，这个结果一点也不奇怪，因为冥想本来就不是为了让自己感觉好而被发明出来的，而是一个来自古印度的概念，属于宗教的范畴。这个词传到中国后被称为"打坐"，西方人则称之为超觉静坐（transcendental meditation），其本意根本不像大多数现代人认为的那样平和喜乐，与世无争，而是一种相当激进的思想。印度人当初发明这套方法的初衷是为了挑战人的自我认知，从而达到某个特定的目的。对于印度教来说，这个目的就是让信徒认识到"我"和周围世界是融为一体、和谐共存的，最终帮助教徒理解万物有灵的印度教教义。而佛教则更进一步，希望通过打坐冥想让信徒意识到所谓"自我意识"其实是不存在的，本质上是一种"虚空"。

当今西方的心理学界更喜欢用"内观"（mindfulness）这个词来代替冥想，意为集中精力，专注于自身当下的感受。据说经常这么做的人更容易感受到自己的呼吸和心跳等各种身体感觉，从而达到一种逃离世俗世界的精神状态。但是一位资深的印度冥想导师承认，冥想会让一个人平时隐藏很深的"坏想法"，比如暴力倾向、悲伤情绪、恐惧心理和性幻想等浮出水面，绝大部分冥想导师都知道这一点，但大家都不愿意公开讨论这个问题。

挪威奥斯陆大学的心理学家托克尔·布莱克（Torkel Brekke）在他负责编辑的一本关于冥想的书里指出，进入冥想状态的人更容易毫无征兆地做出违反道德的事情来，因为他在冥想时把自己的人格和周遭世界割裂开来了。最典型的案例就是"二战"时的日军。日军军官普遍采用冥想的方法鼓励士兵放弃自我意识，以便更好地成为杀人不眨眼的战争机器。事实证明，这个方法是成功的，后果很可怕。

既然如此，为什么公众对待冥想的态度却大都是正面的呢？维克霍姆认为这是媒体片面报道的结果。他举例说，迄今为止关于冥想的心理治疗效果的最全面的研究是由英国牛津大学的马克·威廉姆斯（Mark Williams）领导的团队完成的，最后的结论是冥想对于复发性抑郁症（recurrent depression）没有疗效。另一位研究者通过测量血液中的可的松水平来客观地衡量志愿者参加冥想后的生理反应，结果证明冥想反而会加重参与者的生理负担。但是，这两篇重要的论文都没有被西方媒体报道出来，记者们选择性地忽视了负面的结果。

辑 四

人与自然

IV

神奇的蘑菇

一种毒品很可能成为一种神药。

2019 年 11 月 24 日，美国食药监局（FDA）宣布将裸头草碱（psilocybin）贴上了"突破性疗法"（breakthrough therapy）的标签，因为此药很可能对重度抑郁症（major depressive disorder，以下简称 MDD）有奇效。这个标签是 FDA 于 2012 年创建的，目的是为一些医疗急需或者在治疗机理上有重大突破的新药研发开绿灯。凡是被贴上这个标签的新药将获得 FDA 的特殊照顾，从立项到审批都将加速。

当然了，这个标签并不能保证这个药最终一定会被批准上市。截至目前，贴过这个标签的新药申请只有大约三分之一获批，说明 FDA 并没有因此而降低审批标准。

这个消息一经公布，立刻引来媒体的广泛关注。一个原因在于，这是 FDA 在一年之内第二次为裸头草碱贴标签了。上一次是因为 FDA 认为此药很可能对难治型抑郁症（treatment-resistant depression，以下简称 TRD）有奇效。TRD 指的是吃过至少两种抗抑郁药却都无效的 MDD，一般而言，MDD 患者当中有 10%—30% 属于 TRD。也就是说，FDA 在一年之内将裸头草碱的适应证范围扩大了三倍，从某一类重度抑郁症变成了所有的重度抑郁症。

这个消息引发关注的另一个原因在于，裸头草碱是毒蘑菇的主要成分，后者一直被美国缉毒局（DEA）列为 A 类毒品，无论是生产还是销售都是被严格管制的，任何人不得违反规定，否则肯定会被抓进监狱。

不过，毒蘑菇在古代却很常见，因为它能让人产生幻觉，一直被巫师用于宗教仪式，好让教徒们跟着他一起疯。一些人类学家分析了一批画于数万年前的非洲和西班牙的岩洞壁画，发现其中刻画的人物形象超出了正常的艺术创作范畴，很可能是古代画家在服用了毒蘑菇后产生幻觉的结果。

作为毒蘑菇的主要致幻成分，裸头草碱是在 1959 年首次被瑞士化学家阿尔伯特·霍夫曼（Albert Hofmann）提取出来的，此人正是著名的致幻剂"麦角酸二乙酰胺"（LSD）的合成者。LSD 无色无臭无味，致幻能力极强，在 20 世纪 60 年代的嬉皮士运动中扮演了重要角色。但 LSD 属于化学合成药物，技术含量很高，当它于 1966 年被美国政府列为禁药之后，货源和品质就不能保证了。相比之下，毒蘑菇属于菌类，谁都可以种。虽然 DEA 早就将其列为 A 类毒品，但它在美国民间一直非常流行，被嬉皮士们称为"神奇蘑菇"。

FDA 的这次贴标签行动给 DEA 出了个难题。假如裸头草碱最后真的被证明有效，DEA 将不得不修改法律，将毒蘑菇移出 A 类毒品名单。此前已经发生过一个类似的案例，FDA 批准大麻二酚（Epidiolex）上市，用于治疗癫痫病。但 DEA 拒绝将大麻从毒品名单中移除，只是在程序上做了一点小修改，给大麻二酚开了条门缝。

说到大麻，它也是嬉皮士运动的主要助燃剂。但人们抽大麻只是为了娱乐，毒蘑菇（包括 LSD）则有很大的不同，后者会让服用者产生强烈的幻觉，对时间和空间的感知发生错乱，新手很容易产生恐慌情绪，后果不可预知，所以当年的嬉皮士们都会在精神导师（guru）的指导下服药，希望能把幻觉引向好的一面。

这次临床试验吸取了当年的教训，要求裸头草碱必须和心理医生的面对面辅导结合起来使用，服药前后都必须有心理医生的参与。按计划，Ⅱ 期临床将于 2021 年结束，到那时我们就可以知道这种毒蘑菇到底有多神奇了。

大自然是一味药

研究证明，大自然对人类的身心健康具
有明显的促进作用。

随着时代的发展，越来越多的人告别乡村搬进城市，距
离大自然越来越远了。为了解决这个问题，很多现代城市在
设计规划的时候都会考虑适当增加公共绿地的数量和面积，
希望住在城里的人也能很方便地走进大自然，呼吸到新鲜的
空气。为了更好地评估这些绿地项目的实际效果，英国政府
下属的"环境食品和乡村事务部"（Defra）开展了一项长期
跟踪式调查研究，试图统计出普通英国老百姓使用城市绿地
的时间和频率，看看英国政府的这笔公共投资有没有花在刀
刃上。

与此同时，英国埃克塞特大学医学院（University of
Exeter Medical School）的环境心理学系教授马修·怀特
（Mathew White）正在为另一件事发愁。他的主攻方向是大
自然对城市居民身心健康的影响，但此前的研究有个重大缺
陷，导致他没办法准确地估算出研究对象每天花在城市公园
里的时间。

原来，由于经费不足，他的团队只能获得研究对象的家和城市公园之间的距离数据，然后通过这个距离估算出研究对象进入城市公园的频率和时间。大家稍微想想就能知道，这个估算是不准确的。很多人即使住在公园旁边也从来不进去，有的人即使住得很远也会每天去公园里跑一圈，所以距离本身并不能说明问题。

当怀特听说 Defra 正在进行这项研究后，立刻跑去找到对方，请求在调查表中加进几个关于身体健康的问题，比如心血管系统的健康指标、是否有糖尿病以及心理健康状况等。

两年做下来，怀特积累了将近两万个调查数据。他将这些数据输入电脑，发现了一个令人惊讶的现象：如果一个人每周花在大自然里的时间超过 2 个小时，那么他的各项生理指标都会显著地变好，尤其是血压、心率、血糖和血脂等与心血管系统健康有关的数据都要比其他人好很多，甚至连哮喘的发病率也更低了。不但如此，这些人自述的心理健康状况也要比其他人好，生活得更加愉快。但是，如果他每周在大自然里花的时间不到 2 个小时，这些效果就消失了，这说明一个人和大自然相处的时长很重要。

更有意思的是，怀特发现这 2 个小时的使用方式对结果没有影响。换句话说，无论是每周只去一次公园，每次待 2 小时，还是每周去六次公园，每次只待 20 分钟，效果都是一样的。

怀特将研究结果写成论文，发表在 2019 年 6 月出版的《科学报告》杂志上。这篇论文得出结论说，大自然就是一味药，只要你每周坚持服用 2 个小时以上，就能对身心健康产生积极的影响。至于说这味药的治病机理，像这样简单的相关性研究当然没办法给出答案。但怀特猜测，主要原因在于大自然能够让人放松，同时也是和朋友相处的最佳场所。除此之外，野生植物分泌的各种化学物质也可能起到了一定的作用。

值得一提的是，像这样的大规模问卷式生活方式调查研究是很难做的。首先，需要科学家有充足的经费支持；其次，需要科学家有足够多的耐心以及一大批高素质的研究对象。因此，目前只有少数发达国家才有条件进行这类研究，中国在这方面差距明显。问题在于，即使将来中国有条件进行类似的研究，恐怕也很难找到足够多的城市绿地了。目前，中国大城市内真正的绿地资源非常稀少，仅有的一些城市公园也都被太多的游客和人工痕迹过重的布置方式弄得面目全非，和大自然没什么关系了。

地球上到底有多少碳？

新的研究表明，已经维持了5亿年之久的地球碳循环已经严重失衡了。

地球生命属于碳基生命，碳无疑是地球上最重要的元素。那么，地球上到底有多少碳呢？如此重要的问题却一直没有准确的答案，只有一个大致的估算。

大约十年前，来自全球数十个国家的1000多名地质科学家决定联合起来，向这个问题发起挑战。他们在全球几乎所有的火山和地质活跃带上安装了测量仪器，记录了从地下释放出来的碳（主要为二氧化碳和一氧化碳）的总量，然后将这些数据汇总起来进行分析，得出了18.5亿兆吨这个数字，这就是地球上所有碳元素的总量。

这项被命名为"深碳观测计划"（deep carbon observatory）的研究项目最近正好告一段落。2019年10月1日出版的《元素》（*Elements*）杂志发表了参与该项目的地质学家们撰写的第一份综合性研究报告，详细分析了地球上所有这18.5亿兆吨碳的分布模式。其中绝大部分碳都被深深地埋在了地下，地表部分（包括海洋、土壤和大气层）含有的碳总量仅有

4.35万兆吨，还不到地球总碳量的万分之一。

所有地表碳当中，埋藏在海底深处的碳约为3.7万兆吨，约占85.1%；海洋生物沉积物中的碳总量为3000兆吨，约占6.9%；陆地生态系统中的总碳量约为2000兆吨，约占4.6%；大气层中含有的碳（主要是二氧化碳）总量为590兆吨，仅占地表碳总量的1.4%。

换句话说，我们担心了半天的全球变暖，是由这不到地球总碳量百万分之一的碳造成的。从这个角度来看，我们脚下的地球活像一枚定时炸弹，隐藏着巨大的风险。幸亏地球上有个碳循环，把地球大气层中的碳总量维持在一个相对稳定的水平上，生命这才得以延续至今。

碳循环的细节相当复杂，作为普通读者，我们只需知道这个循环主要由两部分组成。首先，大气中的二氧化碳因光合作用而进入生物体内，其中的一部分生物碳随着海洋生物的尸体沉入海底，再因板块运动而被埋入地下。其次，埋入地下的碳由于地质运动而被重新翻到地表，然后随着火山喷发而被重新释放到大气层中，供植物吸收利用。地球大气温度之所以能够保持相对稳定，主要就是因为最近这5亿年来地球的地质活动相对稳定，使得每年通过火山喷发而释放到大气层中的碳维持在2.8亿吨—3.6亿吨的水平上，正好和沉入地下的生物碳总量差不多。

地质研究显示，在过去这5亿年的时间里，地球的碳循环平衡曾经遭到过五次严重的破坏，其中就包括发生在

6500万年前的那次小行星撞击地球事件。当时有一枚直径超过10公里的小行星把地壳撞了个大窟窿，一下子释放出了425兆吨—1400兆吨的碳。这些碳引发的全球气候变化一直持续了数百年之久，导致大约75%的物种灭绝，其中就包括当时的陆上霸主恐龙。

统计数据显示，自工业革命以来，人类通过燃烧化石能源等方式一共向大气层中释放了大约2000兆吨碳，是那次导致恐龙灭绝的小行星撞击事件所释放的碳元素总量的两倍！更可怕的是，这个过程还在持续之中。目前人类活动每年排放至大气中的碳总量是火山喷发排放的碳总量的40—100倍，这说明地球碳循环已经严重失衡了。

在这篇论文的结尾，地质学家们做出了一个预言：未来的同行们将会把如今这个时代作为又一次物种大灭绝事件而记录在案。

亚马孙不是地球的肺

我们呼吸的氧气不是来自森林，而是来
自海洋。

亚马孙森林大火引发了全世界的关注，很多媒体说这是
地球的肺被点着了，就连法国总统马克龙也在个人社交媒体
上说亚马孙为地球提供了 20% 的氧气。著名美国气象学家
斯考特·丹宁（Scott Denning）教授在 Livescience 网站撰文
指出，这个说法是不对的，我们呼吸到的氧气并不是来自森
林，而是来自海洋。

要想明白这一点，首先必须意识到地球上的所有元素都
一直在陆地、海洋和大气之间不停地循环着，氧原子自然也
不例外。氧气最初肯定来自植物的光合作用，这是毫无疑问
的。陆地光合作用的三分之一发生在热带雨林，亚马孙则是
地球上面积最大的热带雨林，所以亚马孙每年生产的氧气确
实很多。但是植物死后留下的残枝烂叶会被微生物迅速分
解，分解过程会消耗等量的氧气，因此绝大部分陆上光合作
用生产的氧气到头来都会被尽数消耗干净，对大气含氧量的
贡献值几乎为零。

既然如此，怎样才能让氧气有结余呢？答案就是把光合作用产生的有机物从氧循环中移除出去，不让它被分解。地球上有一个地方提供了这种可能性，那就是深海。海洋表面生活着大量的海藻，它们通过光合作用生产出很多有机物，其中大部分被鱼类吃掉了，但有一小部分没被吃掉的有机物沉入了海底，那里严重缺氧，微生物无法生存，所以有机物被保存了下来，躲开了氧循环。

其实，移出氧循环的有机物总量非常低，大致相当于地球每年光合作用生产量的 0.0001%，但经过上亿年的积累，效应就显现出来了，如今地球大气层中的氧气就是这样一点一点地累积出来的。

换句话说，我们呼吸的氧气，是大量有机物被移出氧循环的结果。有机物通常用碳来表示，移出氧循环的有机物就是大家耳熟能详的碳汇（carbon sink），这可比存在生物体内的有机物总量高多了。根据丹宁教授的估算，即使地球上的所有生物都被一把火烧光了，大气层中的氧气含量也仅仅会减少 1% 而已。也就是说，无论再爆发多少场森林大火，地球上的氧气也都够我们再呼吸个几百万年的。

当然了，这并不是说亚马孙大火无关紧要。先不说别的，热带雨林是地球上生物多样性最高的地方，大量物种只在这里生活，一场大火很可能会让很多人类尚未发现的新物种就此灭绝，造成的损失是无法用金钱来衡量的。

接下来的问题是，沉在海底的有机物最终去了哪里呢？

答案就是石油和天然气。我们开发化石能源，本质上就是把过去几百万年几千万年积攒下来的碳汇重新纳入到氧循环之中，由此造成的氧气减少还不是最大的问题，而是氧气减少的副产品——二氧化碳。这是一种很强的温室气体，其浓度很大程度上决定了地球的表面温度，全球变暖这件事就是这么来的。

还有一件事值得一提，那就是陆地上也有类似深海那样的环境，这就是泥炭沼泽。这东西通常位于寒带，枯枝落叶被缺氧的河水淹没，还没被微生物分解就沉到了水底，并被封存在那里。北极冻土带到处都是这样的泥炭沼泽，其中含有大量的碳汇。2019 年夏天，北极地区也在燃烧，这件事对于气候变化的影响远比亚马孙大火要大得多，却被公众忽视了。

切尔诺贝利伏特加

去切尔诺贝利参观的游客很快将能买到
一款本地产的伏特加，请问你敢喝吗？

一群科学家用切尔诺贝利出产的黑麦和溪水酿造出一款
名为 Atomik（显然是英文"原子"的谐音）的伏特加，据
说是自 1986 年核电站事故之后切尔诺贝利出产的第一种商
品。那次事故之后，苏联政府将核电站周围 1000 平方英里
（约等于 2600 平方公里）的区域划为无人区，有效期为 2.4
万年。2019 年距离那次事故只过去了三十三年，但预计将
有 10 万人前往参观，这款伏特加应该是不愁卖的。

生产这款伏特加的人说，虽然他们使用的黑麦仍然具有
放射性，但蒸馏之后的酒精只含有少量的放射性，和市面上
卖的其他烈酒差不多，可以放心饮用。读到这里，相信很多
读者会说：我不要放射性，少量也不行！确实，按照传统
的说法，放射性对人体的危害遵循"线性无阈"（linear no-
threshold，以下简称 LNT）原则，即放射性强度和危害之间
是严格的线性关系，无论多小的放射性都是有危害的，不存
在安全阈值。

如果你相信这个 LNT 原则，那就必须尽量做到一点放射性都不沾。但是，这就意味着你今后只能喝假酒了，因为市面上卖的所有真酒都是有放射性的。

按照全世界通用的标准，真酒必须用植物作为原材料来酿造，而植物在生长过程中肯定要从大气中吸收二氧化碳，这就无可避免地将大气中含有的碳 –14 吸收了进去。碳 –14 是宇宙射线照射地球大气层后产生的碳同位素，具有轻微的放射性，半衰期长达 5730 年。因此，只要是用植物原材料酿造的酒，一定会有放射性，除非这种植物已经死了几百万年以上，后者就是众所周知的煤炭和石油。

换句话说，只有从煤炭或者石油中提取出来的工业酒精是不含放射性的。事实上，放射性正是鉴别假酒的方法之一，测不出放射性的酒肯定是用工业酒精兑出来的假酒。由于工艺的原因，工业酒精里往往会含有一定比例的甲醇，所以喝假酒是有害的，即使它不含任何放射性。

媒体多年的夸大宣传，导致很多人对放射性产生了不必要的恐惧。其实放射性无处不在，我们呼吸的空气含有放射性，我们使用的建筑材料带有放射性，我们吃进去的食物也会以各种方式富集环境中的放射性！生物就是在这种富含放射性的环境中进化而来的，早就学会了如何应对这种低剂量的背景辐射。

举例来说，某一类放射性确实会导致 DNA 断裂，但所有的活细胞都具备很强的 DNA 修补能力，可以迅速地把断裂补上，这就是为什么越来越多的科学家质疑那个 LNT 原则，他们认为放射性对于生物的危害是有下限的。对于低于这个下限的背景辐射，生物完全有能力抵御。

这些科学家建议相关国际组织修改 LNT 原则，因为这个原则夸大了放射性的危害，很容易在民众中引发不必要的恐慌。比如，当年切尔诺贝利核事故发生之后，很多欧洲孕妇跑去医院要求堕胎，生怕生下畸形儿，其实这个担忧是没有根据的。

另一个比较近的案例就是日本福岛的核事故。事故发生后，日本政府要求附近居民撤离危险区，但因为危险区范围定得太大，隔离时间定得太长，导致了很多不必要的麻烦和困扰。根据《纽约时报》事后所做的统计，这些不必要的疏散和撤离行动导致了超过 1000 名日本人死亡，远比核辐射导致的死亡人数要高得多。

不应孤独的树

一棵孤零零的大树是不自然的，树就应
该成林。

按照通俗的说法，进化论的核心就是生存竞争，任何生
命的终极目标就是打败同伴，好把自己的基因传下去。如果
这个理论是正确的，那么一只受了致命伤的猴子是不会被救
的，即使是它的近亲也没有理由浪费自己宝贵的资源去救助
它，因为这么做对于自己基因的传播没有任何好处。

但是，这个理论在植物界遇到了挑战。不久前，两位来
自奥克兰技术大学的植物学家去新西兰北岛的一个森林里徒
步，发现了一棵贝壳杉（kauri）树墩，这个树墩被砍得只
剩下一个低矮的基座，却仍然活着。经过一番探究，两人认
为唯一可能的解释就是旁边的一棵贝壳杉通过根系嫁接为这
个树墩提供了养料，让后者免于一死。

根系嫁接指的是两根不同的根须粘合在一起，互相交换
水和营养物质。这是一个很常见的现象，但大都发生在同一
棵树的不同根须之间，为的是加快营养物质的流通速度，并
增加树干的稳定性。此前，有人发现同一树种的不同个体之

间也有类似的现象。比如，欧洲植物学家早在1883年就发现了欧洲冷杉的根系嫁接。但因为缺乏先进的研究手段，这个领域一直处于简单的记录和描述的阶段，很难深入到机理的层面。

这两位新西兰科学家的主攻方向是植物生态学，实验室里正好有相应的研究工具，于是，几天后，两人带着一堆仪器设备再次来到这片森林，测量了两棵贝壳杉之间的树液流动模式，证明两人最初的设想是正确的，那个树墩的确是被旁边那棵树供养着的。

问题在于，那个树墩已经没有了枝叶，因此也就没有了任何复活的可能性，旁边那棵树为什么要浪费自己的能量去供养一棵和自己不相干的树墩呢？这明显不符合进化论啊。

为了解释这个奇怪的现象，两人设想这两棵树之间的根系嫁接也许是在很久以前就存在的，其中一棵树被砍成树墩之后，这个嫁接并没有立即被废掉，而是依然在起作用。问题在于，一棵大树内部的液体流动靠的是树叶的蒸腾作用产生的负压，树墩没有蒸腾作用，因此也就没有了动力，但实验结果证明，两棵树之间仍然有很强的横向树液流动，说明两棵树都做出了某种改变，主动地维持了这种供养关系。

于是，两人更新了先前的假设，提出了一个新的解释：树墩虽然已经无法再进行光合作用了，但它原先的根系依然是完好的，旁边那棵活着的大树通过根系嫁接的方式接管了树墩的根系，这就相当于把自己的根系扩大了一倍，一来可以更好地吸收土壤中的营养物质，二来可以增强自己的稳定性，更加不易倒伏。

两人将研究结果写成论文，发表在 2019 年 7 月 25 日出版的《科学》杂志网络版上。文章结尾指出，一片森林地上部分的每一棵树看上去似乎都是独立的，但地下部分很可能是相互连成一片的。这并不违反进化论，因为不同个体之间的互相帮助对于每个个体来说都是有好处的，比如可以帮助它们更好地度过干旱期。

换句话说，进化论并不妨碍生物体之间的相互合作，也许这才是生命的主旋律，因为团结就是力量。

这个案例再次提醒我们，树不应是孤独的存在。一棵孤零零的大树不是自然状态，它们习惯于连成一片，相互扶持，共同成长。所以我们在种树的时候，应该多种几棵，让它们相互做伴。

猫高一尺，犬高一丈

如果比赛听力的话，狗远胜于猫。

养过猫的人都知道，这种动物最有个性，高兴起来分分钟黏着你，不高兴了碰一下都不行，搞到最后连你自己都忘了到底谁是主人。

同样是铲屎官，养狗的人就理直气壮多了。狗这种动物对主人特别忠诚，几乎是有求必应。最妙的是，狗似乎听得懂自己的名字，只要稍加训练就能随叫随到。这一点也是最令猫主人困惑的地方，很多人跟自己的宠物猫说了一辈子的悄悄话，却一直搞不清楚它是否真的听懂了。

那么，猫到底听得懂自己的名字吗？这个问题看似简单，其实很难回答。猫不会说话，我们只能通过观察猫的反应来判断它是否真听懂了。但这种观察必须排除某些干扰因素，比如一只猫也许只是对主人的动作或眼神有反应，抑或它对所有具备某种音调特征的声音都有反应，并不是真的能听懂自己的名字。

要想排除所有这些干扰因素，光凭一个人自己在家里试验是不行的，必须请科学家设计出一套严格的测试方法，找来很多只猫进行测试，然后对结果进行统计学分析，才能得出靠谱的结论。日本动物行为学家温子济藤（Atsuko Saito）几年前用20只宠物猫做试验，通过给猫放录音的办法排除了视觉干扰，得出结论说猫确实能听懂自己的名字。

但是，这个试验的说服力还不够，因为猫也许只是对异常声音有反应，结果很可能是随机的。于是温子济藤重新设计了一个新的试验，借鉴了人类行为学研究里比较常用的"习惯化–去习惯化法"（habituation–dishabituation method），对78只宠物猫进行了新的试验。

顾名思义，这个方法就是先给试验对象重复施加某种信号刺激（比如人声），直到它不再对这个信号产生任何反应了（习惯化），然后再给它一个新的类似的刺激（比如宠物猫的名字或者一个发音类似的单词），看它会作何反应。

这一次，温子济藤还是采用放录音的方式避免视觉信号的干扰，测试结果表明，当猫的主人正确地喊出猫的名字时，猫的反应是最强烈的。如果是一个陌生的声音喊出猫的名字，猫同样会有反应，只不过反应强度不如猫主人的声音那么强烈罢了。相比之下，如果喊出的不是猫的名字，即使是用猫主人自己的声音喊，猫的反应都很弱。

有趣的是，这些反应仅仅包括动耳朵、转头、摇尾巴或者喵喵叫等，不包括身体移动，也就是说这些猫听出了自己的名字，但选择不予理会。

温子济藤将试验结果写成一篇论文，发表在 2019 年 4 月 4 日出版的《科学报告》杂志上。有专家评论说，这篇论文只能说明猫能分辨出自己名字的发音，并不能证明猫知道这个声音代表它自己，因为截至目前还没有任何一项研究能够证明猫具备自我意识。换句话说，猫并不是真的"听懂"了自己的名字，而是对自己名字的发音产生了一种纯生理性的反应，即猫通过以往的经验，意识到每当这个声音出现时，接下来一定会有某种奖励或者惩罚出现。

温子济藤认为，这个结果符合进化论的预期。家猫的祖先应该是一种生活在草原上的野猫，它们被人类聚居地附近的老鼠吸引了过来，主动选择和人类生活在了一起。相比之下，狗的祖先很可能是被人类猎手抓住的幼狼，经过多年的驯化，逐渐变成了猎人的帮手，这就是为什么狗学会了服从命令，但猫却从来不需要学习这项技能，因为猫不需要。

确实，如果把猫和狗放在一起测验听力理解的话，狗的成绩要高出太多了。已经有很多科学试验证明，狗不但能听懂自己的名字以及一些简单的指令，甚至能分辨出主人说话时的语气。曾经有科学家把训练有素的宠物狗放进核磁共振仪里进行脑部扫描，发现狗大脑对声音信号的处理方式和人类大脑非常相似，两者显然源自同一个哺乳动物祖先。

这个结果间接地说明，人类的语言能力只是在哺乳动物原有的大脑机能的基础上进行的一次革新，而不是一种全新的创造。

动物会不会哀悼死者？

哀悼是不是只有人类才具备的一种高级
情感？动物学家给出了新的解释。

不少读者应该还记得 2018 年在北大西洋上发生的一件事情，一头雌性虎鲸被发现用头驮着自己刚刚出生的幼崽在游泳，虽然那个幼崽出生不久就死了。不知出于什么原因，这头代号 J35 的虎鲸妈妈一直不愿放弃自己的孩子，有好几次那个幼崽滑进了水里，她一个猛子扎下水，再把它驮出水面，就这样一直游了 1000 英里，直到第 17 天才终于放开。

这个故事引起了很多讨论，大家关注的焦点在于，这头虎鲸的行为到底算不算哀悼？大部分人相信是的，但也有人认为虎鲸妈妈也许不知道幼崽已经死了，或者不知道死后不能复生，只是出于本能在保护幼崽，不让它沉下去而已。

为了回答这个问题，美国威廉玛丽学院（College of William and Mary）的动物行为学家芭芭拉·金（Barbara King）教授为 2018 年 3 月出版的《科学美国人》杂志撰写了一篇文章，详细解释了她为什么相信 J35 确实是在哀悼死者。

金教授退休前一直在该校的人类学系任教，考古人类学领域非常关心"哀悼"的出现时间，因为大家普遍相信这种行为代表了一种非常高级的智慧水平，只有现代智人才具备这种能力。于是，是否有埋葬死者的行为一直被认为是判断一个古人类群体是否已经进化出高级智慧的重要标志。

正因为如此，动物行为学界一直坚信除了人类之外，其他动物不具备高级情感，所以这个研究领域不允许科学家使用拟人化的词语来描述动物的行为，比如"哀悼"这个词就是在用人类的情感解释动物的行为，是不科学的。

金教授早年也是这么想的，但随着案例越积越多，她转而相信动物也是有情感的，会为同伴的死亡感到伤心。她于2013年出版了一本专著，名字就叫作《动物如何哀悼》（*How Animals Grieve*）。这本书通过对来自世界各地的实际案例的分析，总结出了一套通用原则，以此来判断动物是否在哀悼。

在金教授看来，哀悼行为必须具备两个必要条件：第一，两只（或两只以上）动物生前一定要经常待在一起，而且并不是因为某个明显的进化优势而这么做的；第二，其中一只动物死后，另外一只（或多只）动物显著地改变了它们的日常行为（比如停留在尸体旁边不肯离开），并且必须表现出严重的不适状况。

按照第一条标准，那头虎鲸妈妈似乎并不符合要求，但金教授认为母子关系可以不受此约束，毕竟这是一种非常特殊的关系，两者不需要待在一起很久才能有感情。第二条标准也很重要，比如曾经有人观察到一只母猴抱着一只死去的小猴到处走，一直不肯丢弃，但这只母猴并没有表现出不适的状况，仍然照常吃饭，照常睡觉，甚至照常交配，所以金教授认为这不属于哀悼。

当然还有一条不成文的规定，那就是目前学术界只承认哺乳动物和鸟类等少数高等动物才有可能具备哀悼的能力，目前没有任何人相信昆虫之类的低等动物有这个能力。

这两条标准并不是学术界公认的，至今还有不少学者认为动物的那些行为算不上哀悼，因为他们相信这种行为不符合达尔文进化论的要求。试想，如果那头虎鲸妈妈因为哀悼那个夭折的幼崽而不好好进食，最终伤到了自己的身体，那岂不是非常不划算？进化是不会原谅这种行为的。

但是，金教授指出，达尔文本人恰恰是支持这一说法的。他曾经指出，既然人是从动物进化而来的，那么人和动物具备类似的情感能力就是一件很容易理解的事情了。

在此基础上，金教授提出了自己的解释。她相信有些动物之所以会哀悼死者，恰好是因为它们进化出了爱的能力。爱这种情感绝对是有进化优势的，它能让两只（或多只）动物团结起来，更好地应对大自然中遇到的各种困难。但是，爱的出现是有代价的，那就是失去时一定会很痛苦（否则就不是真爱了）。虽然从功利的角度看，哀悼行为不利于生存，但这种情感只是爱的副产品而已，而爱的力量实在是太强大了，动物们甘愿承担哀悼带来的风险。

亚洲狮的困境

亚洲狮所面临的困境很有代表性，我们
的大熊猫保护应该竭力避免重蹈覆辙。

提起狮子，多数人只会想到非洲，但其实狮子直到10
万年前还是地球上分布范围最广的大型陆地动物之一，足迹
遍布全世界。随着人类走出非洲并迅速扩张，美洲、欧洲和
东亚的狮子先后遭到灭绝，南亚和西亚则直到数百年前还一
直有狮子活动。事实上，古罗马斗兽场用到的狮子大都来自
西亚，欧洲角斗士们是在和亚洲狮做生死搏斗。

亚洲狮虽然杀死了不少角斗士，但最终还是败给了人
类。目前，全亚洲只有印度还能找到野生的亚洲狮，它们全
都生活在位于古吉拉特邦的一个名为"吉尔"（Gir）的野生
动物保护区内。2017年进行的一次狮群普查显示，该保护
区内生活着大约600头狮子，种群数量基本稳定。

2018年9月，有人在保护区里发现了两头幼狮的尸体，
虽无明显的外伤，但保护区的工作人员坚持认为这属于偶发
事件，不值得大惊小怪。没想到，此后的3周时间里保护区
内陆续发现了23头死狮子，其中7头死于保护区东南角的

一小块森林内。这下官方无法再用"自然原因"来解释了，只能立刻采取措施，将那片森林里剩下的19头狮子全部抓住并隔离了起来。两个月之后，这19头狮子中的16头也死了，只剩下3头还活着。

尸检显示，一种名为"犬瘟热"的病毒（CVD）很可能是罪魁祸首。这种病毒曾经在东非流行过，那场"狮瘟"杀死了1000多头非洲狮，大约相当于塞伦盖提大草原狮群总数的30%。随后进行的DNA测序结果证明，此次印度犬瘟热病毒和上次东非流行过的犬瘟热病毒属于同一个品种，很可能就是从东非传过来的。

看过英国广播公司（BBC）拍摄的纪录片《动物王朝》的读者一定记得，狮子是群居动物，吃喝拉撒都在一起，所以传染病很容易在狮群当中传播开来。吉尔保护区的狮群密度又非常大，危险系数就更高了。该保护区的总面积只有1400平方公里，专家估计最多只能养活300头狮子，目前的密度是这个数字的两倍，属于严重超负荷。

这个状态之所以还能维持下去，主要是因为保护区的周边居民饲养了很多家畜，它们为狮子提供了一个相对稳定的食物来源。研究显示，亚洲狮的日常食物约有一半来自家禽家畜，尤其是印度神牛更是狮子们的最爱。好在古吉拉特邦为受害牧民提供了高额的经济补偿，这才没有造成太大的麻烦。

问题在于，家禽家畜一直是传染病最主要的源头，不但人类传染病如此，狮类传染病也一样。这个"犬瘟热"很可能来自印度村民家里养的狗，这些喜欢到处乱跑的家狗一直是亚洲狮的重要食物来源。

还有一个危险因素值得一提，那就是亚洲狮的免疫系统很可能出了问题。吉尔保护区建于20世纪初期，当年有位库曾勋爵（Lord Curzon）来吉尔森林打猎，发现这里居然还有活着的亚洲狮，但总数已不足20头，这位英国贵族建议当地土司立即建立保护区，这才保住了亚洲狮最后的香火。由此说来，今天的这600头亚洲狮都是当年那十几头狮子的后代。早有研究显示，近亲后代的免疫系统往往有缺陷，对传染病的抵抗力很低。

为了保护亚洲狮的基因纯洁性，我们不可能通过引入非洲狮的办法来增加遗传多样性，只能想办法改善它们的居住环境，避免被某个突发事件一锅端了。事实上，吉尔保护区早就不堪重负，狮子们经常跑出保护区，骚扰周边村子里的老百姓。仅在2016—2017这两年时间里就有7头狮子被村民安装的电网电死，6头狮子被火车撞死，还有13头狮子掉进井里淹死了。再加上其他原因，两年来一共有184头狮子因为各种非正常原因而死亡。

为了防止出现意外，国际动物保护学界一直呼吁将亚洲狮引入到周边一些省份中去，印度北部的几个自然保护区也早已做好了接收的准备，但古吉拉特邦政府一直将亚洲狮视为该邦的骄傲，拒绝将亚洲狮迁往他处。

在环境和政治的双重压力下，亚洲狮身处困境，不知能否挺过这一关。

地球生命清单

人类第一次知道地球上的生命是由哪几
部分组成以及它们各占多大比例。

著名的以色列魏茨曼科学研究院（Weizmann Institute of Science）的罗恩·米罗（Ron Milo）教授有一天和女儿玩游戏，让她画出自己心目中最典型的地球动物的样子，结果她画了一头大象挨着一头长颈鹿，旁边又画了一头犀牛。显然这位小姑娘看了很多关于非洲野生动物的纪录片，认为地球上的动物应该都是这样的。

米罗教授在回忆这段往事时说，如果让他自己来画的话，他会画一头奶牛挨着一头奶牛，旁边再画一只鸡。在他看来，这才是陆地动物最具代表性的画面。

他这么做是有原因的，因为他刚刚主持了一项研究，统计出了地球上不同生命类型的总生物量（biomass）。他将研究结果写成论文，发表在 2018 年 5 月 21 日出版的《美国国家科学院院报》上。这篇论文被誉为人类为地球生命所列的第一份清单，可以帮助我们了解地球生物圈的真实状态，以及人类在其中扮演了何种角色。

这里所说的生物量指的是去掉水分后的生物总质量。因为地球上的所有生命都是以碳原子为基础的，所以米罗教授决定用碳原子的总量来作为衡量标准。比如他估计地球上所有生命体内含有的碳原子总量约为5500亿吨，所有细菌细胞含有的碳原子总量约为700亿吨，所以细菌占地球生命总量的13%。

在这篇论文发表之前，我们只知道肉眼看不见的细菌占到地球生命总量的很大一部分，但不知道具体比例是多少，有了这篇论文，我们就可以精确地知道细菌对于地球生命而言到底有多重要。

我们早已知道人类的出现导致了大量生物的灭绝，但不知道具体是多少。通过这项研究，我们知道自人类文明诞生之日起，我们已经杀死了83%的野生哺乳动物。

这项研究得出了一些让人惊讶的结论。比如，生活在陆地上的生物占地球总生物量的86%，生活在海洋里的生物只占1%，其余13%是生活在很深的地层内部的微生物。这个数字清楚地说明，海洋是地球上面积最大的沙漠，人类不能指望从海里得到自己所需的营养物质。

再比如，地球上所有的鸟类当中有70%都是家禽，野生鸟类只占30%。米罗教授认为，如果多年以后考古学家试图通过动物化石来研究我们这个时代，他挖出来的种类最多的化石肯定会是鸡骨化石。

这篇论文得出的最重要的结论是：植物才是地球上生物

量最多的生命形式，占总生物量的 82%，所有动物，包括真菌、昆虫、鱼类、爬行类和哺乳动物等（不包括细菌）只占 5% 而已。而在所有的哺乳动物当中，60% 是家畜（主要是牛和猪），36% 是人，剩下的 4% 才是野生哺乳动物。

别看人类占到地球哺乳动物的三分之一，但人类的生物量只占地球总生物量的 0.01%，简直可以说是微不足道。但是，人类对于地球生态系统的影响力却是惊人的。自从人类发明出农业，并诞生了高等文明之后，地球上的陆地哺乳动物便减少到了文明出现前的六分之一，海洋哺乳动物则减少到了文明出现前的五分之一。仅仅在过去的这五十年里，就有大约一半的物种惨遭灭绝。所以大部分科学家认为应当把农业的发明作为"人类世"（Anthropocene）的开始，地球的这个世代正经历着历史上第六次物种大灭绝。

这个结果让主持研究的米罗教授自己也大吃一惊，他决定从今以后要少吃肉，多吃豆腐，因为他从自己的研究中意识到家禽家畜给地球环境带来了多么大的伤害。

隐私与效率

对于个人隐私的过度保护会严重影响工作效率。

自从 DNA 测序技术变得廉价之后，关于个人隐私保护的争论就没有停止过。多数人相信遗传信息应该被严格地保护起来，但事实却证明保护隐私与提高效率之间是矛盾的，两者不可兼得。

比如，DNA 技术已经被证明是警方的好帮手，但隐私保护却对这个帮手的工作效率带来了伤害。轰动全国的"白银案"之所以过了将近二十年才破案，一大原因就是凶手高承勇没有留下过任何犯罪记录，因此也就没有留下 DNA 信息。幸亏，他的一个堂叔因为另一桩案子被提取了 DNA，警方这才通过比对找到了他。如果这位堂叔没有被抓的话，高承勇很可能直到现在还逍遥法外呢。

类似的事情在美国也发生了。2018 年 4 月，加州警方宣布破获了"金州杀人案"，凶手在 1976—1986 年至少杀死了 12 个人，并强奸了 50 多名妇女。虽然现场留下了大量的指纹和 DNA 信息，但无论是凶手本人还是他的亲戚们都没有留下过案底，所以警方始终没有破案。

最终的破案过程非常离奇。加州警方通过网络上公开的DNA信息找到了罪犯的一名远亲，然后再通过细致的比对分析，构建出了这个家族的整个家谱，最终锁定了目标。

消息公布之后，立刻在全美国引发了一场关于个人隐私权的争论。很多人把矛头指向了那些商业测序机构，但其实他们是被冤枉的。美国确实有很多面向消费者的DNA测序服务公司，这些公司也大都在合约里注明客户的DNA信息有可能会被执法机关调用，但在这个案子里，加州警方并没有向这些商业测序公司提出过要求，而是把罪犯的DNA信息输进了一个公开的寻亲网站GEDmatch，从那里找到了线索。

必须指出，这个寻亲网站也是完全合法的。个人用户在其他专业DNA测序公司测得自己的DNA信息之后，可以选择将其上传至该寻亲网站，通过这个网站来寻找自己的远房亲戚。显然，用户上传的DNA信息必须是公开的，否则就达不到目的了。事实上，正是因为该网站规模庞大，收录了大量来自民间的个人遗传信息，警方才有可能找到凶手。如果没有这个网站，或者各大商业机构都以保护隐私之名禁止警方调用DNA数据的话，那么这个"金州杀手"是不会落网的。

这个案子的成功让警方开了窍，他们正在利用DNA信息寻找那个著名的"十二宫"（Zodiac）杀手，这个案子因为大卫·芬奇拍的那部同名电影而被很多中国影迷所熟悉，是美国犯罪史上最著名的未解之谜。如果真能破案的话，就将为隐私与效率之争再加上一注很重的筹码。

事实上，DNA 数据库的建立已经为很多儿童拐卖案和无名尸体案提供过重要线索，如果没有 DNA 数据库的帮助，很多这类案子是很难破解的。

不仅如此，DNA 数据库还为人类战胜疾病做出了贡献。众所周知，很多疾病都和遗传有关系，如果能准确地掌握两者之间的关联，将为科学家们找到治疗疾病的方法提供极大的帮助。为了尽快实现这一目标，奥巴马在执政期间宣布美国政府将启动一项针对全体美国人民的 DNA 测序计划，该计划将在美国招募 100 万名志愿者，他们不但要贡献出自己的遗传信息，还要贡献出自己的全部健康信息，包括所有的病例。这些数据将向全社会公开，好让来自全世界所有国家的科学家们都能用得上。

该计划因为各种原因耽误了一些时间，终于在 2018 年 5 月的第一个星期正式启动了。科学家们正在积极地招募志愿者，希望美国人民不要被最近关于隐私的争论所影响，踊跃报名，造福全人类。

北极发烧了

2017—2018 年冬天北半球频繁出现的极端天气和北极发烧有关。

2018 年 2 月底,北极点附近测出了 2℃这样一个让人惊讶的数字,创下了北极点的气温历史最高纪录。要知道,这段时间北极地区尚处于极夜期,太阳要到 3 月 20 日之后才会露面,往常北极点在这段时期的平均气温只有零下 30℃左右,2018 年测到的这个气温比正常值高了 30 度。

与此同时,位于格陵兰岛最北端的莫里斯·杰萨普角(Cape Morris Jesup)气象站测到了 6.1℃这样的高温,虽然不是历史最高值,但此前测到的两次更高的气温都只维持了几个小时就又回到了正常值,但 2018 年该气象站在整个 2 月份里有 10 天的最高气温超过了 0℃,创了历史纪录。事实上,这个全球最北端的地面气象站在 2018 年的头两个月里气温高于 0℃的总时间长达 61 个小时,此前的最高纪录是 16 个小时,而且还是在 2011 年的头 4 个月里测出来的。

北极地区气温变化幅度一直比较大,经常会出现短暂的高温天气,但 2018 年的高温天气不但绝对值高,而且维持的时间特别长。平均算下来，这个冬天的北极气温是最近半个多世纪以来最高的，部分地区在2018年的头两个月里的平均气温甚至比往年高了20℃，用"发烧"来形容这股热浪甚至都嫌太轻了。

亚洲读者看到这个消息应该一点都不惊讶，因为2018年整个亚洲地区的气温普遍偏高，西安人早在2月底就已经穿起了短袖，3月初的长沙最高气温已经达到了29℃。但是，北美和欧洲的读者估计就会摇手指了，因为北美在1月份经历了一次历史上罕见的寒流，2月份又轮到欧洲人大呼受不了了。英国气象局刚刚发布了关于严寒天气的红色警报，这是级别最高的极端气候预警，不少地区的降雪量预计将超过50厘米。

如此极端的天气是如何出现的呢？答案要从"极地漩涡"（polar vortex）中去寻找。原来，由于地球自转产生的科里奥利力（Coriolis Force）会把南北方向的风偏转一个角度，这就是为什么北半球冬天常刮西北风、南半球冬天常刮西南风的原因。来自西方的季风连在一起，形成了一个以极点为圆心的风的闭环，这就是"极地漩涡"。

北半球的"极地漩涡"是一个逆时针转动的"风圈"，把北极上空的寒冷空气锁在了里面，不让它南下，所以暖冬大都是由于当年的"极地漩涡"非常强而导致的。如果"极地漩涡"变弱，甚至分成了好几个小的漩涡，北极地区的冷空气就会乘虚南下，这就是中纬度地区遇到的寒流。2018

年的北极漩涡非常弱，这才会出现冷空气大举南下的情况，而来自中纬度地区的暖空气则会趁机北上以填补空白，这就是2018年冬天北极地区出现那么多高温天气的原因。

那么，究竟是什么原因导致"极地漩涡"变弱了呢？答案就是全球气候变化。原来，"极地漩涡"的强弱和极地与中纬度地区的气温差直接相关，两地气温相差越大，"极地漩涡"就越强。全球气候变化导致整个地球的气温普遍升高，而极地地区升高的幅度最大，缩小了两地的气温。

极地地区为什么对全球气候变化如此敏感呢？答案就是极地特有的正反馈现象。想象一下，如果极地气温升高一点点，一部分冰雪就会融化，把海水暴露在阳光之下。深色的海水吸收太阳光的能力要远比白色的冰雪强很多，所以北极气温会越升越快，这是个经典的正反馈案例。

综上所述，全球气候变化导致"极地漩涡"越来越弱，北极冷空气顺着漩涡的缺口漏到了南方，这就是2018年欧洲和北美遭遇寒流的原因。亚洲地区运气比较好，缺口正好不在这块儿，侥幸逃过一劫。这就是为什么2018年的中纬度地区极端天气频发，冷的冷死，热的热死。

上述理论尚存争议，但越来越多的证据表明这个理论是正确的。气候变化将导致全球气候变得越来越极端，这将会给工业、农业、交通运输业和公共健康领域带来很大的变数，各位读者应该提早做好准备。

狗改不了的习惯

狗，确实改不了吃屎。

狗年必须说狗，今天就来说一个狗很难改掉的习惯：吃屎。

这是个很常见的动物行为，科学术语称之为食粪癖（coprophagy）。但狗的这个行为被人编入了谚语，用来形容某种改不掉的恶习。其实在自然界，屎可是个好东西，不信你去问问苍蝇，或者屎壳郎也行，它们都会告诉你，屎是天底下最有营养的东西，那个味道简直好闻死了。

即使对人来说，屎也不都是难闻的。绝大部分草食动物的屎都没有异味，比如牛粪就是藏族同胞做饭、取暖的最佳燃料。咱们的国宝大熊猫的屎甚至有一股清香的味道，野外考察队的队员们都是直接用手去捡熊猫屎的，捡起来后还要闻上一闻，有经验的人甚至可以从屎的味道得到很多有用的信息，比如熊猫的年龄、性别和健康状况等。

兔子的屎也是不怎么臭的。养过兔子的人都知道，兔子屎分为两种，一种干硬，一种湿软。后者有个专业名词，叫作盲肠便（cecotropes）。顾名思义，这是从兔子盲肠里排出去的食物残渣，兔子先把它拉出去，再重新吃进嘴里，让食物再经过一次消化道，重新消化一次。

兔子为什么会如此"节俭"呢？原因就是兔子所吃的草太难消化了，必须借助细菌的力量才能把草中的营养物质分解掉。这个过程十分漫长，所以兔子第一次拉出来的屎里还有很多营养物质没有被消化吸收，不重新吃一遍的话太浪费了。

狗喜欢吃屎，原因很可能和人有关。众所周知，狗是第一个被人类驯化的动物。远古时代的狗是靠吃人的剩饭活下来的，人屎中含有的营养物质又很丰富，所以狗肯定不会白白浪费这么好的东西。

还有一个理论认为，狗吃屎的习惯源自它们的狼祖先。狼也会吃屎，而且只吃新鲜的屎，超过两天的屎就不感兴趣了，因此狼吃屎很可能是为了不让屎中含有的寄生虫扩散到环境中去，对狼的种群健康造成威胁。

如果你坚持读到这里，肯定会产生一个疑问：如今的宠物狗每天好吃好喝，为什么还要吃屎呢？会不会是哪里出了什么毛病？为了回答这个问题，美国加州大学戴维斯分校兽医系的本杰明·哈特（Benjamin Hart）教授决定对北美的养狗人士做一个问卷调查。最终他收到了大约3000份答卷，其中有16%的狗主人报告说自己家的狗有吃屎的喜好，衡量标准是亲眼看到六次以上。实际比例恐怕比这个要多，因

444

为狗主人不可能整天跟着自家的狗,很多令人难堪的镜头都看不到,只有从一些蛛丝马迹或者狗嘴里呼出的气味中才能隐约猜出来。

之后,哈特又调查了自家宠物狗有吃屎习惯的狗主人,一共收到了1500份答卷。其中62%的狗几乎每天都吃,剩下的38%虽然不是每天都吃,但每周至少吃一次,可见狗吃屎是一种很常见的行为。

更能说明问题的是,有吃屎习惯的狗和不怎么吃屎的狗没有明显差别,双方的年龄、性别、饮食习惯、与母亲分开的年龄以及是否做过绝育手术等方面都差不多,就连听话的程度也不相上下,说明狗吃屎并不是因为它小时候受了什么心理创伤或者营养不良。

唯一不同的地方是,群养的狗吃屎的概率似乎要比独养的狗高一些,可能是因为狗在观察到同伴吃屎后会不自觉地加以模仿,于是很快一窝狗就都学会了。

哈特教授将这两份调查报告写成一篇论文,发表在2018年1月12日出版的《兽医与科学》(*Veterinary Medicine and Science*)杂志上。哈特教授认为,狗吃屎是一种相当常见的行为,和其他因素没有关系,各位狗主人不必惊慌。狗毕竟属于家养宠物,大多数狗主人还是会想方设法避免这种行为的。但市面上常见的"防吃屎"狗粮都没用,最好的办法就是每次狗拉完屎后都及时地将其清理掉,不给狗"纵容"自己的机会。

保护大鱼

水生生物和陆地动物的繁殖方式不太一样，所以我们不但要禁止捕捞小鱼，大鱼也应该加以保护。

据"视觉中国"网站报道，2017年9月16日河南丹江库区水位上涨，大鱼出没，捕鱼者布下"迷魂阵"，抓住了一条足足有一人多高的"鱼王"。最终这条大鱼被人用起重机吊进卡车里运走了，估计是被高价卖给了餐馆。

水库里的鱼属于野生动物，捕鱼就相当于打猎，需要遵循打猎的一些基本原则，比如尽量不打怀孕的雌兽以及不伤害幼兽等。所有这些原则都是为了尽可能地保护野生动物种群的健康，以便让狩猎成为一种可持续的行当。

大部分陆地哺乳动物都和人一样会衰老，年纪大的猎物不但行动迟缓，而且生殖力也会下降，对于维持种群数量的贡献值要比青壮年动物低很多，所以猎手们往往会专门盯着那些老动物打，尽量避免伤及幼兽。

捕鱼业继承了陆上狩猎行业的惯例，对鱼的尺寸有着严格的规定，小于一定规格的都必须放回去，这个做法当然是有道理的。但与此同时，捕鱼业对于年龄大因此体型也大的鱼类缺乏保护措施，甚至因为消费者的偏好而专门捕捞大鱼，这个做法在近年来引起了越来越多的争议。反对者认为，鱼类等水产品和陆地动物有很大的不同，越老价值越高，应该和幼鱼一样加以保护。

美国国家海洋和大气管理局（NOAA）早在1990年就做过一项研究，发现体重在0.8公斤左右的年轻雌性石斑鱼一次可以产卵15万粒，体重在2公斤左右的中年石斑鱼一次可以产卵70万粒，而体重在3.4公斤左右的老年石斑鱼一次产卵的数量可以高达170万粒，是年轻石斑鱼的11倍！不但如此，老年石斑鱼所产的卵的存活率也比年轻石斑鱼的更高，捕杀一条老年石斑鱼对石斑种群再生能力的破坏程度远高于捕杀10条年轻石斑鱼。

导致这一结果的主要原因在于水下环境和陆地不同，水生生物的衰老模式和陆地生物有着本质区别。不少水生生物的年龄不但远比大家想象的更老，而且衰老的速率也要慢得多，有些品种甚至越活越健康，繁殖力也越强。只是由于人类的过度捕捞，才使得江河湖海中的大鱼大虾变得越来越稀少了，这不是一种正常的现象。

比如，产自美国东海岸的龙虾曾经是一种没人愿意吃的动物，美国麻省监狱当年为了省钱，天天煮龙虾给犯人吃，没想到此举遭到了犯人们的集体绝食抗议，要求监狱改善伙食！因此，当年的美国龙虾个头超大，渔民捕捞到的个头最大的一只龙虾重达20公斤。这样的巨无霸繁殖能力超强，只需几只就可以满足一大片海域的种群更新需求。

随着全球吃货们对龙虾态度的反转，美国东海岸的龙虾个头直线下降，如今已经很难捕捞到1公斤以上的龙虾了。很多人因此而误以为龙虾最多也就能长到1—2公斤，这是极大的误解。

龙虾的遭遇不是个案，而是目前地球水生生物的普遍现象。美国华盛顿大学的路易斯·巴奈特（Lewis Barnett）博士及其同事们在2017年9月14日出版的《当代生物学》期刊上发表了一篇论文，研究统计了63个海洋鱼类种群，发现老鱼的比例比过去下降了79%—97%之多。

研究者认为，野生动物种群的年龄结构越复杂，应对恶劣自然条件的能力也就越强。老鱼就像是一种保险，保证鱼群能够安全度过艰难岁月。但是因为捕捞的关系，大自然中的老鱼越来越少了，这不利于鱼类种群的迅速恢复，因此巴奈特建议各国渔政管理机构修改政策，不但要保护幼鱼，更要保护大鱼。

要想做到这一点，就必须改进捕鱼的方式，给大鱼们一条生路。像底拖网、电鱼甚至下毒这类不分青红皂白的捕捞方式都应该被禁止。前文提到的"迷魂阵"属于一种"倒关门"式的捕捞方式，鱼无论大小，一旦游进来就会迷路，有去无回。

假如蚊子都死光了

我们把蚊子这个物种灭绝了怎么样？

夏天到了，蚊子们又开始活跃起来。

全世界恐怕没有任何一个人会喜欢蚊子，这种动物除了惹人厌之外，还会传播各种致命的传染病。比尔·盖茨曾说蚊子才是地球上杀人最多的动物，这个说法是有道理的。据统计，目前光是由蚊子传染的疟疾每年就会导致将近3亿人生病，其中约有70多万人会因此死亡，由此造成的经济损失高达上百亿美元。

既然如此，人类为什么不想办法把蚊子全部消灭掉呢？

如今干什么事儿都讲究政治正确，保护物种多样性是至高无上的原则，没人敢反对。虽然人类因为自己的不当行为已经间接导致了成千上万个物种的灭绝，但迄今为止人类自己主动消灭的物种只有天花病毒这一种，其他的都属于误杀。所以，如果有人公开提出把蚊子这个物种灭绝掉，一定会有很多人站出来反对。

其中一个反对理由是，目前已经发现了 3500 多种蚊子，但其中只有几百种会咬人，能够传播疾病的蚊子种类就更少了，因此我们不必将蚊子全都杀死，只要杀死最危险的那几种就行了。比如，疟疾主要是靠冈比亚按蚊（*Anopheles gambiae*）传播的，而登革热、黄热病和寨卡病毒的传播者主要是埃及伊蚊（*Aedes aegypti*），只要把这两种蚊子杀光，上述这几种厉害的传染病就会被消灭。

这个理由当然是有道理的。但是，蚊子之所以讨人厌，不光是因为传染病，人被蚊子叮咬后的各种不适以及因为蚊子影响睡眠而导致的各种生理和心理问题，才是大多数人关心的重点。人类为了对付蚊子所花费的金钱绝对是个天文数字，这些钱用来干点啥不好呢！

有不少人曾经认真研究过彻底消灭蚊子的可能性，以及此举对生态环境的影响。2010 年 7 月 22 日出版的《自然》杂志曾经发表过一篇综述文章，得出结论说假如全世界的蚊子都死光了，对于地球生态系统会有影响，但程度并不像大家想象的那样严重。

地球上蚊子数量最多的地方并不是热带雨林，而是北极地区。这地方的蚊子集中在夏天繁殖，数量多得可以形成蚊子云。这些蚊子主要以食草类动物为食，一头北极驯鹿夏天时每天最多可以被蚊子吸走 300 毫升血，这对驯鹿的种群繁殖带来了严重的影响。如果北极蚊子全部死光的话，北极地区大型食草类动物的数量会有显著增长，有可能会对当地环境造成一定的影响。更重要的是，驯鹿往往会为了躲避蚊子而专挑风大的地方行走，如果蚊子全部消失，驯鹿没了这个顾忌，会扩散到此前不敢去的地区，这一点也会对环境造成一定的影响。综上所述，该文作者认为蚊子灭绝影响最大的地区很可能是北极，但这种影响是很容易通过其他办法解决的。

热带和温带地区的蚊子数量当然也不会少，但因为蚊子的体积太小，总的生物量并不大。确实有很多动物是以蚊子或者其幼虫为食的，比如鱼类、鸟类、蜥蜴、青蛙和蝙蝠等，但目前尚未发现任何一种动物只靠蚊子为生。如果蚊子被消灭掉的话，它们应该很容易找到替代品。比如，很多人觉得蝙蝠是吃蚊子的，但其实蝙蝠的主要食物来源是体积大很多的蛾子。曾经有人做过解剖，发现蝙蝠胃里平均只有不到 2% 的食物是蚊子，不吃蚊子对于蝙蝠来说没什么大不了的。

蚊子对于热带雨林的影响主要体现在阻挡人类上。因为蚊子传播疾病，使得热带雨林一直是古人的禁区，开荒者不敢贸然进入。如果蚊子消失了，势必会对这些森林带来伤害。不过从这个理由就可以看出，这种影响同样是可以通过其他手段加以控制的，算不上有多严重。

总之，虽然蚊子的确是生态链条中的一个环节，但因为蚊子的体积太小了，其影响很容易被替换和补偿。考虑到蚊子对于人类生活的影响实在是太大了，如果将其彻底灭绝的话，好处将大于坏处。

　　当然了，蚊子是一种生命力很强的生物，要想将其灭绝是很不容易的。但是，如果人类能在这一点上达成共识，通过转基因的方式制造出不孕不育或者只生雄性的雄蚊，再将其释放到大自然中，实现这个目标并不是没有可能的。

动物为什么不锻炼？

现代生活方式决定了人类必须坚持锻炼
才能健康。

　　一个人报名参加三个月后举行的半程马拉松，这三个月里他会做什么？答案是显而易见的。一只候鸟三个月后必须迁徙到南方过冬，这段时间它在做什么呢？答案是：不停地吃。

　　所有野生动物要想在自然界生存下去，都需要极佳的体能，但我们很少看到动物会有意识地锻炼身体，为体能做储备，候鸟就是一个好例子。大部分候鸟迁徙时都要不间断地飞行成千上万公里，其难度绝不亚于一场马拉松，但没人见过候鸟在出发前先锻炼一下，它们就知道不停地吃，似乎只要储备足够多的能量就行了。

　　另一个案例是那些需要冬眠的动物，比如狗熊。它们在冬天会找个山洞钻进去睡上好几个月，直到第二年开春再苏醒。令人惊讶的是，狗熊们醒来后立刻就能活蹦乱跳地出洞觅食，好像什么事情都没有发生过。如果一个人在床上躺三个月不动弹，肌肉肯定会大幅度萎缩，因为人类的肌肉是需要维持一定的刺激才能保持原样的。太空站的宇航员之所以每天都要锻炼身体，就是因为太空的失重环境不足以给肌肉足够的刺激，如果不锻炼的话，宇航员们回到地球后甚至连站都站不起来。

为什么动物不需要锻炼呢？这个问题自古以来就有很多人问过，但直到最近才有科学家试图去寻找答案。研究发现，冬眠之所以不会让熊的肌肉萎缩，是因为熊的血液里存在某种因子，能够让肌肉细胞维持健康。曾经有人把小鼠的肌肉组织浸泡在熊血之中，发现如果用的是夏天的熊，那么肌肉会持续萎缩，但如果用的是冬眠之中的熊血，肌肉的萎缩速度会减缓40%。这个结果说明冬眠中的熊会分泌某种化学物质，对肌肉有保护作用。

迁徙鸟类不需要锻炼，似乎也和基因有关。加拿大一位科学家曾经研究过一种名叫黄腰林莺的北美候鸟，发现只要通过人为控制光照条件和温度的办法模仿季节变换，这种鸟的肌肉细胞内立刻会有上百个基因发生变化，为即将到来的长途奔袭做好准备。

从这两个例子可以看出，大部分野生动物的生活模式是相当固定的，每天的每个时刻应该做什么事情都是事先安排好的，所以这些动物干脆进化出相对固定的生长模式，无须锻炼就能保持肌肉的活性。

人类肌肉没有这种功能，因为我们的生活模式是不固定的，我们的肌肉需要时刻做好准备去应对不同的场景，没法按照某个固定模式去生长。也许有人会问，那为什么我们的肌肉不干脆进化得永远保持强壮呢？答案在于肌肉是一种非常昂贵的奢侈品，维持肌肉健康需要付出极大的代价。研究显示，休息状态的肌肉组织每天每公斤需要消耗15千卡的能量，运动状态下的消耗更是会成倍增长。考虑到肌肉组织平均要占到一个人体重的40%左右，我们吃下去的食物有20%都是为了维持肌肉健康而被消耗掉的。这是一笔很大的开销，自然选择不会允许我们浪费宝贵的能源去养活一支强大的常备军。

自然状态下的人类是无须担心肌肉萎缩的，我们的祖先几乎每天都要出门觅食，无论是捕猎还是采集都需要不停地运动。一个因为某种原因而不能动的人是吃不到足够多的食物的，这时他身体里的肌肉组织就会被当作食物储备消耗掉，帮助他渡过难关。

现代社会情况发生了变化，世界上出现了很多整天坐办公室的人，他们的心跳和呼吸频率长时间维持原样，他们的肌肉根本得不到足够多的刺激，这就导致他们的运动能力大幅度下降。这些人要想维持一定的运动能力，就必须人为地创造出某些场景，强迫自己动起来，这种场景被我们称为"锻炼身体"。

换句话说，体育运动的目的就是让现代人用最少的时间高效率地满足我们的动物本能，让我们这些靠脑子吃饭的人可以相对健康地活下去。

独眼小鸭找妈妈

小鸭子认妈妈这个行为可以用来研究大
脑的思维方式和进化过程。

科学无禁区，科学家们经常会研究一些在常人看来十分
古怪的问题，比如英国牛津大学的动物学家安东尼·马丁尼
奥（Antone Martinho）博士就曾经研究过独眼小鸭到底是怎
么找妈妈的。

我们都知道小鸭子天生就会认妈妈，雏鸭刚孵出来不久
的那段时间是鸭子的"敏感期"，在这几天里，任何体积达
到一定标准的移动物体都会被小鸭子认作妈妈，此后它便
会一直跟在这个妈妈的后面走，即使这是个假妈妈也照样
如此。

马丁尼奥和同事们想知道小鸭子是用哪只眼睛认妈妈
的，是否会有一只眼睛更加强势。他们用胶布把一群（总数
64只）刚出生不久的北京鸭雏仔的一只眼睛蒙起来，然后
训练它们把一只涂成蓝色（或者红色）的玩具鸭认成妈妈。
等到训练完成后，研究人员把蒙眼布换一下，原来蒙住左眼
的换成右眼，再让小鸭子们认，结果在换眼睛后的头3个小

时里小鸭子们完全不认得自己的妈妈了，直到3个小时后才逐渐想起来自己的妈妈是谁。

这还没完，研究人员又训练了一群小鸭子。这一次两眼分别训练，比如左眼只认红色妈妈，右眼只认蓝色妈妈。训练完成后，科学家们把蒙眼布拿掉，再让小鸭子们认，结果两只眼睛都能看东西的小鸭子却不知道选谁好了，最终一半选了红妈妈，另一半选了蓝妈妈。

怎么样，这个实验听起来有点无厘头吧？但马丁尼奥把实验结果写成论文，发表在2016年底出版的《动物行为》（*Animal Behaviour*）杂志上了。文章认为，这项研究说明鸭子的左右两个半脑之间是相对独立地工作的，一侧大脑吸收到的知识不能立即被用于另一侧大脑，两者之间的信息传递和共享至少需要3个小时的时间才能完成。

这个实验有助于科学家揭示动物大脑功能的进化路径。原来，大部分动物的两个大脑半球之间都是缺乏联系的，只有真兽亚纲（有胎盘的哺乳动物）的动物改进了这个缺点，在左右大脑之间进化出了一个胼胝体（corpus callosum），专门负责在两个大脑半球之间进行信号传递，所以哺乳动物的行为是由整个大脑协同指挥的，鸟类等低级动物的大脑则左右半球各自为政，保持了很大程度的独立性。后者就相当于同时存在两个最高指挥中心，每一个都能对整个身体发号施令，决定动物的整体行为。

这种方式对于鸭子来说不一定是坏事，因为鸭子属于被捕食者，它们必须时刻对环境保持高度警惕，这就是为什么鸭子的眼睛长在脑袋两边，这样可以扩大视野，更早地发现敌人。一旦身体某一侧出现敌情，鸭子只需要半边大脑就可以立即命令身体迅速做出反应，及时逃开，不用和另一半大脑商量。

不过，这种方式的一个显而易见的缺点就是左右大脑有可能发出相互抵触的指令，比如第二个实验中的小鸭子就不知道自己应该跟谁走了。所以说，进化出胼胝体的大脑才是王道，这就是哺乳动物比鸟类更聪明，对环境的适应能力也更强的原因之一。

但是，即使像鸭子这样的"低等"大脑也具备了一定的抽象思维能力。马丁尼奥曾经尝试过让小鸭子学习辨认不同形态的"妈妈"，结果证明小鸭子们能够分辨出哪两种形状（或者颜色）是一样的，哪两种是不同的，即使它们从来没有见过那种形状或者颜色。

马丁尼奥认为这个研究结果说明抽象思维能力是天生的，只有具备一定抽象思维能力的动物才能更好地生存，哪怕"低等"生物也是如此。比如，当鸭子妈妈走到一棵树后面，只露出一小节尾巴的时候，小鸭子必须能立即猜出那一小节尾巴代表着妈妈，朝那个方向走就对了。

绝经的虎鲸

虎鲸是一种社会化程度很高的哺乳动物，其种群结构非常特殊，绝经现象就是这种独特生活方式的必然结果。

世界上只有虎鲸、短鳍领航鲸和现代智人这三种哺乳动物会绝经，也就是说，这三种动物的雌性在失去繁殖能力后还会存活很长的时间。按照达尔文的进化论，生命的最终目的就是繁殖后代，为什么会有绝经这种似乎违背进化论的现象存在呢？

自私基因理论的出现很好地解释了这一现象。这个理论认为，进化论没有错，但进化的基本单元不是生命个体，而是它的基因。某些失去生殖能力的个体之所以还活着，是为了帮助它的亲戚们养育后代，因为亲戚携带了一部分和自己一样的基因。

有人根据这个理论提出了"祖母假说"（grandmother hypothesis），认为人类女性之所以这么早就绝经，是因为绝经后的祖母们可以把精力更多地用于照顾孙子孙女们，这样反而更有利于祖母基因的传播。这个假说的逻辑看起来似乎很简单，但其实背后有一套复杂的算法作为基础。遗传学家们对各种生存策略做了精确的计算，得出的结果有力地证明了人类绝经从基因传递的角度来看反而是最合算的。

但是，这个解释在虎鲸身上遇到了一点麻烦。如果不出意外的话，野外生活的雌性虎鲸一般可以活到80岁，但它们通常在40岁之前就绝经了，此时的虎鲸身体状况依然良好，完全可以承担怀孕生子的能力，为什么这么早就放弃了呢？

英国埃克塞特大学（University of Exeter）的虎鲸专家达伦·克罗夫特（Darren Croft）博士决定研究一下这个问题。他分析了在西北太平洋海域生活的两个虎鲸种群长达四十三年的详细资料，得出结论说，雌性虎鲸之所以这么早就绝经，除了帮助儿女养育后代之外，和女儿们的生殖竞争也是一个很重要的原因。

原来，虎鲸是一种群居动物，其种群结构非常类似于母系社会，即种群的首领是雌性，这位母亲一辈子都和自己的子女生活在一起，她的儿子成年后偶尔会出去交配，交配完后依然会回到自己的种群内生活。换句话说，虎鲸无论雌雄，从小到大都一直跟母亲生活，儿女们从不知道自己的父亲是谁。在这样一个种群结构中，幼年时的雌性虎鲸和种群内部的其他虎鲸关系较远，所以她们会把更多的精力用于和同伴竞争食物。随着年龄的增加，雌性虎鲸和种群内部其他成员的遗传关系变得越来越近，此时她就不能再那么任性地和同伴竞争了，反而会把更多的机会让出去。从基因繁衍的角度来看，这么做才是最佳的生存策略。

　　克罗夫特不但通过数学计算证明了这一点，还通过实地观测发现事实也是如此。如果一个种群内部的母亲和女儿同时怀孕生子，这位女儿会比自己的母亲更热衷于抢夺有限的食物，导致母亲生下的孩子的死亡率是女儿生下孩子的死亡率的 1.7 倍。如此大的差异使得大龄雌性虎鲸干脆放弃了生育的权力，专心帮儿女们抚养下一代了。

　　克罗夫特将研究结果写成论文，发表在 2017 年 1 月 12 日出版的《当代生物学》杂志上。从这篇论文可以看出，虎鲸之所以选择绝经，并不是因为它们有多么聪明，而是虎鲸特殊的种群结构所导致的。换句话说，大象之所以不绝经，并不是因为大象比虎鲸笨，只是因为大象的种群结构和虎鲸不一样而已。

　　人类也进化出了绝经现象，说明人类祖先的生活方式和虎鲸是很相似的。人类学家可以通过研究虎鲸，间接地研究我们祖先的生活。

空气中的污染物都到哪儿去了？

中国和印度产生的空气污染物能够通过一个神秘的高空泵被泵到青藏高原上空，再通过平流层扩散到整个地球。

你有没有想过，空气中的污染物最终都跑到哪里去了？一个简单的答案是向上方扩散，然后在对流层中反复循环，直至被分解。

要想详细解释这件事，必须先科普一下大气分层的概念。我们头顶上的大气层是分层的，最底下的一层叫作对流层（troposphere），厚度大致在8—20公里之间。位于地表的空气被土壤反射的太阳光加热变轻，向上移动，上升途中逐渐变冷，再沉降下来，如此反复循环，变化莫测，我们常说的"天气"就发生在这层大气里。

空气中的人造污染物，比如雾霾的主要成分气溶胶（aerosol）就是被这股上升气流带到高空的。之后会在对流层中反复循环，通常在几周的时间里便会被分解掉，或者变成酸雨重新降到地面。

对流层上方的大气层叫作平流层（stratosphere），这层大气的温度下低上高，和对流层正相反，因此对流层中的大气很难进入到平流层当中。以前，科学家一直认为只有火山爆发的强大力量才能把水蒸气和火山灰喷到平流层的高度，人类活动产生的气溶胶类的污染物很少能影响到平流层。

1996年，科学家通过气象卫星发现在青藏高原的上空出现了一个气溶胶层，范围大致在地中海东岸、中国西部和印度南部之间，高度大致在13—18公里，几乎已经达到了对流层的最高点。不过当时这个气溶胶层的浓度很低，气象学家并没有太在意。

2009年，美国航空航天局（NASA）的气象学家让-保罗·威尼尔（Jean-Paul Vernie）在分析气象卫星发回来的数据时惊讶地发现，这个神秘的气溶胶层的浓度大大增加了，竟然达到了1996年时的3倍。威尼尔意识到问题严重了，因为一旦气溶胶进入到平流层，就可以随着平流层特有的强劲侧风迅速扩散到整个地球大气层，并给臭氧层带来严重的破坏。众所周知，臭氧层是地球的保护膜，阳光中的紫外线如果没有被臭氧层吸收，而是直接照射到地表的话，将会给地球上的生命带来毁灭性的打击。

为了更好地研究这一现象，NASA向中国和印度政府发出申请，试图派飞机进入青藏高原上空进行采样调查，但一直没有得到批准。于是威尼尔只好退而求其次，和印度气象学家合作，通过高空气球来研究这一神秘现象。2014年，威尼尔在印度的三处地点释放了高空气球，之后他又在

2015 年和 2016 年进行了两次重复测量，终于得到了可靠的数据。

2016 年 9 月在美国科罗拉多州召开的气象学大会上，威尼尔向全世界公布了他的测量结果。他发现这层气溶胶当中 90% 都是直径小于 0.2 微米的液态污染物，其中大部分是硫酸盐，除此之外就是一些灰尘和碳基污染物，其成分和人为活动（比如汽车尾气或者火力发电厂）产生的污染物十分相似。

接下来一个很自然的问题就是产生于地表的污染物究竟是怎样跑到如此高的地方去的呢？美国马里兰大学的气象学家威廉·刘（William Lau）通过分析气象模型给出了答案。原来，青藏高原的高海拔使得那块地方上空的大气层被加热，温度比低海拔地区同样高度的大气层温度还要高，这个温差在夏季格外突出，导致青藏高原上方在每年夏天都会出现一个高空气泵，把来自太平洋和印度洋的空气吸过去，这就是著名的亚洲季风的来源。来自印度和中国平原地区的大气污染物随着这股强劲的季风被吹到了青藏高原上空，再被这个高空气泵吸到了对流层和平流层的交界处。

这股季风当然自古以来就有，但 1996 年正好是中印两国经济开始腾飞的时刻，于是两国工业化产生的大气污染物终于被气象卫星发现了。

这个解释虽然还有待进一步研究确证，但已经引起了国际气象学界的广泛关注。大家知道气溶胶一旦进入平流层的话就很难被降解了，而且会停留在那里很长的时间，给臭氧层带来持续性的破坏。

这一现象如果最终被确认的话，这就意味着中印两国的大气污染问题不再是地区性的了，而是会变成一个全球性的灾难。

防护林真的有用吗？

人工防护林往往被视为一项环保政绩，
事实真的如此吗？

　　撒哈拉沙漠是全世界面积最大的沙漠，其南端位于吉布提、厄立特里亚、布基纳法索、塞内加尔、毛里塔尼亚、马里、尼日尔、尼日利亚、乍得、苏丹和埃塞俄比亚等国家境内。这些国家的居民每天都要和黄沙做斗争，日子过得相当艰苦。事实上，撒哈拉沙漠南部地区是非洲最穷的地方，极端伊斯兰势力选择这块地方作为基地，原因就在这里。

　　为了阻止撒哈拉沙漠对农田的侵蚀，上述这11个非洲国家决定联合起来，在撒哈拉沙漠的南端建造一条防护林带。其中相对较为富裕的塞内加尔早在2015年就开始了试点，据说已经种植了超过1200万棵树，绝大部分是当地特有的金合欢。

　　这个植树造林项目最终被命名为"绿色长城"（Great Green Wall），其灵感显然来自中国的万里长城。截至目前，这个项目已经得到了包括非盟、欧盟、世界银行和联合国粮农组织等机构的大力支持，最终目标是在撒哈拉沙漠的南端建造一条长 8000 公里、宽 15 公里的绿化带，把非洲最西端的塞内加尔和最东端的埃塞俄比亚连接起来。

曾经有人说中国的万里长城是能从人造地球卫星上看到的唯一的人造物体，这个说法完全是臆想出来的，没有根据。但这个绿色长城一旦建成后，从卫星上将很容易看到它，因为这条绿化带的背景是黄色的撒哈拉沙漠，两者的颜色对比太明显了。

经过计算，为了完成这一目标，一共需要种植 1000 亿棵树，种植和养护的成本加起来将是一笔不小的费用。据说该计划已经募集到了 40 亿美元的资金，但最终所需资金总额肯定要高于这个数字，具体高多少谁也说不清。

如果这条防护林带真的能像支持者保证的那样，能够防风固沙，保护水源地，为牲畜提供避难所，最终阻止撒哈拉沙漠的南移，这笔钱也算花得值了。但不少生态专家认为，问题并不像大家想象的那么简单。资料显示，撒哈拉沙漠本来就是一个随着气候变化而不断进退的沙漠，20 世纪七八十年代降水量下降，沙漠最南端确实曾经南移，但 90 年代该地区降水量回升，本来南移的撒哈拉沙漠便又退了回去。这一变化和人类活动的关系并没有大家想象的那么大，尤其是牧民的游牧行为，甚至反而会对保护当地的生态环境有好处，因为牲畜的存在往往会促进牧草的生长。

当然了，局部地区的土壤退化现象还是存在的，但一家名为"湿地国际"（Wetlands International）的非政府环保组织的负责人简·玛德维克（Jane Madgwick）认为，问题不是出在牧民过度放牧上，而是水资源没有合理地利用。她举例说，位于撒哈拉沙漠南端的乍得湖总面积已经比几十年前下降了90%，造成这一结果的主要原因不是过度放牧，而是上游河水被大坝拦截，河水被用于农田灌溉。事实上，为了让绿色长城能够长期维持下去，很可能将不得不从其他地方引水过来，或者开采地下水。这两种做法都相当于转嫁矛盾，要么让其他本来不缺水的地方变得缺水，要么导致地下水位大幅下降，都不见得是好事。

但是，绿色长城计划最值得讨论的问题不是人工林带能否控制沙漠对农田的侵蚀，而是我们应该如何看待沙漠本身。不知从何时开始，沙漠变成了生态系统崩溃的代名词，全世界绝大多数环保组织都把沙漠视为敌人，一看到沙漠就要想尽一切办法加以"治理"。其实沙漠并不可怕，它是地球生态系统的一部分。沙漠并不是不毛之地，里面生活着很多只有沙漠才有的动植物，其中不少种类都属于濒危物种，应该加以保护才对。如果把沙漠改造成森林，反而会破坏沙漠动植物的栖息地，减少生物多样性。另外，传统牧民在沙漠中生活了很多年，也已经学会了如何和沙漠相处，他们更不是沙漠的敌人。

也许我们应该转变观念了，无论从哪方面来看，人工防护林都不见得是一件好事，需要用更加科学的方法加以验证。

红隼的启示

> 毛里求斯红隼是濒危野生动物保护历史
> 上的一个经典案例，中国国宝大熊猫的
> 保护便是借鉴了这个思路，取得了良好
> 的效果。

2016年9月2日，世界自然保护联盟宣布将大熊猫由"濒危"降为"易危"，这是对中国大熊猫保护工作的一种肯定。

中国的大熊猫保护采用了两条腿走路的方针，一方面严格保护大熊猫的栖息地，另一方面从野外捕捉大熊猫进行人工饲养和人工繁殖。事实证明，这个策略是正确的。但当初这个思路曾经受到了国际环保界的质疑，质疑的焦点就在于人工饲养到底有没有用，人工繁殖是否还属于野生动物保护的范畴？

威尔士鸟类保护专家卡尔·琼斯（Carl Jones）博士是坚定的支持派。他认为人工饲养不但很有用，而且绝对是保护濒危野生动物的一项必不可少的措施。他在毛里求斯实践了自己的想法，为后来的野生动物保护树立了一个标杆。

毛里求斯是印度洋上的一座小岛，著名的渡渡鸟（dodo）就是原产于该岛的一种珍奇鸟类，后因人类活动而灭绝，成为野生动物保护运动的象征。毛里求斯红隼（Mauritius kestrel）是该岛另一种特有的珍稀猛禽，因为对杀虫剂滴滴涕特别敏感而大量死亡，到20世纪70年代末期时岛上仅剩下两对具备繁殖能力的红隼，处于极度濒危的状态。

国际鸟类保护协会（ICBP）早在1973年就在岛上开始了红隼保护项目，这家协会是在世界自然基金会（WWF）的资助下成立的，继承了WWF的环保思路，把重点放在了保护自然环境上。他们相信，只要保护好红隼的栖息地，这种鸟儿一定会照顾好自己的，如果它做不到这一点，那也就没有必要保护它了，任由它灭绝吧。

琼斯不认同这个想法，他认为动物保护一定要以保护野生动物为核心，保护环境只是动物保护的一种手段而已，绝不能喧宾夺主。1979年，24岁的琼斯来到毛里求斯，决心以自己的方式保护红隼，不可避免地与ICBP发生了冲突。眼看保护无望，ICBP于1984年撤出了毛里求斯，琼斯则在其他基金会的资助下成立了毛里求斯野生动物基金会（MWF），全面接管了红隼的保护工作。

琼斯采用的方法和ICBP完全不同，他坚信人工干预是保护红隼的唯一办法，采用了大量他在威尔士学到的猛禽人工繁殖技术，试图加速红隼的繁殖速度。比如，他会偷偷把雌红隼下的蛋从鸟窝里偷走，在人工环境下孵化，以此来刺激雌鸟多下蛋。事实证明，这套方法是有效的。到2014年时在野外生存的红隼数量已经接近400只了，这种鸟的保护级别也从"极度濒危"降到了"濒危"。

这个方法后来在加州秃鹫（California condor）的人工繁

殖过程中也采用过，同样收到了奇效。

值得一提的是，琼斯并没有忽视对红隼栖息地的保护，但这方面他同样采取了更加实用主义的态度。比如，红隼喜欢用一种岛上特有的草作为建筑材料搭建巢穴，但这种草几乎被入侵物种（比如兔子）吃光了，于是动物保护组织设法将岛上的兔子除尽，但效果仍然很不理想，这种草的数量进一步减少。琼斯经过一番调查后发现，这个岛上曾经遍布陆龟，这种草食动物的存在对于这种草而言反而是好事情，因为草籽经过陆龟消化系统的处理后发芽率会显著提高。可惜这种陆龟被早期移民杀光了，于是琼斯决定从其他海岛引进一种类似的陆龟。这个建议遭到了环保原教旨主义者的激烈反对，他们认为环保就是要维持生态系统原来的样子，绝不能人为地引入原来没有的物种。琼斯坚持自己的意见，引进了新陆龟，结果这种草果然恢复了生机。

因为在动物保护领域取得了诸多开创性的成就，琼斯博士获得了 2016 年度印第安纳波利斯生态保护奖。琼斯的故事告诉我们，随着气候变化的日益恶化以及人类破坏的加剧，很多地方的自然环境都有了大幅度的变化，光靠大自然自己的修复能力是很难恢复原样的。环保人士不能太理想主义，必须根据实际情况，依照科学原则来制定相应的措施，必要时完全可以采用人工设计和人工干预的方式来恢复当地的自然生态，拯救濒危的物种。当初，如果白鱀豚保护采用了这个思路，白鱀豚很可能就不会灭绝了。

有机农业骗局

有机农业概念不错，但这个行业过于急
功近利，骗子太多了。

"有机"这个概念越来越火了，几乎所有的商场都开辟
了有机食品专柜，售价是非有机食品的好几倍。其实这个市
场的历史并不长，美国农业部直到2001年才公布了第一个
有机认证标准。目前全球有机食品的年销售额虽然已经超过
了600亿美元，但真正通过有机认证的农场的总面积还不到
耕地总面积的2%，市场份额还是很小的。为了扩大份额，
不少有机从业者绞尽脑汁，炮制了很多谣言，导致这个行业
乱象丛生，消费者一不小心就会上当受骗。

比如，一些有机农场主经常吹嘘自己不用农药，因为有
研究称95%的有机爱好者购买有机农产品的最大理由是怕
吃到农药，所以这块金字招牌还是很管用的。但是，只要是
有一定规模的农场，农药是必不可少的，否则害虫早就把农
作物吃光了。据统计，美国有机农场使用的有机杀虫剂超过
20种，都是经过正规有机认证机构认可的。更有意思的是，
有机农场不但用农药，而且用量往往比非有机的还要多，原

因就在于有机种植所使用的"天然"农药的药效往往比人工合成的农药低，必须加大剂量才管用。美国农业部的有机认证机构从来不敢统计有机行业农药的使用量，就是怕有机爱好者们接受不了真相。

正是因为用量太大导致成本高昂，美国有机农场偷用化学合成杀虫剂的情况相当普遍。美国《消费者报告》组织的一次抽检发现有25%的有机农产品偷用了人工合成的农药，说明这是行业内的普遍现象。

也有一部分有机人士承认自己用农药，但坚称天然农药比人工合成的农药更安全，可惜这个说法同样是没有科学根据的。很多自然界现成的杀虫剂毒性很强，比如提取自某些亚热带植物根部的鱼藤酮（rotenone）就是一种很厉害的毒药，它能抑制线粒体的呼吸链，不但有很强的生理毒性，还能诱发帕金森病。鱼藤酮被当作有机杀虫剂使用了很多年，直到2005年才被美国农业部禁止，但欧洲部分国家以及部分鱼类养殖业至今还在使用。

再比如，有机行业经常夸自己的产品比非有机的更健康，可惜事实并不支持这个说法。英国科学家曾经系统地研究了半个世纪以来发表在同行评议期刊上的162篇论文，涵盖了3558项相关研究，发现有机食品在15种重要营养物质的含量和质量方面与非有机食品没有区别，用有机方式喂养的家禽家畜也和非有机喂养的没有差别。如果再想深究的话，研究发现有机食品通常含硫多，非有机食品则含氮多，但这点差别和营养价值无关，不足以对人体健康带来任何实质性的影响。

有机农产品不但营养上没有优势，而且比非有机农产品更有可能含有大肠杆菌和沙门氏菌等有害病菌，因为有机农场大量使用粪肥，稍微处理不当就会造成污染。非有机农场也会使用粪肥，但他们会通过辐照或者化学合成杀菌剂等"非有机"方式杀菌，所以污染的可能性较小。一项研究表明，欧美市场上售卖的有机食品当中大约有十分之一含有大肠杆菌，非有机食品当中仅有 2% 含有这种有害病菌。另一种沙门氏菌几乎只在有机食品当中才有，非有机食品十分罕见。1990—2001 年这十二年里，全世界一共有超过一万人因为吃了含有这两种病菌的食品而生病，其中相当一部分病例源于有机食品。

还有人认为有机食品的味道要比非有机食品好，但这个差别主要来自品种的不同，而不是种植（或者喂养）方式的差异。曾经有两位美国科学家分别做过双盲对照实验，在不告诉烹饪者和受试者所用食材来源的情况下让他们试做试吃，结果受试者根本分不出他吃的东西到底是有机的还是非有机的。

如此说来，有机农业到底好在哪里呢？答案是环境。环保是有机行业的初衷，也是这种方式最大的优点，可惜大多数消费者并不在乎这个，他们只关心自己的身体健康，于是有机行业便只好硬着头皮夸大有机食品的健康属性，岂知这一点并不是有机食品的强项。

有机农业的强项

有机农业的强项不是健康，而是环保，因为有机农业就是为了保护环境而诞生的。

有机农产品进入普通消费市场的历史并不长，但是现代有机农业这个概念早在 20 世纪初就有了。英国农学家阿尔伯特·霍华德（Albert Howard）爵士年轻时曾经在印度生活了很多年，他把当地农民的种田经验和自己掌握的科学知识结合在一起，于 1940 年出版了《农业圣典》（*An Agricultural Testament*），被公认为现代有机农业的开山之作。

这本书的核心内容就是教大家如何持续地保持土壤肥力，这是农业发展过程中遇到的最大的一个瓶颈。具体来说，植物和动物一样都是要"吃东西"的，只不过植物吃的是水和二氧化碳而已。但是，现代科学证明，植物生长除了光合作用之外还需要氮、磷、钾、钙、硫、镁等矿物质，虽然这些东西需求量不大，但在土壤中的含量是有限的。农业出现之前地球上大部分地区的动植物都不会走太远，所以土壤里含有的矿物质都是在小范围内循环的，问题倒也不大。

但农业的出现使得大量矿物质以农产品（大米或者面粉）的形式被转运到其他地方，久而久之土壤的肥力就下降了，非洲大陆就是一个很好的例子。

文明古国当中只有中国和印度等少数几个国家掌握了施肥的秘密，这就是中印人口如此密集的原因所在。但农民们施到田里的粪肥属于"有机肥"，而植物是不吃有机物的，这些肥料是如何起作用的呢？科学揭示了其中的秘密。原来，有机肥的本质就是先把营养物质提供给土壤，然后土壤中的微生物再将其中的营养元素"矿化"后供植物吸收利用。不过这个"矿化"过程比较慢，每年只释放出其中的一小部分，这就是为什么施有机肥的土壤感觉肥力比较持久的原因。但也正因如此，一块施了很久化肥的普通土地要想改成施有机肥的所谓"有机农场"可能需要好几年的时间，有志于从事有机农业的人士最需要的大概就是耐心了。

由于有机肥起效慢以及施肥的过程需要大量劳动力等原因，大多数农民都更喜欢化肥。化肥本质上就是利用化石能源将原本需要好几年才能完成的"矿化"过程在很短的时间里快速完成，也就是说，化肥和有机肥虽然看上去水火不相容，但最终的产物本质上是一样的，都是植物生长所需的矿物质，这就是为什么有机食品从营养上来讲和非有机食品是一样的。

但是，化肥提供给土壤的是已经被"矿化"了的营养元素，非常容易被植物吸收，所以施了化肥的土地不但庄稼猛长，杂草肯定也长疯了。农作物和杂草都比较茂盛的地方昆虫肯定也多，所以除草和杀虫的需求就变得越来越强烈。自然界有很多现成的除草剂和杀虫剂，但它们已经在大自然中存在了很多年，杂草和昆虫早已进化出了破解之法，于是有机除草剂和有机杀虫剂的效力通常不够高。再加上天然的东西往往比较贵，产量也跟不上需要，科学家便发明出各种人工合成的高效除草剂和杀虫剂，它们和化肥一起大幅度地提高了农业的产量，现代农业就是这么来的。

虽然提高了产量，但现代农业有很多内在的缺点很难避免。比如，化肥和农药的生产需要消耗大量的化石能源，这是导致全球变暖的一个重要原因。再比如，化肥里含有的已经被"矿化"了的营养元素很容易被雨水冲刷到江河湖海或者干脆渗入地下，一方面，使得农民不得不经常补施肥料；另一方面，也会导致自然水体营养过剩，藻类大量繁殖，生态环境惨遭破坏。还有，早期化学合成农药的毒性太大，很多野生动物成了牺牲品，这才有了《寂静的春天》这本书以及被这本书所引发的环境保护运动。

有机农业就是为了解决这些环境问题而诞生的，最初也起到了很好的作用。但是早期有机农业爱好者往往都是一些盲目崇尚自然的反科技主义者，他们相信万物有灵，采取了很多迷信的方式来保护环境，实际效果并不好。

有机农业需要来一次根本意义上的改革。

有机农业的重生

有机农业要想真正实现保护环境的目标，
必须拥抱现代科技。

有机农业的终极诉求是保护环境，但保护环境的终极目的是为了满足人的需求，如果不能提高人类的生活质量，有机农业注定不会成功。

有机农业提倡使用农家肥，鼓励农民进行轮作，尽量少用杀虫剂和除草剂，这些措施的目的就是在尽量不减产的情况下让环境受益，出发点没有问题。比如，有人比较了两种方式的能源消耗，发现同等产量的有机农产品比非有机农产品节约了 30% 的能源，这当然是件好事。问题在于，目前的有机方式单产较低，生产同样的粮食需要使用更多的农田，这却不是一件好事。

有机农业的核心是土壤营养的恢复，其中氮元素是主要农作物需求量最大的营养元素，同时也是有机方式最难补充的一种元素，因此，越是那些对氮元素要求比较高的农作物（比如玉米），两种方式的产量相差也就越大。有研究称全球有机农场的平均单产还不到非有机农场的 80%，也就是说，生产同等的粮食，有机方式需要多占用五分之一的土地。

自然界什么资源最宝贵？答案毫无疑问是土地。目前地球上没有被冰雪永久覆盖的陆地已经有 40% 被开辟成农田了，留给野生动植物的土地越来越少，这就是为什么我们说农业才是地球生态最大的破坏者。如果能多建一些保护区，多留一些土地给大自然，远比在现有农田上少用一点化肥对环境的保护作用更大。

从这个角度讲，如果有机农业不能提高单产的话，其环保作用就要大打折扣，甚至反而比非有机方式对环境更不利。

提高产量的另一种方式就是减少损失，包括高效杀虫除草、提高粮食利用率以及增加农作物的抗风险能力等。这几件事都离不开新的农业技术，其中转基因育种技术更是不可或缺。

这方面的一个经典案例就是转 Bt 基因的抗虫农作物。Bt 是苏云金芽孢杆菌分泌的抗虫蛋白，这种杆菌最早是在 1901 年由日本生物学家石渡繁胤发现的，但其中的有效成分 Bt 直到 1956 年才被提纯出来，并于两年后被用于杀虫剂的制造。有意思的是，因为 Bt 来自大自然，因此它刚一进入市场就受到了有机行业的热烈追捧，成为全世界有机农庄使用最为广泛的有机杀虫剂。但是，由于 Bt 提纯困难，因此价格昂贵，再加上它容易降解，需要经常喷洒，所以不少人用不起。为了解决这两个问题，孟山都将 Bt 基因转入农作物的基因组当中，这样一来，农作物就可以自己分泌这种杀虫蛋白了，可谓一箭双雕。没想到这样一种双赢的新技术却遭到有机行业从业者的无理抵制，简直是搬起石头砸自己的脚。

说到提高粮食利用率，科学家已经研制出了不含糖生物碱（一种有毒物质）的转基因土豆以及不含过敏蛋白的豆类等各种新型农作物，如果应用的话就能大大减少粮食浪费现象。至于说增加农作物的抗风险能力，更是离不开转基因技术。目前全世界多家实验室（包括中国）都已经成功地把抗旱抗涝基因转入农作物，一旦被批准就可以进入市场，大大增加农作物的抗逆性。

可惜的是，由于有机从业者的抵制，这些新技术全都躺在实验室的橱柜里睡大觉，普通农民无法使用。举例来说，美国农业部当初制定有机标准时并没有规定不许采用转基因技术，没想到美国的有机团体群情激奋，给农业部寄去了27.5万封抗议信，农业部没有办法，只好将转基因技术排除在2001年实施的美国国家有机标准之外。

因为有机爱好者当中普遍存在的迷信现象和返古思潮，这个圈子已经变成了反科学大本营。于是，一个本来最应该拥抱新技术的行业变成了今天这个样子。如今市场上绝大部分有机农产品都变成了奢侈品，变成了少数富人用来装门面的东西。其中有一部分有机农产品既不健康也不环保，甚至连奢侈品都不如。

有机农业要想重生，必须放弃偏见，主动拥抱新技术，除此之外别无他法。

大型动物灭绝的后果

大型动物是地球的毛细血管，它们负责
将营养物质运送至偏远角落。

地球上曾经出现过很多体型巨大的动物，比如恐龙、猛
犸象、大地懒、柱牙象、北美野牛、蓝鲸等，如今它们要么
已经灭绝，要么数量大减，濒临灭绝。这些大型动物不但具
有无与伦比的观赏价值，还具有不可替代的生态价值。最新
研究发现，大型动物的灭绝导致地球营养元素无法再像过去
那样广泛而均匀地扩散，其影响至今仍然可见。

虽然没有准确的定义，但通常情况下所谓"大型动物"
（megafauna）指的是体重在 45 公斤以上的动物。地球上最
近的一次大型动物集体灭绝出现在 1.2 万年之前，也就是上
一个冰期结束之后，至少有 120 种大型动物在这一期间永远
地从地球上消失了。气候变化是这场浩劫的原因之一，但最
主要的因素应该是人类的猎杀。

美洲大陆是这次大型动物大灭绝的重灾区。发表在《自
然 / 地球科学》（Nature Geoscience）分册上的一篇论文显
示，这次大灭绝使得南美大陆的磷循环减少了 98%，给亚

马孙热带雨林带来了严重的生态危机，至今仍然没有缓解。

　　这项研究是由一群来自牛津大学的生态学家做的。他们建立了一个数学模型，对南美大陆土壤营养元素的扩散进行了量化分析，发现绝大部分营养元素都是被河流带着从安第斯山脉流向亚马孙平原的，但河流经过的范围有限，只有两岸的部分地区才能受益，大部分缺乏河流的内陆地区只能依靠动物的活动来获得所需的营养元素。昆虫和鸟类等小型动物虽然可以做这件事，但它们要么承载总量太低，要么活动范围有限，对于营养物质的扩散能力远不及大型动物，后者体型足够大，活动范围也足够远，它们的排泄物以及尸体本身都能为那些河流到不了的地方提供大量的营养物质。

　　如果说河流是地球的动脉血管，那么这些大型动物就是地球的毛细血管。动脉固然重要，但毛细血管同样很重要，它们的存在保证了地球上的每一块地方都有机会获得宝贵的营养元素，满足植物的生长。

　　陆地需要依靠动物来运输营养物质，这个很容易理解，为什么海洋也需要呢？洋流难道不够吗？答案很直接，还真是不够。营养物质通常比重较大，时间久了就会沉入海底，所以大部分海洋的表面都极度缺乏营养物质，所以才会有"蓝色沙漠"的说法。

　　2015年10月26日发表在《美国国家科学院院报》上的一篇论文显示，鲸鱼和海豚这类体型较大的海洋动物同样可以为表层海水提供营养物质，因为它们大都在深海觅食，在浅海排泄。

这篇论文是由牛津大学牵头的一组来自世界各地的科学家共同完成的。研究者们发现，自从三百年前开始商业捕鲸之后，海洋中鲸鱼的密度下降了66%—90%，其中体型最大的蓝鲸在三百年前约有35万头，如今只剩下几千头了。鲸鱼和海豚等大型海洋哺乳动物种群密度的减少导致磷元素从海底运到海面的总量下降了75%，即从过去的每年35万吨下降到现在的8万吨。

除此之外，海鸟和洄游鱼类也会把来自海洋的营养元素带到陆地上去。同样拿磷元素来说，三百年前每年都有15万吨磷元素被带上陆地，如今这个数字下降了96%，只剩下大约6000吨了。

那么，家养牲畜能否代替大型野生动物的这个功能呢？答案是极为有限，因为绝大部分家养动物都是圈养的，活动范围超不出围栏。

这篇论文的作者呼吁各国政府重视这一问题，一方面要尽快采取措施恢复大型野生动物的种群数量，另一方面要想办法扩大家养动物的活动范围。这么做不但可以保护生态环境，还有助于降低大气中二氧化碳的浓度。地球上很多地方缺乏营养物质，这导致植物和藻类无法正常生长，照到那里的阳光被白白浪费掉了。

蓝色沙漠

海洋是地球上最大的沙漠，单位面积海水所能产生的生物量极低，这就是为什么海洋生态系统特别脆弱，一旦被破坏就很难恢复。

现代人大都喜欢海。文人墨客们写过无数歌颂大海的诗篇，最常用的标题大概就是《蓝色的大海我的家》。可出过海的人都知道，大海其实是个相当恐怖的地方，大部分人如果被丢到海里的话恐怕连一天都活不下去，不是被淹死了就是被渴死了。

大海之所以让人感到亲切，是因为人类天生喜欢水。水是大部分陆地生态系统最重要的物质，看过非洲野生动物纪录片的朋友一定会对这一点印象深刻。但是，水并不是生命的基本元素，有机物才是。地球上所有的有机物都来自光合作用，一个生态系统里的生物量完全取决于光合作用的效率。

简单地说，光合作用就是水和二氧化碳在光的作用下转变成有机物的过程。光合作用的效率完全取决于供应量最少的那样东西到底有多少，这就是俗话说的"短板"。不同地区光合作用的短板是不一样的，对于深海、洞穴以及冬季的极地地区来说，短板是阳光；对于其他大部分温带陆地来说，短板是水；对于热带雨林以及有施肥和灌溉的农田来说，短板是二氧化碳。人类诞生的东部非洲最缺的是水，所以人类天生就喜欢水，对水的热爱几乎铭刻在人类的基因组里了。

但是，这不是事情的全部。光合作用不仅需要上述这三样东西，还需要一些微量元素。这些东西在绝大部分土壤里都不缺，唯有大海是个例外，尤其是距离陆地较远的深海，微量元素严重缺乏，光合作用的效率几乎完全由某种微量元素的含量所决定。

所有微量元素当中最值得一提的是铁。叶绿素分子本身就有铁原子，没有铁的话连叶绿素都合成不出来，更不用说光合作用了。大部分海水中的铁元素含量都非常低，这点导致其光合作用的效率也非常低。事实上，大部分海洋地区单位面积海水所能产生的生物量比大部分陆地沙漠都要少，海洋才是地球上最大的沙漠。

不同地区的沙漠因为水分供应量的不同也可分成各种不同的亚型，有的沙漠遍布仙人掌，有的沙漠只有稀疏的灌木，最差的甚至全是细沙，看不到任何植物生存的迹象。不同的海洋因为铁等微量元素的供应有差别，也会分成不同的亚类：有的海域海床较浅，微量元素供应较为充足，生物量非常高，大陆架和海岛附近的珊瑚礁群就是如此；有的海域洋流湍急，富含微量元素的深层海水经常被翻到表面，这样的海域同样也可以富含生命，南美洲西海岸那些被洪堡寒流所影响的海域就是如此。

一片海域的光合作用的效率高低用肉眼就可以大致判断出来。海水的颜色越绿，说明光合作用的效率就越高。相反，海水的颜色越蓝，光合作用的效率就越低。换句话说，人人都喜欢的蔚蓝色的海水对于生命而言就是一片蓝色沙漠。

当然了，即使是最干燥的沙漠，沙子下面仍然会找到虫子。同样，即使是环境最严酷的南太平洋海域也能找到洄游的鱼群。再加上海洋面积巨大，总的生物量并不低。但不管怎样，真正的海洋绝对不像电视里看到的那样生机勃勃，而是一个对所有生命而言都非常严酷的地方。海洋生态系统比陆地的更脆弱，一旦被破坏了就很难恢复。当我们把目光对准海洋，试图从大海里寻找新的食物来源的时候，不妨再想一想，因为我们其实是在沙漠里打猎，每一枪都会产生巨大的破坏力。